U0115782

轻松阅读·外国史丛书

轻松阅读·外国史丛书

海洋变局
5000 年

张炜 —————— 著

北京大学出版社
PEKING UNIVERSITY PRESS

图书在版编目（CIP）数据

海洋变局 5000 年 / 张炜著 . —2 版— 北京：北京大学出版社 ,2021.10

轻松阅读·外国史丛书

ISBN 978–7–301–32459–2

Ⅰ.①海… Ⅱ.①张… Ⅲ.①海洋 – 文化史 – 世界 Ⅳ.① P7–091

中国版本图书馆 CIP 数据核字 (2021) 第 177690 号

书　　　名	海洋变局 5000 年	
	HAIYANG BIANJU 5000 NIAN	
著作责任者	张炜　著	
丛 书 策 划	杨书澜	
丛 书 统 筹	闵艳芸	
责 任 编 辑	闵艳芸	
标 准 书 号	ISBN 978-7-301-32459-2	
出 版 发 行	北京大学出版社	
地　　　址	北京市海淀区成府路 205 号　100871	
网　　　址	http://www.pup.cn　　新浪微博：@北京大学出版社	
电 子 信 箱	minyanyun@163.com	
电　　　话	邮购部 010-62752015　发行部 010-62750672　编辑部 010-62752824	
印 刷 者	北京九天鸿程印刷有限责任公司	
经 销 者	新华书店	
	880 毫米 ×1230 毫米　A5　16.25 印张　377 千字	
	2021 年 10 月第 1 版　2021 年 11 月第 2 次印刷	
定　　　价	108.00 元	

总序

钱乘旦

世界历史在今天的中国占据什么位置？这是个值得深思的问题。从理论上说，中国属于世界，中国历史也是世界历史的一部分；中国要了解世界，也应该了解世界的历史。改革开放三十年的今天，在"全球化"的背景下，世界对中国更显得重要。世界历史对中国人来说，是他们了解和理解世界的一扇窗，也是他们走向世界的一个指路牌。然而在现实中，世界历史并没有起这样的作用，中国人对世界的了解还不够，对世界历史的了解更加贫乏，这已经影响到改革开放、影响到中国发挥世界性的作用了。其中的原因当然很多，但不重视历史，尤其是不重视世界史，不能不说是一个重要原因。改革开放后，中国在许多方面取得进步，但在重视历史这一点上，却是退步了。中国本来有极好的历史传统，中国文化也可以说是一种历史文化，历史在中国话语中具有举足轻重的地位。然而在这几十年里，历史却突然受到冷落，被很多人淡忘了，其中世界史尤其受到冷落，当人们知道一个人以世界史为专业方向时，其惊讶的程度，就仿佛他来自一千年以前的天外星球！

不过这两年情况又有变化，人们重新发现了历史。人们发现历史并不是百无聊赖中可以拿出来偶尔打发一下时间的调味剂，也不是傻头傻脑的书呆子找错门路自讨苦吃坐上去的冷板凳。人们意识到：历史是记忆，是智慧，是训诫，是指引；历史指引国家，也指引个人。人们意识到：历史其实是现实的老师，昨天其实是今天的镜子。有历史素养的人，比他的同行更富有理解力，也更具备处理问题的创造性。以历史为借鉴的国家，也会比其他国家走得更稳，发展得更好。

然而在当今时代，历史借鉴远超出了本国的历史，因为中国已经是世界的中国。中国人必须面对这个现实：在他们眼前是一个世界。世界的概念在中国人的脑子里一向不强，而世界历史在中国人的记忆中则更加淡薄。但这种情况不能再继续下去了：时代已经把我们推进了世界，我们如何能不融进世界历史的记忆中？所以，加强对国人的世界史教育，已经是不可回避的责任，这是一个时代的话题。在许多国家，包括我们的近邻，世界历史的教育已经超过了本国历史的教育，外国历史课程占百分之六十甚至更多，本国历史课程只占百分之四十甚至更少。外国史教育是现代公民的基本素质教育，中国的公民也应该是世界的公民。

遗憾的是，目前的学校教育离这个要求还很远，所以我们有必要在社会大众中普及世界历史知识。我们编写这套书，就是希望它为更多的人打开一扇窗，让他们看到更多的世界，从而了解更多的世界。我们希望这套书是生动的，可读的，真实地讲述世界的历史，让读者思索人类的足迹；我们希望这套书是清新的，震撼的，指点人间的正义与邪恶，让读者体验历史的力量。

大约半个世纪前，商务印书馆曾推出过一套"外国历史小丛书"，其中每一本篇幅都很小，一般是两三万字。那套书曾经有过很大的影响，至今还会有很多人说：那是他们世界史知识的来源。
"文化大革命"中，"小丛书"受到无端的批判，许多作者受株连，
主编吴晗则因为更复杂的原因而遭遇不测。但这套书没有被人忘记，
"文化大革命"结束后，吴晗被平反，"小丛书"又继续出版，人们
仍旧如饥似渴地阅读它，直至它出版近五百种之多。

又是三十年过去了，时至今日，时代发展了，知识也发展了，
"外国历史小丛书"的时代使命已经完成，它不再能满足今天读者
的需要。今天，人们需要更多的世界历史知识和更多的世界历史思
考，"小丛书"终究小了一点，而且有一点陈旧。我们编辑这一套
"轻松阅读·外国史丛书"是希望它能继承"外国历史小丛书"的
思想精髓，把传播世界历史知识的工作继续向前推进。

2008 年 12 月于北京

目录

导言

海洋与人类

船舰与海军

海权与海洋变局

从宇宙太空俯瞰，人类世代生活着的这个星球是蔚蓝色的，因为海洋占了地球表面积的 70.8%。海洋孕育了生命，她完成了生命最初的化学进化和生物进化；海洋有无尽的物质资源和空间资源，她支持着人类的生存和发展；海洋博大、浩瀚、深邃、神秘，她有无数的已知和未知等待着人类去认识和再认识。

人类征服海洋的历史可以上溯 5000 年，从木桨风帆到大舰巨炮，从水下潜艇到航空母舰，近代以来相伴而行的是一个个海洋大国的兴衰更替。那么，是什么力量在左右着海洋的变局？本书提供了一个视角、一个答案，它叫做"海权"。

考古发现，早在 300 万年前，在江河湖海边的渔猎就成为原始人类生活的一部分。舟船，是人类制造的水上运载工具，承载着人们从此岸到彼岸，由近及远，逐步产生以贸易为目的的航海活动。

NASA（美国航空航天局）2001 年拍摄的地球表面图像（左为西半球，右为东半球）

取"鱼盐之利"，行"舟楫之便"，成为人类理性认识海洋的首次飞跃。海船的发明是古代人类科学技术的伟大创举，它蕴涵着商品经济和社会进步的潜质与动力，并历史地、无可阻挡地成为全球化的嚆矢。它促进了不同国家、不同民族之间的沟通与联系，并以时代为变量，从简单向复杂、从低级向高级发展。

一般来讲，"船"的社会意义是海上交通工具，而"舰"的社会意义则是暴力征服的工具。随着私有制、阶级和国家的产生，人类进入了为追逐利益而不惜杀戮的阶段，一些商船开始引入武装，保护海上贸易，占领海外市场。武装船只逐步专门化，战舰和海军应运而生。伴随而来的海战，把一片寄托人类生存理想及新希望的

罗马福尔图娜神庙的浮雕中描绘的罗马双层桨帆战船和海军（约前 120，梵蒂冈博物馆藏）

广袤蓝水，变成了人类相互征服的血与火的海洋。

进而，一些国家通过海洋进行陆地扩张，试图领有海洋、控制海洋的权力理念产生。国家发展和运用海上力量实现对海洋的控制，就是传统意义上的海权。而发展和争夺海权的国家冲动，又极大刺激了海军及其战舰武备的竞争和发展。一定意义上说，人类的近代历史，是海权发展的历史，是海权左右海洋变局的历史。谁以海权立国并拥有海权优势，便拥有了国家崛起的条件，成为世界性大国。

海权的物化，就是国家海上力量。它包括海军及其舰艇为主的武器装备，也包括国家的海上执法力量、商船队、渔船和科学考察船等。海军是其中最重要的部分。用现代语言表述，物化海权属于

1942 年 11 月，一支盟军舰队向东穿越大西洋，前往卡萨布兰卡

国家的硬实力。海权还有属于软实力的部分，这就是生产关系、上层建筑和意识形态，集中表现在国家对经济结构的选择和对海权的理性认识，特别是以海权理论为指导的、主动的海上力量运用。

历史昭示，并非国家拥有海上力量、拥有硬实力就等于拥有海权。中国古代是一个造船和航海大国，拥有世界领先的造船和航海技术，明朝郑和船队首次下西洋，比哥伦布发现新大陆早 87 年，船队规模也是西方"地理大发现"所无法比拟的；但郑和七下西洋不但没有成为中国崛起的契机，反而揭幕了近代中国的由兴而衰，其重要原因就在于中国缺失了海权的软实力部分。于是，"哥伦布后，有无量数之哥伦布，维哥达嘉马（即达·伽马——笔者注）后，有无量数之维哥达嘉马。而我则郑和以后，竟无第二之郑和"。很可惜，中国本已奏响新时代的序曲，却与千载难逢的历史机遇擦肩而过。

船舰与海权的发展史，在本质上深刻反映并受制于一定历史时代的政治、经济、军事、文化和科学技术等诸因素。循着船舰和海权的发展史，本书展示了两条线索：一条是科学技术的发展——从木桨风帆到蒸汽舰船，从大舰巨炮到潜艇、航空母舰，从常规动力到核动力；另一条是海权的发展——从古代海权、近代海权到现代海权，表现为一个个大国兴衰、导引海洋变局的历史进程。本书力图通过展示这两条线索的交叉影响，揭示海洋完全不同于陆地的本质属性和发展规律，揭示为什么船舰与海权能够对大国兴衰及世界性海洋变局产生如此重要的影响。

海权理论产生于 19 世纪末 20 世纪初的美国，是对西方 15 世纪以来海权实践的总结。它是资本主义走向帝国主义时代的理论，具有国家以军事强力控制海洋、推动资本全球扩张并走向霸权的本质。但海权理论也具有合理内核：它揭示了一个基本规律——以商品经济为特征的海洋经济活动，对生产力发展和国家兴衰产生重大影响；它揭示了一个重要事实——国家海上安全与国家经济、政治之间的必然联系，以及海军在其中的重要作用；它揭示了一个哲学理念——当海洋不再成为阻隔而将世界连成一体的时候，国家需要有着眼于全球的战略思维。因此，海权理论也是一个值得借鉴的文明成果。

历史进入 21 世纪，世界上 150 多个国家濒海，80% 以上人口

美国福特级航空母舰（2017）

居住在沿海 200 公里的地带，海洋作为航运通道和全球化的桥梁，其本身巨大的资源量及其作为陆地资源接替区的作用日益受到重视。人类在加速利用这两倍于陆地的海洋空间，船舰在发展，海军在发展，最新科学技术不断被应用于军事，应用于海军武器装备。海权思想理论也在发展。

海权没有进历史博物馆，但现代海权不是对传统海权的简单复制，不同社会制度的国家、不同战略意识的国家演绎着的海权，有同也有异，这就是说，海权的国家烙印十分鲜明。今天，徜徉在和

平与发展的时代海洋里，新型船舰的科学技术彰显人类智慧的力量，被赋予新内涵的海权可能导引更加美好的人类社会，给予海洋变局一些不一样的影响，这也是本书力图介绍给读者的新知识、新信息、新感悟。当然，以霸权主义为特征的西方传统海权仍旧存在，海权领域的思想理论博弈仍旧十分尖锐。

21世纪的今天，面对世界百年未见之大变局，一个正在崛起的中国应当怎样对待海洋，怎样正确认识和运用海权，国家不可等闲，国民亦不可等闲。

I

第一章

木桨风帆时代·海权之初

国家为着自身经济、政治利益的实现而运用海上力量（主要是海军）去控制海洋，称之为海权。

地中海沿岸的古希腊、古罗马率先创造了以海权为核心的蓝色文明，在木桨风帆和冷兵器张扬的海面上，演绎了一段又一段血与火的海权更替史，海洋变局的大幕徐徐拉开。

从此，陆地国家和海洋国家的发展轨迹及其历史命运南辕北辙。

从世界地图上看，海洋的表面积两倍于陆地。陆地被浩瀚的海洋包围，海洋分割了陆地又连接着陆地，人类社会就是从这样一个陆海态势起步的。根据现代科学研究成果，生存在陆地上的古人类，很早就与海洋发生了不可思议的联系：50万年前，有非洲人种渡过直布罗陀海峡移居欧洲；7万年前，亚洲人种出现在大洋彼岸的澳大利亚；5万年前，蒙古人种通过白令海峡和南太平洋进入了美洲；大约在1.5万年前的新石器时代，人类发明了能够漂洋过海的独木舟。

上苍为人类打造了两个生存和发展的大舞台，一个是陆地，另一个是海洋。

大河文明中的船文化

人类的第一家园在陆地，第一生存需求是水。因此，最早出现在亚非大陆的四大文明，都有自己的母亲河。君不见，古埃及的金字塔流连在上下尼罗河畔，苏美尔、巴比伦等王朝帝国繁衍更替在幼发拉底和底格里斯两河流域，印度河—恒河两岸产生、延展着古印度文明，滔滔不绝的黄河、长江则哺育了生生不息的中华民族。

"千条江河归大海"，决定了大河文明与海洋文明有不解之缘。大河与海洋的物质形态都是水，这又决定了大河文明与海洋文明的本质是人类驾驭"水"的能力，其物质表现形式聚焦于不断发展的

"船文化"。

人类最初的四大文明，精彩绝伦地诠释了这一过程。

黄河长江上的"一叶扁舟"

中国位于欧亚大陆的东端、太平洋西岸。中国古代先民很早就对这一地理特征有客观认识，《尚书·禹贡》的"东渐于海，西被于流沙"之说堪称经典。负陆面海的地理环境，使中华民族既亲近于大江大河母亲的怀抱，也有无限机会走向海洋，先民们很早就开始了识水、用水、驾驭水的实践活动。

《世本》（西汉刘向校整）有"古者观落叶因以为舟"，刘安《淮南子·说山训》有"古人见窾（音"款"——笔者注）木浮而知为舟"，说的是古人受到落叶和浮在水面上中间有空洞的树木的启发而造舟。中国古代的先民们就是这样从大自然中不断获取知识，认识一些物体的浮性，认识水能载舟的浮力，从而开始加以利用，并由近及远，从近岸之江河走向无垠之海洋。

先人最原始的渡水工具是葫芦或木筏。《淮南子·物原》说："燧人氏以匏（音"袍"——笔者注）济水，伏羲氏始乘桴。"所谓"匏"就是葫芦，桴就是木筏，说明至少在旧石器时代，中国就有了葫芦和木筏这两种渡水工具，从葫芦直接捆在腰上到葫芦腰舟，从树枝树干制作的木筏到动物皮囊做成的皮筏，先民原始的渡水工具经历了不断演进的发展，直至今天还或为人所用。1973 年在浙江余姚县河姆渡村发现了一处新石器时期居民遗址，遗址中发现了葫芦种子，经测定是距今至少 7000 年前的遗物。但葫芦或皮囊只是浮具，筏也算不得船，它们只能漂流，只能顺流，只能在近岸活动。

舟船的出现对于人类征服大河和海洋的活动具有重大意义。其

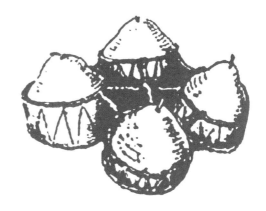

葫芦制作的腰舟

竹筏（清 陈梦雷《古今图书
集成》）

一，舟船具有容器形态，舟有干舷，它需要工具方能制成，而工具代表着社会生产力；其二，舟船不是靠自然水流漂浮行进的，它有人为的动力；其三，舟船是应人类进行远距离水上活动的需要产生的，它要求安全。这些基本要素，贯穿于千百年来舟船的发展变化之中。

最早的船是独木舟。《周易·系辞》说："伏羲氏刳（音"枯"）木为舟，剡（音"演"——笔者注）木为楫，舟楫之利，以济不通，致远以利天下。""刳木"和"剡木"，都是制作独木舟的方法，自然是要使用工具的。古人制造独木舟，是将独木用火烧一下，再用石斧、石锛砍挖，反复加工成为具有干舷的独木舟；楫就是桨，是舟船最早的推进工具，加工过程也基本如此。河姆渡村遗址发现了8支雕花木桨，有桨必有舟，河姆渡木桨的发现，说明在距今7000年前的新石器时代，我国长江下游沿海地带的先民们已经有了工艺不很简单的舟船，懂得了使用木桨推动舟船进行有目的的远距离航行，甚至应该可以逆水行舟。在中国古代，还有很多关于舟船诞生和船上辅助工具发明的传说，如黄帝的大臣共鼓和货狄发明舟，颛顼（音"专须"）发明桨、篙，帝喾（音"库"）发明舵和橹，尧发明纤绳等，都折射了中国造船事业的发展进程。

2002年，中国浙江省萧山跨湖桥新出土了距今约8000年的独木舟，与河姆渡雕花木桨形成呼应。跨湖桥独木舟的板材厚度均匀，内表面平整光滑，应该不是最早的独木舟。而已知的中国以外的地区出土的最早的独木舟是公元前6300年前荷兰的独木舟，比中国的跨湖桥独木舟晚了1000多年。

在距今8000—10000年的时候，在中国的黄河和长江上，泛起了世界上最早的独木舟。

距今 8000 年的萧山跨湖桥独木舟（萧山跨湖桥遗址博物馆藏）

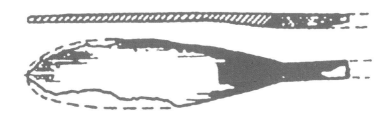

距今 7000 年的河姆渡雕花木桨投影图

　　筏和独木舟是远古祖先最重要的渡水运载工具。有了渡水工具，远古祖先就得以在大江大河上进行捕捞和迁徙活动，而沿海的人们，也同样进行着这样的活动，并逐渐将活动范围从海岸线附近向外扩展，最典型的是龙山文化和百越文化的海外传播。

　　龙山文化发现于山东省章丘龙山镇，以薄而有光泽的蛋壳般的黑陶为典型特征，距今约 4000 年左右。龙山文化的前身是大汶口文化，1959 年在山东泰安、宁阳两县交界处大汶口被发现，早期的大汶口文化距今 4500—6500 年，分布在山东及江苏北部一带。其后，在山东半岛烟台白石村遗址、蓬莱紫荆山遗址中出土了辽东半岛新石器文化的典型器物直口筒形罐，还出土了几何形纹、压纹等纹饰的陶器。在旅顺口郭家村发现了又黑又亮又薄、磨光的黑陶及精制而成的三足杯之类的陶器。继而，在朝鲜半岛、日本列岛也有同样的发现，显示了山东半岛的龙山文化通过海路在这一地区传播的奇迹。

龙山蛋壳黑陶杯（约前 2400）

百越文化指远古时期居住于今中国东南江苏、浙江、福建及岭南地区的越族各系（故称百越）先民们所创造的文化。越族是擅长海上活动的民族，他们通过航海活动把百越文化传播出去。百越文化的典型遗址在浙江余姚的河姆渡，典型器物是叫做"有段石锛"的史前石器。河姆渡不仅出土了雕花木桨，还出土了舟型陶器，可以断定中国先民们至少在 7000—8000 年以前已经有了比较成熟的建造独木舟的技术。在近代，沿着舟山群岛、台湾岛到菲律宾、马来西亚、印度尼西亚的许多岛屿，相继大量发现了有段石锛的遗存，它甚至传播到了太平洋中部的波利尼西亚诸岛以及南太平洋诸岛。对这些遗存物进行测定后按照时间顺序排列，证明它们是百越文化跨海逐次传播的结果。

河姆渡遗址出土有段石锛（浙江省博物馆藏）

　　在筏和独木舟的四周加装木板，同时对缝隙采取堵漏措施，筏和独木舟便演变成方头、方尾、平底或尖底的木板船，独木舟舟身也就转换功能成为龙骨。从独木舟到木板船的演进，是社会生产力发展的需要，因为木板船比独木舟的装载量大、航行性能高。木板船需要大量木板，对工具的要求显然高得多，因此这一过程大约用了数千年的时间。公元前21世纪，中国进入了夏代，石器时代开始被青铜时代替代，生产力有了大的发展。1980年代发掘的河南省偃师县二里头的夏代遗址中有铸铜和冶炼作坊，及青铜锛、凿等金属工具，还有传说中夏禹治水时的"左准绳，右规矩"，表明当时已经有了简单方便的绘图和测绘仪器。这些都说明，夏朝建造木板船的条件已经成熟。《竹书纪年》说，帝芒（前1789—前1732）即位，"命九夷"，即通告受命领沿海的九夷部族，后"东狩于海，获大鱼"。大鱼自然不会获于浅海，说明夏朝舟船的发展已经达到相当的水平。另一个佐证是，大批 5000 年前的榫卯木构件和干栏式建筑遗址被发现，尤其是燕尾榫、带锁钉的榫和企口板的使用，能够较好地解决船的堵漏缝问题。因此，专家推断中国榫构的木板船可能出现在夏代，至少不会晚于殷商时代，即公元前 17 世纪至前 11 世纪。

商代是奴隶社会，生产力进一步发展，出现了商品交换和以贝、玉为代表的货币。殷商时代甲骨文和钟鼎文中都出现了不同的"舟"字和"般""荡"等与"舟"相关的文字。

甲骨文是象形文字，甲骨文的"舟"字，体现了当时实物的舟船由纵向和横向构件组成的特点，横木支撑纵向板材，既加强了船体的坚固程度，又可以将船体分成隔舱，增加了舟船的使用功能。

甲骨文中的"般"字，字形像一个人在使用桨或篙使船移动。

甲骨文中的"荡"字（古字为"盪"），字形像一个人在荡舟，尤其是饕餮鼎上的"荡"字，更像一个人挑着贝币或货物在船上站立，另一个人在荡舟。甲骨文"舟"及相关文字的出现，说明至少在距今 3000—3500 年前，生产力和商品交换的发展，对船舶的装载量和稳定性提出了要求，中国有横梁的木板船出现了，成为水上运载工具，并参与了当时的社会生产和交换活动。

公元前 770—前 221 年，是中国的春秋战国时期。大国争霸，战争频繁，为了集结兵力，运输军粮、货物及对远方进行外交和贸易等活动，造船与航海业迅速发展。东南沿海的吴国、越国都设置了"船宫"作为造船工场。商船和战船已经分开，战船有不同的类型，如大翼、中翼、小翼、突冒、楼船、桥船、戈船等，各司其职。

甲骨文中的"舟"字

甲骨文中的"般"字

甲骨文中的"荡"字

饕餮纹鼎上的"荡"字

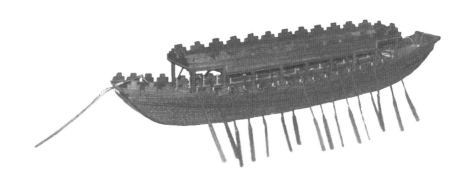

春秋吴国"大翼"战船（黄金模型，上海中国航海博物馆藏）

其中大、中、小三翼是吴国水军中的主力战船。据文献记载："大翼长十丈，阔一丈五尺二寸，一船可载士兵二十六人，桨桡手五十人，操驾水手三人，长钩、长矛手十二人，指挥二人，共九十三人。船载弩三十二张，箭三千三百支，盔、甲各三十二副。中翼长九丈六尺，阔一丈三尺五寸。小翼长九丈，阔一丈二尺。"故宫博物院收藏的宴乐渔猎攻战纹壶展开图右下方可见两艘对攻的战船，战船分两层，上一层有操戈作战的士兵，下一层是划桨的士兵，生动展示了春秋战国时期水战的场景。

春秋战国时期战船的推进工具主要还是桨，桨桡手占船上所载总人数 1/2 以上。有学者认为商代甲骨文中出现了"帆"字，并从在墨西哥发现了商代文化遗迹等多种角度立论，认为殷人已经立桅扬帆跨越太平洋到了美洲。而考古学界则认为中国是在战国时期出现风帆的，作为桨的辅助动力装置，用于顺风航行。

宴乐渔猎攻战纹壶

壶身展开图

公元前219年，秦始皇派遣方士徐福率领数千名童男童女乘坐大海船"蜃楼"入海求仙，日本浮世绘描绘了中国航海史上这一传奇性的画面（约1843，波士顿艺术博物馆藏）

　　舟船在大海上航行，导航和气象等航海知识至关重要，是船文化中不可或缺的一部分。商代人已开始"仰以观于天文，俯以察于地理"，白天利用太阳在不同时辰的方位定向导航，夜晚通过北斗、北极等恒星定位导航。春秋战国时期，有了大量的天文占星文献，观日月星辰定向导航知识已经非常丰富。在计时方面，夏代已有"天干"（甲、乙、丙、丁、戊、己、庚、辛、壬、癸）记日法，商代把天干和"地支"（子、丑、寅、卯、辰、巳、午、未、申、酉、戌、亥）结合起来，形成六十干支记日法。天干、地支和商周时期的"八卦"（乾、坤、震、巽、坎、离、艮、兑），为后世航海罗盘二十四个方位字的确立奠定了基础。在气象方面，商代已经把风分为小风、大风、大骤风和大狂风四个等级，并区分东、南、西、北四方风，春秋战国时又有八风与十二风之分。战国时期编写成的《周礼》把风分作十二类，以地支为序列制定十二辰风表，不仅列出十二个风向，而且与十二个月以及季节联系在一起，揭示了季风变化的基本规律。春秋战国时期，中国对气象的预报和对洋流的认识也大大进步，海上远航已经能够顺风顺流远至朝鲜半岛和日本列岛。

中华民族不但创造了辉煌的陆地文明，同样也创造了灿烂的海洋文明。

尼罗河上的瑰丽方帆

古代埃及的地理范围与今天的非洲国家埃及大致相当，即东临红海，西界利比亚，南接努比亚（今苏丹），北濒地中海。这个占据非洲东北角的国家，基本上处于一望无际的黄色沙漠中，唯有6000多公里长的尼罗河像一条绿色缎带贯穿南北，成为埃及的母亲河。历史学家希罗多德说：埃及是"尼罗河的赠礼"。尼罗河发源于非洲赤道附近维多利亚湖西面的群山中，上游的白尼罗河同发源于埃塞俄比亚境内的青尼罗河在苏丹的喀土穆汇合，然后向北蜿蜒流经埃及而注入地中海。在这条长河的下游地区产生了古代埃及的文明。

尼罗河为干旱少雨的沙漠带来充沛的大河，形成肥沃的河谷绿洲。同时，尼罗河每年7月至11月河水泛滥，又把肥田沃地变成泽国。这种气候变化周而复始，极其有规律，古埃及的先民们自然会选择高地居住。这样，在4个月的洪水期里，高地之间的联系只能靠水路，船便成为埃及先民不可或缺的必需品。

传说尼罗河是第一条发展起河流航行的大河，古埃及的神话总是同水和船有关。埃及人祭祀太阳神，祭坛上陈列着太阳神乘坐的方舟。在祭祀的时候，埃及人将太阳神的全身金像放进这个镀金、外形似新月的帆船里，把船放入尼罗河，让神灵给予这条主宰埃及命运的河流以养育生命的力量。埃及的宗教观念认为，法老死后会在太阳神乘坐的金船上有一席之地，因此其殉葬品中也必定有船。法老的葬礼也是尼罗河船文化的一部分，法老的遗体总是乘着撒满莲花和用法老勋章装饰的船只去墓地。古埃及最早的水上交通工具是用尼罗河两岸及其三角洲盛产的纸莎草（形似芦苇）编制而成的，船的首尾向上翘起呈新月形，像漂浮的筐；后来为增加船的坚固性，在纸莎草制成的船的两侧包上兽皮，或包上较短的木板，用粗绳子缠起来，这种船没有龙骨，也没有横梁，基本动力靠人力划桨。

船产生以后，最大的问题是抗风能力和航行动力问题，因而，风帆及帆船的发明，是人类船文化发展的一个重要阶段。

尼罗河是世界上第一个升起美丽方帆的地方。

专家研究认为，古埃及在距今约 6000 年时就开始用风帆作为船的动力，是世界上最早使用帆船的国家。在距今约 5200 年前的一个埃及古墓中出土了一把壶，上面有一艘船扬帆航行的图景，这也是最早描绘人类使用风帆航行的图像。古埃及风帆是方形的，方帆被固定在船中间一个两条腿支撑着的桅杆上，靠顺风顺水在江河中航行。涅伽达Ⅱ（前 3500—前 3100）时期出土的陶器上，更是经常可以看到河上通行舟楫的图画，说明尼罗河的开发已成规模。古埃及人的船只不仅是日常生活中的必需品，也成为法老和贵族们身份和地位的象征，尤其是用于丧葬仪式，最具代表性的叫做太阳船。据说，太阳船是供法老追随埃及神话中的太阳神穿越天河时乘坐的，一般用木材制作，模仿纸莎草船外形，船头和船尾向上高高翘起，

太阳神（船上中心位置）在其他几位神的陪伴下乘镀金帆船进入冥府

法老纳赫特阿蒙（Nakhtamun）的葬礼（前1279—前1213，纽约大都会艺术博物馆藏）

古埃及壁画上的方帆船

做成纸莎草捆扎的样子，船身装饰得十分精美。1954 年，在胡夫法老的金字塔里发掘出了公元前 2600 年的太阳船，由基本保存完好的 1200 多块雪松板构成，复原后船高 43.4 米，宽 8 米，载重近 40 吨，有一张方帆，多桨，尾部由桨舵控制方向，是迄今为止历史最悠久、保存最完整、外形最壮观的古代木制海船。

　　古埃及是一个森林极端缺乏的国家，因此雪松树及雪松板并不产于埃及，而是产于北部的黎巴嫩，说明古埃及已经走出尼罗河，与地中海南岸国家特别是盛产雪松板和会造船的腓尼基发展了海上贸易。据说，从公元前 3000 年开始埃及法老就租用腓尼基人的船只把黎巴嫩山的雪松木等运往埃及。埃及人在与克里特人的贸易过程中发现了腓尼基毕布勒人的优质船只和雪松木板，后来便成为毕布

公元前 2600 年埃及法老墓葬中的太阳船（复原模型）

勒船最忠实的买主，甚至长期在毕布勒国有自己的"驻军"，保护他们重视的造船事业。史书记载，公元前2820年，有40艘船首次载着雪松术回到埃及，长长的雪松板和腓尼基人的造船技术，使得埃及船的性能进一步改善，船更大，船舷更高，并有了密实的甲板。

进一步的研究论证，大约在公元前2600年，古埃及的船以单桅杆代替了双支脚桅杆，这使张帆航行变得轻快，并且船帆可以随风转向，避免了双支脚桅杆遇到侧风就必须缩帆并放倒的弊端。从古埃及女王哈特希普苏特墓中的浮雕看，公元前2世纪时的古埃及海船已经是非常坚固的木质大帆船。有文献记载说，为了把750吨重的方尖石碑运到卢克索祭神城，根据哈特希普苏特女王的圣旨，有个名叫伊涅尼的能工巧匠建造了一条长63米、宽21米、高6米

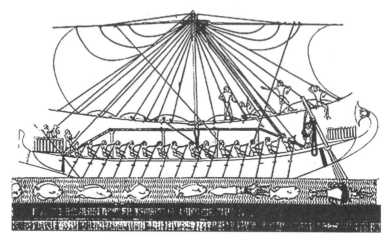

古埃及女王哈特希普苏特墓中浮雕上的无舭木质海船

的运输船，这也许就是女王墓中的浮雕所表现的历史事实。埃及人驾驶着木质大帆船从尼罗河走向地中海，运输着沉重的红黑大理石、建筑木材、铜、象牙，以及黄金、药材、香料等物资，与周边国家进行互通有无的贸易，东至阿拉伯海和波斯湾，北至黎巴嫩、腓尼基、叙利亚、小亚细亚、塞浦路斯和克里特岛等地。

　　农业文明在人类文明中有着先驱者的地位，但从农业文明到海洋文明并没有天然鸿沟。务农需要知时节，历法天文随之产生；农耕需要工具，冶金技术被发明；陶器为远航储存食物和水，与纺织相关的绳索、风帆为造船之必需……从农业知识中分离出来的天文学、数学、物理学和化学等方面的科学知识和技术，都直接或间接地有助于航海业的发展。史籍记载，古埃及人在远古时期就开始观察天象，在新王国时期（前1550—前1069）就已经知道40多个星

埃及18王朝底比斯行政长官瑞克米尔（Rekhmire）墓中的壁画上一艘有中央桅杆的豪华帆船，桅杆上附有许多吊索，用于扬起方帆。船尾有一根大桨，用作船舵（约前1400）

座；他们按尼罗河水涨落和作物生长的规律，把一年分为3季，每季4个月，每月30天，岁末增加5天节日，共计365天，由此产生人类历史上第一部太阳历；古代埃及很早就采用十进位制，能够求得长方形、三角形、梯形和圆的面积，圆周率被定为3.16。这些都成为古埃及船文化及海洋文明的基础。据说公元前600年左右，26王朝的法老曾经雇用腓尼基水手进行了人类第一次绕过非洲的航行。

两河流域的造船航海天才

亚洲西南部的幼发拉底河和底格里斯河被称为两河。这两条河都发源于今土耳其亚美尼亚高原的东托罗斯山，从西北缓缓流向东南，最后合流注入波斯湾。希腊文中的"美索不达米亚"意即两河之间，两河流域由此而来。两河流域居于古代西亚的中心，东接伊朗，西连小亚细亚和叙利亚，南达阿拉伯与巴勒斯坦，总体上被里海、黑海、地中海和波斯湾所包围。

两河流域与西亚文明的关系，与尼罗河与埃及文明有相似之处，其早期文明按照时间顺序，从苏美尔文明开始，其次是阿卡德文明，再次是巴比伦文明，最后是亚述文明，由南而北循河而上，显示出大河文明的典型特征。但也有不同之处，古埃及文明由于沙漠的阻隔相对独立，而西亚两河流域地处今亚、非、欧三洲连接处，与陆上联系比较方便，自新石器时代始便是民族迁徙和信息交换的热点地区，农耕民族与游牧民族接触频繁，交互作用。千百年的王朝更替和民族争斗，使古代西亚地区的历史格局十分动荡，基本上是一部弱肉强食的战争史。苏美尔文明时期（前5000—前2700）城邦林立，多国并存。这一局面在阿卡德王国（前2371—前2191）建立之后结束，阿卡德王国由此成为两河流域第一个统一的王朝，其中以萨尔贡（约前2371—前2316年在位）的成就最高，他在位五十多年，多有建树。该王国被外族灭亡后，又有乌尔第三王朝（前2113—前2006）的短暂统治。最终，古巴比伦王国（约前1894—约前1595）通过大规模战争，在第六王汉谟拉比统治时期，完成了统一整个两河流域的历史任务，创建了一个从波斯湾到地中海的大帝国，将两河流域的文明逐步推向鼎盛时期。之后，两河的政治中心转移到新兴的亚述，公元前8世纪，亚述帝国建立。公元前612年，

阿卡德王朝某位统治者的青铜头像，据推测可能是萨尔贡的头像（复制品，德国希尔德斯海姆罗埃默和佩利措伊斯博物馆藏）

汉谟拉比（站立者）从太阳神手中接受象征王权的权杖（汉谟拉比法典碑顶部浮雕，
约前 1791—前 1753）

《苏美尔王表》泥版　　　　　　《吉尔伽美什史诗》泥版

亚述帝国被新巴比伦王国（前 626—前 539 年）和米底王国共同征服。公元前 550 年以后，整个两河地区及西亚其他地区都逐步被纳入了波斯帝国的版图，成为波斯帝国疆域的一部分。

　　两河流域的文明独树一帜，灿烂辉煌。如楔形文字、腓尼基字母的发明，苏美尔的《苏美尔王表》《吉尔伽美什史诗》，巴比伦的《汉谟拉比法典》、亚述的铁制军事装备，以及不同时期的以神庙、王宫、王陵为代表的建筑艺术等成就，都对世界文明影响深远。尤其是在科技方面，数学、天文、历法的发展水平很高，极大促进了两河流域地区经济社会的进步，自然也深刻影响了这一地区海洋文明的发展。

　　从地理环境上看，两河流域一直存在土壤盐碱化的问题，农耕条件不够好。在古代历史上，美索不达米亚平原最早成为两河流域理想的定居点，但仍不断有弃耕土地现象的发生。专家研究认为，美索不达米亚文明的辉煌，不仅是由于农业的发达，同时也因为两河是重要交通和商贸要道。而两河流域的古代文明中心不断北移，从苏美尔到阿卡德再到亚述，则很可能与土壤盐碱化和土地弃耕有关。专家们还认为，更新世晚期波斯湾形成，地质变化使海岸线后退，使两河沿海城市发展起来，约在公元前 4000 年至前 2900 年期间，波斯湾的海岸线距离古代城市乌尔和埃利都只有 45 公里，这两个城市当时一定是沿海重要的货物集散地。

文献记载，早在公元前 3000 年前后，两河流域便有了利用芦苇造船和渔猎的文化，苏美尔人用木料造船，沿幼发拉底河溯流而上，与北部的城邦国家展开商业贸易活动。20 世纪 30 年代和 60 年代，在今叙利亚地区先后发掘了马里和厄布拉遗址，证明这一地区早于阿卡德时期，与苏美尔文明有密切的联系。在厄布拉遗址发现了 16500 多块泥版文书，大多以苏美尔楔形文字书写，甚至还发现了一部厄布拉—苏美尔文辞典，可以说是最早的翻译辞书。从苏美尔沿幼发拉底河北上厄布拉有近 1000 公里的路程，可以推测水上交通所起的作用。研究还发现，厄布拉遗址中的泥版记载了经济贸易事项，提到的与之有贸易联系的地名达 5000 余处，除了苏美尔外，与黎巴嫩、巴勒斯坦、埃及、伊朗皆有商业往来，先民们甚至在波斯湾捕鱼，商业触角进入了波斯湾费拉卡岛及印度半岛的印度河流域。有记载说，苏美尔人已经采用了岸上的篝火为夜间返航的渔船指引方向，这是已知人类历史上最早为船只设置引航灯塔的雏形。苏美尔人和阿卡德人推动了十进位计算方法的应用，制定了重量、长度、面积、体积等计量方法，他们还创造了独特的六十位进位法，并将

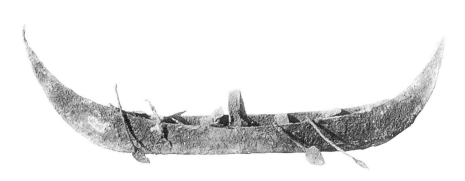

从乌尔皇家公墓遗址（位于今伊拉克南部济加尔省）出土的银质船模（前2600—前2500）

其用于数理天文计算，形成今天仍在沿用的时间和圆周等计算方法。在历法方面，他们已经充分认识到日月运行的规律，认识到他们根据月的盈亏制定的阴历比根据日出日落制定的阳历每年少11天，并懂得阴历需要隔数年用一个闰月调整。这些无疑都为科学技术的发展奠定了基础，并且成为高度依赖科技的海洋文明发展的基础。

从古巴比伦王国到新巴比伦王国的十多个世纪是西亚文明发展的重要时期，创造了辉煌的科学技术。古巴比伦完全继承了苏美尔的天文历算知识，并将其推向一个新的高峰。古巴比伦人对五大行星（火、水、木、金、土）的运行轨道观测得已经相当准确，并将肉眼能够看到的星辰划分为十二星座；他们测定的太阴月持续时间为29日12小时44分3.3秒，比现代测定的数据只多3秒；他们根据月亮盈亏规律，制订了太阴历，发明了测定时间的日晷和水钟。到亚述帝国和新巴比伦时期，人们还根据月相周期变化把一个月分为四周，每周7天，分别用日、月、火、水、木、金、土七个星神

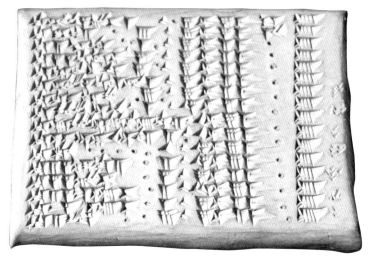

古巴比伦星表泥版。上面列举出了每个星座的名字和位置、星辰的数量，以及星座之间的距离（前320—前150，柏林佩加蒙博物馆藏）

的名称来命名。古巴比伦的数学家不仅掌握了算术的四则运算规则和分数的演算规则，而且是代数学的奠基者，能求出平方根和立方根，能解出有三个未知数的方程式。在古巴比伦的碑石中，还曾发现过乘法表、平方表和立方表。在几何学方面，他们已能运用勾股定理（$a^2+b^2=c^2$）。古巴比伦在物理学、化学等方面也都取得了一定成就，这也推动了手工业的发展。在巴比伦第六位国王汉谟拉比（约前1810—前1750）统治时期制定的著名的《汉谟拉比法典》中，曾提到的制陶、织布、冶金、木作、制革、造船、制砖、建筑等10种手工业行业，其中造船已经成为一种重要的行业。

在此期间，西亚地区的海洋文明也在发展，先后形成一些独具特色的民族、部落或城邦国家。其中，生活在地中海东岸、今叙利亚和黎巴嫩沿海地区的腓尼基人及其城邦国家，成为西亚海洋文明

刻有类似于勾股定理的数学公式的古巴比伦泥版（前 2003—前 1595，巴格达伊拉克博物馆藏）

的先驱者。

公元前 3000 年—前 2000 年之间，腓尼基先后出现一些奴隶制城邦国家，最著名的有推罗（苏尔）、西顿、乌加里特、毕布勒、泰尔等，每个城邦国家都以一个港埠为行政和经济中心。腓尼基所处的地理位置东通巴比伦，西临地中海，南连埃及，北接小亚细亚，在海上扼今西亚、北非、南欧航运枢纽；腓尼基山区盛产雪松等珍贵木材，沿岸平川适于种植橄榄、葡萄，海产中有一种当地独有的、可提取名贵紫红色染料的海贝，"腓尼基"是希腊人的称呼，意即"紫色之国"，就是从这一特产演绎而来的（还有一说是对长期航海、皮肤黑红的腓尼基人的戏称）。得天独厚的地理环境，使腓尼基人很早就成为一个独特的海上民族和商业民族。他们能造当时世界上最好的船；他们最早走出直布罗陀海峡进入大西洋，他们经营于沿地中海周边的今亚、非、欧广大地区，进入了黑海，成为最早、覆盖范围最大的海商。到公元前 1000 年，腓尼基已经制造出底部呈圆形的船，有粗大的龙骨、肋骨和船舷、艉柱，装单桅方帆，主要动力装置是风帆，配有划桨辅助，具备了远航的能力。

腓尼基城邦国家乌加里特和毕布勒，很早就成为最繁荣的东地中海商港，尤其是毕布勒，不仅是转运黎巴嫩雪松的主要港口，也是最重要的造船中心。有研究说，毕布勒人在公元前 3000 年就开始进行航海贸易。他们比埃及人、克里特人更早懂得用雪松树干造独木舟，并把船底凿成 V 型。为了能够在海上航行得更远，增加船的稳定性和载重量，他们在船上安装用草席或芦苇编织的舷墙，后来用木板造舷墙，包上兽皮使之坚固；他们使用有龙骨和甲板的木板船，加高船舷、船艉和船舷，甚至还在船舷柱上装饰马头。毕布勒人的海船，在当时堪称最大、最长、最完美的船，具有较强的抗风

据说，腓尼基人发明紫红色染料是一个很偶然的事件：有个住在海岸边的牧人养的狗
从岸边衔来一个贝壳，咬碎贝壳时嘴里流出鲜红的汁水。牧人以为狗流血了，用清水
为它清洗伤口，狗嘴仍是一片鲜红。牧人从贝壳里的软组织中挤压出了绛红色的浓汁。
结果，这种紫红色的染料就被发现了

腓尼基石棺正面的海船浮雕（约 2 世纪）

浪性能。腓尼基人的航海技术尽管原始但很高明：白天，他们靠太阳指路，夜间，靠他们称作"旅行星座"的大熊星座指航；雾中，他们用探锤测量水深或取泥土样测试以辨别方向；他们还可以根据淤泥的情况，判定船只距离河口的远近。广泛的航海贸易使腓尼基城邦博采各国文明之长，如毕布勒是埃及获得黎巴嫩雪松的主要转运港口，城内商业客栈稠密，街道上铺着石板，供繁忙的车马通行，有大量出土的文物证明了毕布勒在商业和文化上受到埃及的影响很大。乌加里特的城市规模更大，神庙、王宫、市政建筑甚至民居都达到较高水平，出土文物中金、银、象牙工艺品甚多，其商业和文化受到埃及和两河流域其他国家等多种文明影响。后来的考古发现也证明，腓尼基城邦国家不仅广泛吸收了两河流域文明，还与克里

表现腓尼基船只运送木材场面的浮雕（巴黎罗浮宫藏）

特、迈锡尼文明发生了联系。尤其是通过与赫梯王国的接触融合，腓尼基成为较早用铁的民族，后来成为向今西亚、北非和欧洲传播冶铁术的中心之一。腓尼基的船文化深刻影响了周边的地中海国家，古埃及法老雇用腓尼基工匠为他们造船，雇用腓尼基水手为他们远航。克里特人也向腓尼基人购买商船和战船，后来古希腊的三层战舰，实际上就是腓尼基双层桨和三层桨战船的改进型，在古希腊荷马史诗中被称作腓尼基人的"黑帆船"。

腓尼基人是世界上最早的造船和航海天才。

公元前 2000 年代中期，腓尼基的沿海受到埃及的控制，山区受到来自小亚细亚东部地区赫梯王国的控制，腓尼基各城邦国家不得不称臣纳贡，但仍可以在半独立的状态下继续其商业活动。

尼尼微浮雕残片上的腓尼基双层桨战船（约前 700）

公元前 11—前 9 世纪间，腓尼基各邦趁赫梯、埃及走向衰落和亚述帝国尚未兴起之时，巩固了政治独立，工商业和海外航运也进入鼎盛时期。他们将本地出产的葡萄酒、橄榄油、紫红染料、玻璃器皿以及毛麻织物行销到海外各地，并采购转销黎巴嫩的雪松、小亚细亚的铁、塞浦路斯的铜、非洲的象牙、埃及的工艺品、巴比伦的青铜器等各地的珍奇原料和名贵商品，成为最早通过发展海上贸易强大起来的民族。公元前 9—前 8 世纪，腓尼基人在今突尼斯北部沿海地区建立了同样以航海事业留名青史的迦太基王国。大约在公元前 7—前 6 世纪，腓尼基人受埃及 26 王朝法老的雇用，驾三艘船从埃及三角洲出发，驶入红海，沿着非洲海岸向南航行，当他们转而东向航行时，发现太阳出现在他们右侧，而在北半球如果从东向西航行，太阳应该在左侧，这让精通航海的腓尼基人诧异不已。许多史学家也对这一航行表示怀疑，其中包括记录此事的希罗多德。然而，正是这一忠实记录提供了证据，使后人可以用近代地理学的知识，揭秘腓尼基人这一环绕非洲大陆的伟大航程，他们的确曾经跨越赤道在南半球航行过，并绕过好望角北上，两年后经直布罗陀海峡回到埃及。

关于腓尼基何时灭亡、为什么灭亡至今没有定论，坊间有各种说法。其中一种说法是，腓尼基建立的是一个商业帝国，腓尼基人本质上是商人，商人有追求无限利润的冲动，将财富用于扩大再生产，建造更多的船舶，探索更大的市场，却少有国家安全、国防和海洋安全的政治意识。他们始终没有建立一个统一的国家，忽视了环伺周围的敌手。如对亚述帝国，腓尼基人采取"岁币"的方式祈求和平；但军事上日益强大的亚述帝国胃口越来越大，大约在公元前 8 世纪前后，亚述帝国不断进攻腓尼基人的城邦，迫使其俯首称臣。或许可以这样总结：腓尼基吞下了不懂海权的苦果。

公元前 6 世纪，波斯人开始向外扩张，逐渐发展成为一个庞大的帝国。波斯人征服小亚细亚，进入两河流域，长驱中亚，觊觎欧洲，他们收编了腓尼基人的千艘战船，建立了一支帝国海军，一度所向披靡，其控制范围达到了地中海的爱琴海地区。

19世纪的历史书插图对腓尼基水手和商人的描绘。作者认为，贸易对腓尼基经济的重要性显然导致商人能够较大程度地分享国家权力（*The Illustrated History of the World for the English People*）

印度河畔的神奇船坞

古代印度的地理范围包括今天的整个南亚次大陆，整体如同一个倒三角，北部是高耸的喜马拉雅山脉，大陆的东、西、南三面分别被孟加拉湾、阿拉伯海和印度洋环绕。北部是平原，雨量充沛，

摩亨左·达罗城市遗址（位于今巴基斯坦信德省境内拉尔卡纳县城南 20 公里处）中街道和建筑物的规则性排列展示了某种高水平的城市规划能力，揭示了古代哈拉巴文明的成熟面目

光照时间长，发源于喜马拉雅雪山的印度河和恒河流贯其间，一条向西南流入阿拉伯海，一条向东南流入孟加拉湾，成为古代印度文明的母亲河，为印度河—恒河平原带来旺盛的生命力。

印度河文明亦称作哈拉巴文明。19 世纪初，英国殖民当局拆除了印度河上游的哈拉巴佛教遗址的砖块修建铁路，这些砖块被后来的考古学家认为可能是一个文明的象征。1921 年，印度考古学家萨尼领导的考古队对印度河上游的哈拉巴佛教遗址进行了发掘，在废墟之下发现了一座砖结构的辉煌的城市，以真正的信史揭开了一个新的文明——哈拉巴文明的面纱。1922 年，班纳吉又主持了印度河下游的摩亨左·达罗遗址的考古行动。从此，哈拉巴和摩亨左·达罗两个遗址成为新文明的典型遗址。

1947 年以后，基于印巴分治而哈拉巴文明遗址大多在巴基斯坦

印度河文明果德迪吉遗址（Kot Diji）出土的载有女性小雕像的公牛形赤陶船（约前2800—前2600）

一方的现实，印度掀起考古热，并用"印度河文明"取代了"哈拉巴文明"的称呼。这一轮考古发现大小城镇遗址200余处，分布于印度河中下游和西部沿海广大地区，西起伊朗边境，东近德里，北及喜马拉雅山麓，南靠阿拉伯海；东西相距1550公里，南北相距1100公里，所占地域约130万平方公里，是世界上面积最大的青铜文化中心，社会发展达到奴隶制大国的发展阶段，与同期的古埃及和两河流域水平相当。考古证明，印度河文明源于公元前3000年左右，由土著的达罗毗荼人建立，典型遗址的繁盛时期在公元前2500—前2000年之间，约在公元前1750年左右彻底衰落。

1954年11月，印度考古队在距离摩亨左·达罗东南700公里的坎贝尔海湾附近发现了古代海港城市罗塔尔（又译作洛塔）遗址。

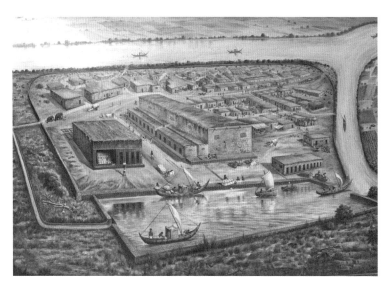

罗塔尔城市及船坞想象性复原图

这一遗址发掘一直持续到 1960 年，发现各种文物 1.7 万件，展现了一个由 4 条主要街道和其他街巷组成的城市格局，其中最复杂的建筑是城南发现的港口和世界上最早的海船船坞。船坞首次发掘时发现了一个巨大的矩形地块，考古学家最初判断它可能只是一个农用的灌溉水库，但后来在其中发现了海洋微化石、盐和石膏晶体等决定性证据，证明该地块曾经有海水，是世界上已知的最古老的海港，建有最古老的船坞。经考证，罗塔尔船坞建造于公元前 2100 年—前 1900 年间，总长 225 米，宽 37 米，高 5 米，用砖块砌成，面积约 8000 平方米，有闸门开启，可以利用潮涨潮落控制海水高度，既是修船建船的船坞，又是运输船的泊位。船坞码头附近高架平台上建有仓库，用于存放货物，有坡道直接从码头通向仓库以方便装货。

罗塔尔运河河口遗址

　　如此巨大的古代船坞，其制式、功能、设计理念，都堪称神奇。考古还发掘出一条长约 2500 米的干涸河床，推测是通往坎贝尔海湾的人工运河。沿着河道，排列着不同时期建造的码头，可以停靠长18—20 米、宽 4—6 米的大船。据测量，每当涨潮时，河道中可以并排行驶两艘大船。罗塔尔海港及其船坞码头遗址诠释了印度河文明的海上商业活动，它无疑是印度河文明通向海外的大门，印度次大陆的陆海文明发展轨迹也由此可见一斑。

　　两河流域出土的印度器物，也证明了印度河文明很早便通过海上交通与两河流域的商业往来。考古学家在波斯湾中部的岛国巴林和科威特的费拉卡岛上发现了古文明遗址，通过对发掘的文物进行研究，证明这些遗址是两河流域苏美尔文明与印度河文明在波斯湾

古代印度数学经典《巴克沙利稿本》（*Bakhshali Manuscript*）中的数字（前2世纪至2世纪）

的中继站，双方存在着相当密切的联系，以至于一些学者根据文明传播理论提出"海上来源说"，推测哈拉巴文明是两河流域苏美尔文明与印度文明结合的产物。此外，在远离印度的马尔代夫群岛、马达加斯加岛都发现有哈拉巴文明的遗物，如陶器、青铜器、衣服、印章等，说明古代印度的海上活动范围已经很广大了。古代印度在数学、天文学方面有相当高的成就，在摩亨左·达罗遗址出土的计量材料，2进位、10进位、16进位等度量衡制度，都始于印度。古代印度还率先发明了10个数字符号，后来由阿拉伯人略加修改传至欧洲，被称为阿拉伯数字。这些科学方面的成就，不但使古代印度的大河文明更加灿烂，而且在其走向海洋、征服海洋的过程中发挥了重要作用。或许，印度河畔神奇的罗塔尔海港遗址，就是这一大河文明与海洋文明之间联系的生动印证。

印度河文明衰落于公元前1750年左右（衰落原因在学术界争论经年。有研究认为其原因之一是公元前1500年左右来自中亚草原的雅利安人的入侵，其他各种解读也各有道理），此后，古代印度的大河文明进入"黑暗时代"。研究证明，雅利安人的到来既带来了破坏，又带来了新的文化，形成了以婆罗门祭司为社会核心、以祭祀为生活中心、以吠陀经为圣典的吠陀时代。之后，从婆罗门教到佛教，到印度教，古代印度在宗教文化方面独树一帜。由于祭祀的神

古代印度耆那教经书 *Surya Prajnapti* 中的天文学手稿（约前 6 世纪）

圣性，围绕祭时和祭坛，古印度的天文学和几何学兴起。天文学最早起源于占星术，公元前后人们根据肉眼可以看到的天体，设计出黄道十二宫，准确记录太阳、月亮和黄道的运行位置，推算"黄道吉日"。婆罗门教认为星球相会于黄道是最大的吉日，为此他们要计算出各重要星球的运行周期，求出它们的最小公倍数，数据显然非常庞大。几何学的发展则源于祭坛形状的要求，为了求得圆形祭坛和方形祭坛的和谐，圆内四边形的研究得到了发展，从而发明了面积对称原理和勾股定理，也发明了椭圆形面积和周长的计算方法。祭坛各种形制的叠置，又促使他们去解决最大公约数的问题。这些发端于宗教的科学知识，包括"0"和 10 进制，连同印

印度阿旃陀石窟（Ajanta Caves）中的三桅帆船彩绘壁画（约5世纪）

古代印度朱罗王朝（Chola Dynast）海船的船体模型（蒂鲁内尔维利博物馆藏）

度的宗教本身，逐步在世界范围内传播，成为印度大河文明对世界文明的重要贡献，同时成为一个民族赖以世代繁衍、生生不息的精神财富。

综上所述，以四大文明为代表的大河文明首先发源于亚非大陆，是因为那里具有适合农耕文明的充沛水源和地理气候条件，其文明基调是黄色的。在长期的发展中，农耕文明的灿烂辉煌不可避免地会向人类第二个、也是更大的可开发利用的自然空间——

海洋分流。但历史证明，海洋文明的发展需要比陆地农耕文明更多、更复杂的科学支撑，在文明的低级阶段，在具有优越陆地自然条件的大河文明之地，人类本能地依恋土地，很难将海洋当作自己的"蓝水乡"。或许腓尼基人是个例外，但后来也被来自两河流域的亚述人灭亡了。而雅利安人属于游牧民族，进入印度后则很自然地加入、同化于大河文明。由此可见，在古老的四大文明发祥地，陆地文明一度太辉煌了，无情地压制了海洋文明的发展。在漫漫历史长河中，虽然这些地区和国家中不断有惊世骇俗、有利于海洋文明的科学发现，却未能兴起进军海洋的真正热情，更难以企及国家意志。

地中海文明中的船文化

欧亚大陆和非洲大陆被称为传统的旧大陆，地中海既被这相对独立的三个大陆环抱，又是连接这三个大陆的海上枢纽；它融进了三大洲的河流，也融进了三大洲的文化；它给予利用、开发它的三大洲以平等机会，也静静目睹着其中的生存竞争。终于，欧洲人成为地中海文明的主人。与大河文明完全不同，这个文明的基调是蓝色的。

克里特的商船与战舰

古希腊神话中有这样一个经世流传的故事。腓尼基城邦推罗的国王阿革诺耳有一个美丽的女儿，名叫欧罗巴。一天，天神给她一个奇异的梦：两块大陆——亚细亚及其对面的大陆——变成两个妇人正争吵着要占有她。其中，那个温和而又热情的妇人亚细亚说，

在意大利文艺复兴时期艺术大师提香的画笔下，腓尼基少女欧罗巴被强行抱至天神宙斯化身而成的公牛背上，来到克里特岛，成为宙斯的妻子（Titian，*The Rape of Europa*，1560—1562，波士顿伊莎贝拉·斯图尔特·加德纳博物馆藏）

这个可爱的孩子欧罗巴是她诞下并养育的。而另一个妇人却像偷一件宝物一样地抱着她，要把她献给持盾的万神之王宙斯。后来，欧罗巴真的骑上了宙斯变成的公牛，公牛驮着她走出草原，走近海岸，跳入海中，来到克里特岛，做了宙斯的人间妻子。从此，收容她的那块大陆用她的名字"欧罗巴"命名。多么动人的传说！它生动演绎了腓尼基人把欧亚两大洲连接起来的历史事实，也强调了克里特在古希腊乃至欧洲文明中的历史地位。

NASA（美国航空航天局）从国际空间站拍摄的这张照片展示了克里特岛被一片蓝水环绕的梦幻般的美丽场景，画面上的银光是由于海水反射光线形成的（2011）

　　的确，腓尼基人登上古希腊和欧洲大陆必须先到克里特岛，因为克里特岛处于地中海地区得天独厚的中央位置，拥有辉煌的文明。

　　克里特岛是古希腊文明的发源地。它位于地中海东部，东西长约250公里，南北宽约60公里，与深入地中海的伯罗奔尼撒半岛隔海相望，犹如爱琴海的门户。它向东可登陆小亚细亚连接西亚文明诸地区，向东北穿过达达尼尔海峡和博斯普鲁斯海峡可进入黑海，向南可连接东北非的古埃及，向西越过爱奥尼亚海则是意大利和西西里半岛，克里特岛的商人们可以在一直看到陆地的情况下航行到地中海沿岸的所有国家。特殊的地理位置，构成了克里特岛与海洋的天然联系，成为最早的海洋文明发祥地。

从克里特岛的米诺斯文化早期的遗迹可以看出，克里特人很早就把海洋作为生存空间，擅长渔猎。公元前3000年时克里特岛东部地区就形成了一个海上贸易中心，考古学家在这里发现了画有船只的物品，船身有带龙骨的横梁，被认定是腓尼基毕布勒人造的船。研究判断，从那个时期开始，克里特人就发现了腓尼基毕布勒人的优质海船，他们向毕布勒人购买性能优良的船只和雪松板，甚至派兵驻扎在毕布勒，建造适应他们需求的、性能更加优良的商船。有了这些具有坚实龙骨的海船组成的船队，克里特人的海上贸易活动日益兴盛。

公元前2000年以后，克里特岛进入了青铜器时代，一些奴隶制城邦逐步建立，手工业和农业逐步分工，考古发现的这一时期的青铜双面斧、短剑、长剑以及金质和银质的工艺品都很精美。米诺斯文明有自己的文字，尤其是岛中央的克诺索斯王宫是米诺斯文明的代表。王宫经过数次毁建，新王宫时期（前1700—前1500）最后建成的王宫面积达2.2万平方米，规模宏大、结构复杂、千门百户、曲折相通，三大洲的珍奇宝物齐聚于此，其繁荣程度令人惊叹。

与大河文明不同，克里特文明对海洋、海上贸易具有绝对依赖性。因而，最能体现米诺斯文明的是其造船业和航海业。从现存的壁画和工艺品看，米诺斯工匠已经能建造船头高翘、单桅桨帆的船，船身使用优良木材建造，有龙骨结构，船上建有牢固的舱房，船尾置长桨做舵，并建有小舱房避风雨，建造思路显然是为了有利于海

克里特岛克诺索斯王宫遗址

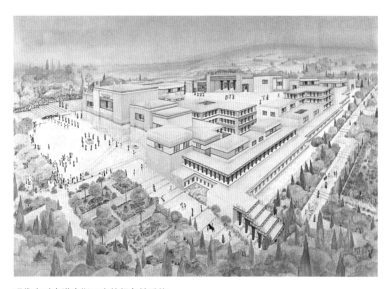

现代人对克诺索斯王宫的想象性重构

米诺斯文化遗址的壁画，画面上有海船和陆上的定居点（约前1800）

外远航。有的船使用数十名乃至上百名桨手，显然是战船，船尾还有铜质冲角，也昭示着"船"向"舰"的功能发展。传说克里特国王米诺斯是第一个组织海军的人，他在东地中海沿岸建立了几百个商栈和最早的殖民地；他用海军舰队武装保护海上贸易、占领海外市场；他使商船和战船专门化，他的船队控制了东地中海海上贸易网，从塞浦路斯运回铜，从努比亚（今苏丹境内）换来金，从西班

克诺索斯王宫遗址的海豚壁画，彰显了海洋文明的显著特点

牙买来锡，向当时最富裕的埃及运送皮革、木材、肉类等大宗货物。集欧、亚、非三大洲的资源，以克里特岛为中心的蓝色文明从此繁荣昌盛起来。

据说，在当时的克里特，所有城市都不用设防，因为这个国家拥有一只强大的海军足以保护该国不受侵犯；这个国家贸易所到之处，强大的海军承担着保护和占领海外市场的职责，于是，克里特岛的统治者被称为"海上之王"。克里特海军成为保护米诺斯王朝海上商业活动、增加国家财富的有力工具。

古希腊的三层桨帆战舰

古希腊文明最初也离不开江河之水。古希腊神话说，是先知先觉的普罗米修斯撮起泥土，用河水润湿，塑造了人。的确，大地是人类共同的母亲，江河是母亲温馨的乳汁，孩提时代的人类，谁能不仰仗她、依恋她呢？然而，母亲似乎不那么公平，她赐予古希腊的财富，没有大河文明的国家多。古希腊全境山岭连绵，群山把各地分割成小块，内陆交通阻塞，缺少肥田沃土，因而也缺少自给自足的自然经济的条件。它不得不过早地离开母亲，去寻找新的生存之道。于是，它找到了地中海，找到了这片蓝水。

从地图上看，希腊半岛是那样深情地伸入地中海，将两侧的水域分成两个小海，东为爱琴海，西为爱奥尼亚海。据说，古希腊本土除了北部以外，没有一个地方距离海有超过 50 公里的距离。公元前 20 世纪左右，迈锡尼城邦国家和迈锡尼文明发展起来。与其他入侵的游牧部落不同，迈锡尼人效仿克里特人，面向海洋发展，到公元前 16 世纪时已吸收了大量的"米诺斯文化"。他们建立起一支令人生畏的海上力量，抓住各种机会进行商业活动，也进行劫掠的海盗活动，并在罗得岛、塞浦路斯和小亚细亚西海岸建立海外殖民地。迈锡尼的生产力迅速发展，金属冶炼和手工业制造技术水平逐渐超过了克里特岛，逐步瓦解了克里特的经济霸权和海上霸权。公元前 15 世纪，迈锡尼人攻占和劫掠了克里特岛，势力从希腊半岛扩大至整个爱琴海，取代克里特成为地中海的海上强国。公元前 1450—前 1100 年是迈锡尼文明的鼎盛时期，古希腊伯罗奔尼撒半岛周边的阿提卡、优卑亚、斯巴达、雅典、科林斯等沿海城邦都相继兴盛，被迈锡尼文明所包容。

公元前 12 世纪，迈锡尼同盟与小亚细亚的特洛伊发生了一场著

迈锡尼战士头像（前14—前13世纪）

用铜片制成的迈锡尼战士的盔甲
（约前1400）

名的战争，史称"特洛伊战争"。荷马所著史诗《伊利亚特》追记了这场战争。据《伊利亚特》记载，迈锡尼一方共派出29支舰队共1116艘舰船，其中阿提卡50艘，优卑亚40艘，每条船上的水手人数一般为50人，最多的达120人。迈锡尼同盟的舰队由阿伽门农率领，历经10年，最后用木马计攻克了特洛伊城，取得了胜利。这支舰队的总数显然有所夸大，战争实况已不可考，但古希腊人的航海活动和海军发展较早，舰队强大，是合乎史实的。

　　公元前8世纪后，希腊诸城邦兴起，开始大规模地移民，进行广泛的殖民活动。其殖民的范围，较近的包括爱琴海北岸和希腊西

古罗马塔布拉伊利亚卡 (Tabula Iliaca) 的浅浮雕，描绘了特洛伊战争的场景，可看到海上的舰队（左下）和陆地上的攻城战（约前 1 世纪，罗马卡匹托尼亚博物馆藏）

北部的一些地区，较远的包括东方的赫勒斯滂、博斯普鲁斯海峡和黑海沿岸许多地区，西方的意大利、西西里岛，以及法国南部和西班牙东南部地区。此后的 200 年是希腊海上贸易的鼎盛时期。其间，在地中海和黑海沿岸有大约 250 个希腊的商业贸易货栈。希腊商船可以从黑海各港口出发，沿多瑙河上行，到达北欧各国；在相反方

今人复原的希腊三层桨帆战舰"奥林匹亚号"

向上，它们还可以穿越红海和印度洋，甚至进入印度河谷地。为了保护海外贸易，在海上战胜敌人，希腊人对腓尼基人的帆船作了进一步改进。其中，以雅典人建造的三层桨帆战舰最为著名。

三层桨帆战舰，船身窄长，因木桨在船的两边各排列成三层而得名。船长约 40—50 米，宽约 6 米，排水量约 100 吨，船上配有198 名桨手，上层 60 人，中、下层各 54 人，后备桨手 30 人，每支木桨长约 4 米。划桨时水手按统一口令合着节拍一致行动，由两名舵手掌握航向。为了避免三层桨相互撞击，各层桨伸出的船舷孔保持一定的大小，以制约其上下活动的幅度。船上两个桅杆都安装了风帆，作为辅助动力，但在作战时只划桨驱动。桨帆战舰向木桨风帆战舰的发展是一大进步，但使用的还都是冷兵器，战船上的主要武器是位于船首下面的冲角。技术决定战术，当时海战主要战法是接舷战，有 3 种形式：一是冲角撞击。在船艏吃水线处有一个突出约 3 米的金属冲角，是三层桨帆船主要的战斗部位，作战时用以冲撞敌舰，即利用船只自身重量和划桨获得的速度，用船艏巨大的包青铜冲角撞击敌船，使其舷破沉没；二是侧舷切桨。即沿敌船一侧紧紧擦过，用金属冲角将其一侧船桨齐刷刷切掉，从而使其失去一侧动力，只能原地打转，然后将其撞沉或擒获；三是接舷战斗。即在船上布置配备矛、剑、弓、标枪等冷兵器的军士，当两船接舷时，军士们强行跳帮登船，与敌人展开白刃格斗，消灭敌人，夺取敌船。这些战术的实施对舰船高度、速度和机动性能提出了要求。为此，雅典人不惜降低船的适航性和舒适性，减少货物容量和最大航程。三层桨帆船代表了当时海军最先进的装备技术，使希腊海军屡屡得胜。在此后大约两千年的时间里，这种长而吃水浅的战船始终是西方世界的主要作战船型，撞击和跳帮也一直是海军作战的基本战术。

古希腊把海军带进了木桨风帆战舰的时代。

从牛拉桨叶轮到罗马舰队

作为古代罗马国家发祥地的意大利半岛，位于地中海中央，北以阿尔卑斯山脉为界，地形狭长，形似皮靴，三面环海，有漫长的海岸线。

罗马人于公元前 753 年在半岛中部的台伯河畔建立了罗马城和城市公社，于公元前 509 年建立了奴隶制的罗马共和国。此时，罗马共和国不过是一个小国寡民的城邦，北面有一度统治过罗马的强国伊达拉里亚，南面有一些拉丁城邦和萨莫奈部落，意大利半岛南

迦太基遗址（位于突尼斯首都突尼斯城东北17公里处）的浅浮雕：一名迦太基男子驾驶着一艘带有两个桅杆的轻便小艇在海上航行（约200）

部沿海和西西里岛则是希腊人的殖民地。此后的200多年，罗马人发动了多次战争，占领了拉丁城邦，打败了萨莫奈人，征服了意大利南部希腊人的移民城邦，控制了整个意大利半岛的大部分地区。之后，它又开始向西地中海地区扩张，由此与海上强国迦太基形成了尖锐的对抗。

迦太基原是腓尼基推罗城邦建立的殖民地，位于今北非的突尼斯境内，商业发达。非洲北部的农作物，中部的象牙、金砂乃至奴隶都从这里出口，不列颠的锡，西班牙的金、银、铅等矿产也在这里集散。在罗马共和国建立的时候，迦太基人的贸易已经一直向西扩展到北海和西部非洲。公元前508年，迦太基与罗马签订了一个

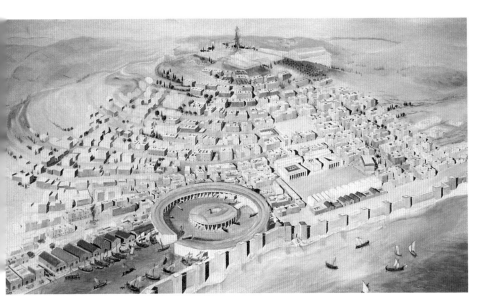

今人对古代迦太基的想象性再现。前面的圆形港口是迦太基的军事港口（Cothon），
迦太基的所有战舰都停泊在那里，背景为拜尔萨山和突尼斯湖（突尼斯迦太基国家博
物馆藏）

条约，规定："罗马人及其联盟不应航行过美丽海角（位于迦太基
城北不远的地方——笔者注）"，如遇风暴或被敌人赶到那里，"不
能在那里停留 5 天以上"，不得购买任何东西；乘罗马船只去利比
亚、撒丁出卖货物的人，要有书记介绍和国家担保等。此时迦太基
的强势是明显的。公元前 480 年，迦太基人沿着西非洲海岸航行到
喀麦隆，至公元前 3 世纪已经占有北非西部沿海、西班牙南部沿海、
西西里的大部、科西嘉、撒丁、巴利阿里群岛等地，成为西地中海
强国，垄断了西地中海的贸易。有评论说，当时迦太基的"商船和
战船挤满了它的繁盛的海滨。从西西里岛到直布罗陀海峡，地中海
是迦太基的一个内湖"。迦太基的海军实力也很强大，舰队拥有数

百艘战船，舰船多为五层桨大船，不仅数量多、装备先进，水手也有丰富的航海经验和海上作战经验，冲撞、侧击、接舷和破坏战斗队形等战术使用娴熟。公元前 348 年和前 306 年，迦太基又先后两次迫使罗马与其签约，增加了一些新的内容，如禁止罗马船只航行过西班牙的马斯提亚（帕洛斯角以东），禁止罗马与非洲、撒丁岛之间的贸易，而迦太基承认罗马对拉丁姆的主权。古罗马不是一个海上强国，由于缺乏强有力的海上武装，不得不在两个世纪的时间里听命于迦太基，承认迦太基在西地中海的控制权，甚至听任迦太基占据其家门口极具战略意义的西西里岛，封锁罗马东向的贸易通道。据说，一个迦太基的船长曾高傲地说："罗马人不得到我们的允许就不能在海里洗手。"

公元前 3 世纪，为了夺取迦太基占领的西西里岛，罗马人开始尝试造船。作为一个陆上民族，他们很勇猛，也很急功近利。他们砍伐大树，做成大木筏，试图用人类最原始的漂浮工具渡过海峡，登陆西西里岛，打败迦太基人。于是，由几百个木筏组成的新型罗马军团出现在海面上。每个木筏中间都有三头牛在转圈圈，它们在拉动一个绞盘，绞盘带动最简单的桨叶轮，以此推动木筏前进。罗马人太有创意了，他们把农耕文明的先进生产力接种到海上，制造了举世无双的牛拉明轮船。然而，这种牛拉绞盘带动桨叶轮的木筏没有行之有效的操舵设备，在很深的海峡中航行时又无法使用篙，遇到湍急的海流时几百个木筏被冲向四处，其结果可以想象。

罗马人开始认识到，没有真正的战舰就不可能战胜迦太基这样的航海民族，取得地中海的霸权。于是，在迦太基人占领的西西里岛对岸的海滩上，罗马人又制造了另一番不同寻常的景象。几千名罗马军团的士兵坐在木板搭起的台子上，有的干脆坐在沙滩上，按

古罗马牛拉桨叶轮（De Rebus Bellicis，15世纪）

照统一的口令，挥动手中的木杆练习划桨。与此同时，罗马的工匠们也在拆卸一艘遇到海难漂流到岸上的迦太基船，研究它的结构，测量它的部件，绘制造船图，努力学习迦太基人的造船工艺和技术。他们在希腊技师的帮助下，用短短几个月的时间，把整片整片的森林变成了罗马舰队。这支舰队由160艘战舰、30000名划桨手组成，但可以想见，这支新建立的罗马舰队缺乏技术高超的水手，船身笨重，冲撞、侧击等海战战术运用不熟练，相对于迦太基海军来说，很难取得优势。为弥补这些不足，罗马人只能出奇制胜，把自己在陆战中短兵相接的格斗优势发挥出来，于是，他们发明了一种叫"乌鸦吊"的登船工具。"乌鸦吊"是一块5米长的接舷吊板，能灵活地左右摇摆，吊板的前端装有铁钩，当敌船接近时，可以放下吊板钩住敌船，形成一个"接舷桥"，勇猛善战的罗马士兵通过"接舷桥"迅速登上敌船甲板，进行陆战式的厮杀格斗，变劣势为优势。

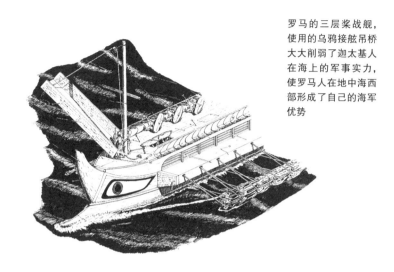

罗马的三层桨战舰，使用的乌鸦接舷吊桥大大削弱了迦太基人在海上的军事实力，使罗马人在地中海西部形成了自己的海军优势

　　从一个有着陆军传统的民族转向发展海军、敢于和善于海战，罗马人的学习精神值得佩服。在罗马人的造船事业中，除了"乌鸦吊"以外，其他的武器装备制造技术，都是向其他民族学习来的。他们在战争中学习战争，从公元前264年到公元前146年，罗马人和迦太基人进行了长达100多年的三次布匿战争（迦太基为腓尼基人所建，罗马人称腓尼基人为"布匿"人），直至胜利。这一时期，罗马海军广泛使用的主要是三层桨战船和"彭特"型战舰。"彭特"型战舰的大小和桨数与希腊的三层战舰相似，兵器为弩炮和弹射器，还有在接舷战时用来拖住敌船的吊锤、"乌鸦吊"和跳板。到了后期，连迦太基人都相信，他们的对手绝不是海战的新手。的确，善于学习的罗马人不断地改进和提高战舰的性能，包括向海盗学习。在后来的亚克兴海战中，罗马人使用的舰船就采用了海盗船的先进技术，并在船艏和船艉都装上金属冲角，且重视弩炮和弹射器的发

亚克兴海战（Laureys a Castro，1672，伦敦英国海事博物馆藏）

展，逐渐将其作为主要兵器。这种船保证了以后的罗马舰队在三次
布匿战争中大获全胜，并从此建立了长达 5 个世纪的海上霸权。

海权意识与海上战争

克里特文明以后的几千年，在地中海沿岸国家中所呈现的你
更我替、此兴彼衰的历史背后，隐藏着一把无形的巨剑，它就是
海权。

庞贝城伊希斯神庙门廊壁板描绘的古罗马海战的场景（那不勒斯国家考古博物馆藏）

海权的诞生

海权产生的根源是由海上贸易开启的国家经济利益冲突。

凡是以海上贸易兴国的国家，都不能不特别厚爱自己的海上通道，特别珍视自己的贸易市场和商业利润。当同一通道上出现两个或两个以上主人的时候，当同一市场上出现两个或两个以上的买主和卖主的时候，一种本能的要求便呼之而出——控制海上通道，占领向往的市场，同时阻止他国的控制和占领。这是一种国家的权力要求，权力属于政治范畴，而政治是充满暴力的。于是，一些商船开始载上军队，以保护海上贸易，控制海上通道，占领彼岸市场，保证商业利润的实现。此后，船的职能逐渐专门化，船的型号、建造也逐渐专门化，海军由此诞生。国家为着自身经济、政治利益的

实现，运用海上力量（主要是海军）去控制海洋，称之为海权。一般来说海权保护商业、增加了国力，充盈的国力又进一步加强了海权，形成良性循环。

这就是古希腊和古罗马率先创造的以海权为核心的蓝色文明——尽管人们对它的认识还很朦胧、感性。

公元前4世纪，古希腊历史学家修昔底德在其名著《伯罗奔尼撒战争史》中系统揭示了这一历史。他说，克里特国王米诺斯组织海军的初衷是保护本国商业航行的安全，防范占据了沿途岛屿的开阿利、腓尼基海盗的劫掠活动。米诺斯组织了海军后，海上不安全的交通状况改善了，他便派遣海军征服周围的岛屿，驱逐著名的海盗，将这些岛屿划为自己的领地。海军成为保护商业、增加财富的有力工具。被称为"历史之父"的希罗多德曾先于修昔底德注意到，"米诺斯是一个征服了许多土地并且是一个在战争中取得成功的国王"，他统治各岛上卡里亚人的方式，"不是令他们纳贡，而是要他们必要时提供船上人员"。足见海军在克里特岛兴旺与发展过程中的地位和作用。

与大河文明一样，海权也是一种文化、一种文明。它是一种不依赖土地而依赖海洋的谋生方式，源于人类共同的生存需求和本能选择。它有另一个发展链条，受到不以人的意志为转移的商品和价值规律的支配，适应这一规律的国家和民族，在实践中逐渐培养出海权意识；驾驭这一规律的国家和民族，则有希望率先摘取蓝色文明的桂冠。

对海权的认识是一个从实践到认识，从感性到理性，循环往复、不断深化的过程。当国家的统治者们通过一系列初级的海权实践，比如在商船上携带武装，或以专门的战船保护海上贸易，进而控制航线和殖民地，不断攫取海外经济利益的时候，他们的脑海中也产生了一个日益清晰的认识，即国家可以通过发展和运用海权富强起来。

海权本质上是暴力的，是国家间的实力较量，与海军的发展相伴的是海上战争。

公元前12世纪的《伊利亚特》，是最早记载海上战争的一部著作。人们记住了特洛伊木马的故事，但未见得理解其实质。据修昔底德推测，带队出击的阿伽门农是当时的迈锡尼国王，所以才能够召集庞大的海军舰队。而这次长达十年的战争的目的，也并不仅仅是为了争夺世界上最美丽的女人海伦，而是为了争夺经济繁荣的特洛伊城，为了控制赫勒斯滂海峡（今达达尼尔海峡）这一海上交通

希波战争中的马拉松战役的场景（John Steeple Davis，*The Story of the Greatest Nations, from the Dawn of History to the Twentieth Century*，1900）。公元前 490 年春，波斯国王大流士一世派出 5 万大军（包括近 400 艘战船）第二次远征希腊，在距雅典东北约 40 公里的马拉松平原登陆，9 月 12 日晨，马拉松会战开始，以雅典军队胜利、波斯军队撤退而告终

要道，进而控制黑海贸易。

历史上，往往一场决定性的海战就能够影响历史进程。公元前 5 世纪希波战争中的萨拉米斯海战，就是这样一次影响了历史进程的海上作战。

波斯原是一个内陆国家，从大流士一世（约前 550—前 486）起开始扩张，挑起了历时达半个世纪之久的希波战争，它本没有海军，靠征服和收编腓尼基船队建立了一支比较强大的舰队，试图进一步战胜希腊。从克里特文明到迈锡尼文明，古希腊在蓝色文明的道路上已经走过了两千年的历史，成为一个具有强烈海权意识的海洋民族，各城邦国家都有自己的海上军事力量。希波战争时，海军力量

雅典杰出的军事将领、政治家
地米斯托克利侧面头像

最强的是雅典，其海军统帅为地米斯托克利（约前524—前459）。
为了与波斯抗衡，雅典联合沿海的其他30个希腊城邦国家建立了海
上提洛同盟，拥有366艘三层桨帆的战舰和7艘50支桨的战舰。当
时，地跨欧亚的波斯帝国实力非常强大，虽然主要依靠收编的海军，
但拥有1200多艘战舰，绝对实力强于希腊。公元前480年，波斯
国王亲率大军进攻希腊半岛，从北部南下，突破温泉关要塞，占领
了科林斯地峡，占据了雅典城堡，形成了迫使希腊海军与波斯海军
决战的态势。在军事会议上，地米斯托克利力排众议，提出与波斯
海军在萨拉米斯海湾决战的设想，他针对一部分反对意见说："我
们的舰队在窄海中作战，可以以寡胜众。如果撤离萨拉米斯，只好
在开阔的水面上战斗，对我们极为不利，弄不好全希腊都会同归于

参加萨拉米斯海战的希腊三层桨帆舰队（*Cassell's Illustrated Universal History*，1882）

尽"。他大声疾呼："在此地决战，那希腊就得救了。"

　　海上战争，要义是掌握制海权。何为制海权？实力、决心、战略和战术。

　　地米斯托克利拥有一支训练有素颇具实力的海军，具有坚强的决战决胜的信心，制定了将波斯舰队诱入萨拉米斯海湾内、利用海峡地理优势以弱胜强的战略，其后，便是具体战术的运用了。波斯战船主要是基于跳帮作战战术而设计的，很多战船为远征而临时赶制，粗笨、脆弱，数量虽多但训练水平并不高，速度较慢且机动性差，加上对海区地理环境生疏，指挥不力，因此战斗实力并不强。希腊联军战船数量虽少，其新式三层桨帆战船体型轻盈、船体开放、没有甲板，船的龙骨是坚韧的橡树，用整根橡树树干做成，坚固的

后世画家笔下带有魔幻色彩的萨拉米斯海战（Wilhelm von Kaulbach，1868）

青铜撞角安装在艏柱前端，撞击和抗撞击的性能都比波斯战舰要好，且统帅指挥得当，训练水平高，能够灵活机动地运用冲撞、切桨和接舷三种战法，因此牢牢掌握了制海权。此役，波斯投入了 800 艘战舰，集结于萨拉米斯湾口。战斗中，希腊海军首先派一支大型舰队以青铜包裹冲角撞翻了波斯的一部分小舰，使波斯舰队陷于被动。接着，地米斯托克利亲率部分雅典舰船向波斯大舰快速冲擦而过，切断其一侧长长的船桨，使这部分战舰成为水中陀螺团团乱转，与后续上来的战舰挤在一起。希腊军舰按照原方案加紧攻击，冲角战、接舷战以及弓箭射击全面展开，波斯舰队大败。海战经历近 8 个小

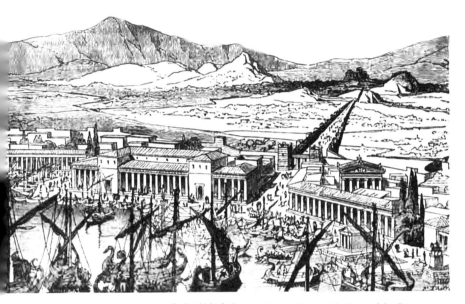

长墙将比雷埃夫斯港与雅典城连接起来（John Steeple Davis，*The Story of the Greatest Nations, from the Dawn of History to the Twentieth Century*，1900）

时，希腊联军共击沉波斯战船 200 艘，俘获 50 余艘，自己损失仅 40 艘，创造了海战史上以少胜多的辉煌战绩。

　　萨拉米斯海战后，古希腊自己的两个最强大的城邦国家成为敌手，一个是在陆上称雄的斯巴达，另一个是在海上称霸的雅典。雅典人在地米斯托克利的带领下，继续完成要塞建设，修筑了比雷埃夫斯港及一条将该港与雅典城相连接的濒海"长墙"。地米斯托克利认为，如果雅典人成为一个航海部族的话，就可以增加实力，占有一切优势。他是第一个敢于对雅典人说"他们的未来在海上"的人。修昔底德认为，"长墙"修筑之后，雅典的海上地位大大提高

公元前404年，斯巴达人战胜雅典后，拆除了地米斯托克利修筑的连接雅典与比雷埃夫斯港的长墙（*The Illustrated History of the World*，1881—1884）

了，雅典的制海权巩固了。随之而来的是它的商业活动范围也大大扩展，雅典的拜里厄斯港成为当时世界上最大的贸易中心。这是雅典的黄金时代，雅典人取得了海上的霸权地位。

地米斯托克利的成功，揭示了海军在国家兴衰中压倒一切的影响，他成为有文字记载的第一位充满海权意识的人。其后的伯里克利同样牢牢握着海权这柄巨剑，将雅典的海上霸权扩充到黑海沿岸。而在雅典与斯巴达规模宏大的伯罗奔尼撒战争中，在陆上称雄的斯巴达为了战胜雅典，也不得不建立一支能够与之相抗衡的海军，从而在战争中逐渐占据优势，取代了雅典的霸权地位。公元前404年斯巴达与雅典和约中最重要的内容，是规定雅典必须撤除城防，仅保留12艘军舰，解散提洛海上同盟，放弃大部分海外属地，承认斯巴达的霸权。以海权为支撑的古希腊文明整整兴盛了两个世纪，其间内部战乱虽时有发生，但内战的尘埃遮不住古希腊经济文化空前繁荣的光芒。苏格拉底、德谟克利特、柏拉图、亚里士多德、欧几里得……这些不朽的名字，都镶着希腊文明的光环。

海权意识托起了一个辉煌的国家、一个光耀的民族。但与此同时，也将地中海变成剑与火的海洋。海军乃一国实力的支柱为人们所认识，于是，竞相发展海军、争当海上强国的你争我斗愈演愈烈。

地中海，当它敞开无私的胸怀将财富带给人类的时候，在无意中也打开了另一个"潘多拉盒子"，将灾难同时撒向了人间。

以剑代笔的历史

公元前3世纪，罗马人也操起了海权的巨剑。他们建立起罗马舰队后随即投入了血与火的海上战争。

公元前264年，罗马出动军队进攻西西里，对迦太基发动了第一次布匿战争。在开始的几年中，罗马人并无海上优势，靠着其新发明的"乌鸦吊"进行接舷战，发挥罗马军团陆战能力制胜。公元前260年，140艘战船组成的罗马舰队与113艘战船组成的迦太基舰队相遇于西西里北岸的米拉海角。在这场海战中，罗马的新式装备"乌鸦吊"大显神通，其士兵通过"乌鸦吊"登上迦太基的战船展开作战，消灭了迦太基将近一半舰队。罗马人遂控制了西西里岛周围海域，进而占领科西嘉岛和马耳他岛，取得了作战的主动。在其后的海战中，罗马海军屡屡成功运用"乌鸦吊"打败迦太基海军，取得了第一次布匿战争的全胜，迫使迦太基放弃了西西里岛并

公元前 256 年，罗马舰队在埃克诺姆斯海角海战中大胜迦太基海军（Saint-Aubin，18
世纪 60 年代，洛杉矶盖蒂博物馆藏）

　　　　　　　　　　　　　海洋变局 5000 年

决定了迦太基败亡命运的扎玛战役（Giulio Romano，16 世纪后期，莫斯科普希金艺术博物馆藏）

赔偿了 2000 塔林特（罗马货币单位），从此动摇了迦太基海上强国的地位。

公元前 218 年，第二次布匿战争爆发。迦太基卓越的统帅汉尼拔避开罗马人的海上优势，率领军队从西班牙出发，越过阿尔卑斯山进入意大利。战争初期，汉尼拔几乎无往不胜。但罗马人发挥海上优势，封锁了海洋，使迦太基军队孤悬敌境，得不到补给，汉尼拔军队的战斗力越来越弱。公元前 204 年，罗马人依仗它的制海权，将战争引入迦太基本土，汉尼拔不得不撤出意大利，率领军队回国

第三次布匿战争中，罗马军团围困迦太基（Edward Poynter，1868）

应战。扎玛"一战"，罗马战胜了迦太基，迦太基被迫求和。根据和约，迦太基赔款、放弃除非洲以外的一切国外领地，并交出全部战船，不得对外进行战争。

公元前149年至前146年，罗马人发动了第三次布匿战争。恩格斯在论述这次战争时说："第三次布匿战争未必能算作战争，这不过是一次最强的一方以十倍优势的力量对最弱的另一方的征服。"战争的结果，迦太基城被夷为平地，20多万人或战死或被杀，5万人被卖为奴隶，迦太基所属地区成为罗马的"阿非利加"省。

北非突尼斯的罗马马赛克壁画上的古罗马帝国三角桨帆战舰

　　蒙森在其名著《罗马史》中指出："三次布匿战争的结果都是靠海上力量取得的。"本来，迦太基人很有信心战胜罗马人，因为海战是他们的长项。然而，罗马人为了对付迦太基海军，将"曾经像是前妻的孩子一样不被重视的罗马海军"迅速发展起来。罗马人认为，要战胜迦太基海军，有两个问题要解决：一是如何获得一支舰队，二是如何运用舰队，也就是在海战中如何掌握制海权的问题。他们根据自己的实际情况，发明"乌鸦吊"，用改进了的接舷战术，扬长避短，大获全胜。而迦太基人则缺乏对付这种战术的思想准备和有效手段。海战失败后，迦太基的著名战将汉尼拔放弃海上战场，翻过阿尔卑斯山，绕道从陆上进攻罗马，结果海陆优势皆无，罗马人则凭借新获得的海上优势把战场扩展到北非。结果，第一次布匿战争，罗马人得到了西西里岛；第二次布匿战争，罗马人得到了西班牙；第三次布匿战争，罗马人得到了北非。罗马帝国的"大皮靴"长驱直入，向东经希腊半岛和中东到了里海和波斯湾，向北经高卢到了不列颠。公元前 27 年，罗马帝国建立，屋大维·奥古斯都不但把整个地中海变成其独占的"罗马海"，而且成为欧、亚、非广袤领土的主人。

海上战争是海权之初的终极表现形式。建立海权国家、运用海权控制海洋，终极目的是为了控制海上贸易航路，为国家增加财富。罗马运用海权建立了帝国后，大量的货物通过海路源源不断地从北非、小亚细亚和黑海地区涌进罗马，罗马的商船队驶出地中海，向北抵达大不列颠，这个无比广阔的商圈，支持了罗马帝国 5 个世纪的霸主地位。

斗转星移，地中海的波涛送走一批又一批的海上过客，也目睹了一场又一场的海上激战。罗马人征服了希腊人，征服了迦太基人，建立了地中海的新秩序，但亦不可能阻挡新的竞争者的步伐，地中海仍处在绵绵不绝的争斗之中。

公元 476 年，日耳曼人横扫古罗马城，西罗马帝国灭亡，东罗马（拜占庭）帝国建立。西方国家开始进入中世纪的封建制时代。进入 7 世纪，阿拉伯帝国崛起，他们用自己的航海和造船技术，建立起自己的海军，成为海上大国。阿拉伯海军的战斗单位是一艘帆船，两个下甲板，每边最少有 25 个座位，每个座位上坐两个人，每艘帆船上 100 多名划桨手，都是武装的、擅长战斗的海军，都在甲板上。这支海军在向地中海的扩张中起了重要作用，他们与拜占庭帝国的海军形成抗衡之势，双方展开了地中海控制权的争夺战。公元 649 年阿拉伯海军占领了塞浦路斯岛和罗德岛，652 年袭击了西

阿拉伯舰队向君士坦丁堡发起进
攻（Akram Zu'aytir、Darwish Al-
Muqdadi's, *Tārīkhunā bi-uslūb qaṣaṣī*,
1935）

西里岛，655 年春阿拉伯舰队向拜占庭帝国的首都君士坦丁堡发起
攻击，拜占庭舰队在海战中大败，阿拉伯人"打开了通向君士坦丁
堡的道路"。

　　10—11 世纪，西欧城市兴起，地中海沿岸的威尼斯、热那亚和
比萨等城市，由于贸易的急剧增长，率先活跃起来。为了维护各自
的经济利益，每个城市都建立起了自己的海军，相互间争霸夺权，
战争不断。与此同时，基督教的力量强大起来，西方开始联合反击
阿拉伯人的入侵。1095 年，罗马教皇乌尔班二世用基督的名义号召
发动了长达 200 多年的十字军东征。威尼斯、热那亚和比萨等商业
城市在十字军东征过程中承担了东西方运输的绝大部分任务，威尼
斯商人"变十字军的愚蠢行为为商业活动"，从中获取巨大的商业

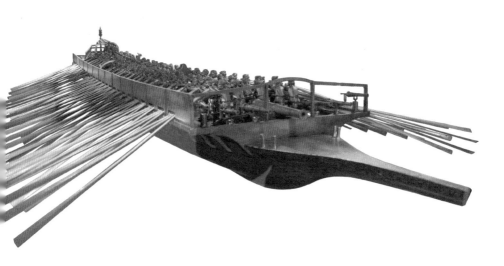

中世纪威尼斯大型桨帆船模型（威尼斯斯托雷科·纳瓦莱博物馆藏）

利益。14—15世纪，威尼斯的力量和威望达到了顶峰，它的领土囊括了波河下游、达尔马提亚、希腊南部、优卑亚岛和克里特岛，它还兼并了塞浦路斯岛，大大"增强了海上航行的控制权"。顶峰时期的威尼斯造船业十分发达，大型的威尼斯造船工场采用流水作业建造桨帆战船，并借此进行这方面的垄断。据说，它拥有商船3000艘和很多军舰，在舰队中服役的人员达30000人。它不但在地中海东部及黑海沿岸进行贸易，而且远越直布罗陀海峡，与英国和尼德兰通商，威尼斯金币"杜卡特"几乎成为整个欧洲通用的货币。

10—12世纪，地中海与大西洋国家的联系日益紧密，盎格鲁—撒克逊人、诺曼人、丹麦人都加入到海洋活动中来。其中有联合也有争斗。14世纪以后，北德意志诸城市与北欧国家结成的汉萨同盟

海洋变局 5000 年

现代画家笔下的北欧海盗船队
（Nicholas Roerich, *Guests from Overseas*, 1901）

《勒班陀海战》(Juan Luna, 1887, 马德里普拉多美术馆藏)

有 100 多个城市参加。而此时具有传统的北欧海盗活动也空前活跃,北欧海盗船横行海上,一些国家收编海盗,取捷径建设海军,保护国家的海上贸易。在这些海上战争中,有多少战舰葬身海底,多少水手魂归大海。

海权成了一种客观存在,谁意欲兴国,谁便要发展海权。海权的历史,成为以剑代笔的历史,血与火的历史。其间既有兴者的欢歌，也有衰者的悲泣。兴衰更替之中，显现的是国与国之间运用海权的水平及艺术之较量，并且是你死我活的较量。

1571 年，威尼斯联合舰队与奥斯曼土耳其帝国之间进行了一场勒班陀海战，双方共损失战舰 240 余艘，死伤 45000 余人，这次海战，成为最后一次以桨帆为动力的战舰和冷兵器占主导地位的海上战争，海军的桨帆时代从此结束。与此同时，军舰、海军和海权的新时代到来。

缺失海权的大河文明

不是所有的海洋活动都引导海权。

世界上最早的四大文明古国都曾经有过绚烂夺目的航海活动，包括大量的海上贸易，但它们都没有发展成为真正的海权国家。它们没有过海上战争吗？显然也不是。

在古埃及公元前 4500—前 3100 年文化遗址的壁画上，可以看到一种较高大的船，船上有旗帜，研究者认为这种旗帜可能是征战的象征。还有专家研究了形成于公元前约 3600 年前的一柄饰有象牙的燧石刀，它以单线条的雕刻展现出了一场海战的画面，画面上描绘了一个战斗的场景：一方光头圆颅，无胡须，具有古埃及哈姆人的特征；另一方头较尖，有胡须，戴着便帽，是古西亚塞姆族人的特征。双方脚下的船，一种艏部高翘，另一种近似独木舟。专家认为，海战双方一方是埃及人，一方是美索不达米亚人，这一雕刻所反映的是世界上最古老的一次海战。而古埃及女王哈特希普苏特墓中无舷木质海船的浮雕上有十几个奴隶划桨的场景，也体现了古埃及可能具有的海战能力。

在公元前 21 世纪中叶的古代西亚，阿卡德王国的国王萨尔贡一

战国铜鉴上的水陆攻战纹

世曾率军远征腓尼基和小亚细亚，当时留下来的石刻铭文记载，萨尔贡"过了西方的海，在西方三年，征服并统一了那块地方，经由海路和陆路转运着俘虏"。这里的"西方"，有的学者认为是塞浦路斯岛。这是一个陆军跨海作战的战例。腓尼基人具有同时代最高的造船和航海技术，在海上纵横驰骋，攻城略地，大小不等的海上作战是经常发生的事。

　　古代中国在造船造舰和航海科技方面的成就举世瞩目，在许多方面领先于世界，也绝不缺乏海战实践和海战的能力。

　　1935 年，河南省汲县战国墓出土了 2000 多年前的"水陆攻战纹铜鉴"，上面绘有相互攻击的两艘战船，战船分为上下两层。下层桨手用力划桨，上层兵士有的击鼓，有的射箭，生动地表现了水上作战的场面。

汉代楼船（模型）

　　《左传》记载了公元前 485 年在黄海海域发生的吴齐海战，比希波战争中的萨拉米斯海战要早 5 年。秦始皇统一中国后，开海上漕运，开辟岭南沿海地带，派徐福东渡日本，进一步发展了造船和航海事业。中国在西汉时期就开辟了著名的海上丝绸之路，东与朝鲜、日本，西与印度、斯里兰卡有了频繁的海上往来，同时也表明中国的船、舰性能提升到一个崭新的高度。

　　汉代战船以楼船最为著名。楼船，顾名思义，如楼之船也，说明船在构造上有较为发达的上层建筑。《史记》记载，汉代"治楼船高十余丈，旗帜加其上，甚壮"。汉代刘熙所撰《释名》一书谓楼船的上层建筑各有其名，第二层叫庐，第三层叫飞庐，第四层叫爵室。《释名》中的"释船"一篇，还根据船的战时功能将战船区分为：先登（攻击舰）、蒙冲（装甲舰）、槛（多层战舰）等，还有

隋代五牙战舰（模型）

载重量分别为 500 斛（每斛约 100 公斤）、300 斛、200 斛的斥候、
辋、艇。《释名》说，"上下重板曰舰，四方施板以御矢石"，显然，
舰即为战船。东汉的"斗舰"就是专门用于战斗的战船。汉代战船
的分类如此明确，说明当时的水战、海战已具备一定的规模。

　　唐宋两代，加上之前的隋代，共 698 年的时间（581—1279），
是中国造船史上的第二个高峰期，技术日臻成熟。此时，西方沉寂
在中世纪的"黑暗时代"，而中国古代社会却逐步进入了鼎盛时期。
从战船看，隋代的五牙舰"上起楼五层，高百余尺，左右前后置六
拍竿，并高 50 尺，容战士 800 人"。所谓"拍竿"，是当时一种比
较先进的武器。在冷兵器时代，水战海战都是陆战的延伸，双方的
武器都是弩弓箭矢，跳帮接舷是基本战术，伴之以火攻等。"拍竿"

高 50 尺，其威力显然高于一般的兵器。

舰船的航海性能、安全性能乃至作战性能与船体辅助设备密不可分。船体辅助设备现代称作"舾（音'西'）装设备"，是舰船上用于控制舰船运动，保证停泊、航行以及其他作业的器具，包括桨、舵、橹、帆、碇、锚以及各种索具等，也是造船的重要组成部分，并集中体现了造船技术的发展和进步。有专家总结说，中国古代造船技术领先于世界的有六大发明：橹、舵、壁、轮、针、铳。

橹。是继桨之后又一种船的推进装置，最早的文字记载见于东汉刘熙所著《释名》："在旁曰橹，橹膂也，用膂力然后舟行也。"说明汉代已经正式把橹作为船的推进工具。橹与船桨形状相近，但比桨叶宽大且长得多，有支点和橹索，船工可以站着牵动橹索摇摆，使其叶面与背面水流产生压力差，形成推力，推进效率比桨更高，并可操纵船舶转向。

壁。即水密隔舱，用横隔舱板将船舱分隔为互不相通的一个个舱区。它有三大作用：第一，密封。一两个舱破损进水，水不会流到其他船舱，船就不会沉没，增加了航行的安全性；第二，方便货物分类装卸和管理；第三，隔舱板与船壳板紧密钉合，增加了船整体的横向强度，加固了船体。一般认为，中国水密隔舱技术的发明时间不晚于公元 3—5 世纪的晋代，这项发明 18 世纪才传入欧洲并得到更广泛应用，至今仍是船体结构中的重要组成部分。

舵。最初形式是船艉舵桨。刘熙《释名》中称"拖"，南梁顾野王《玉篇》中称"柂"。1955 年广州出土的东汉墓中的陶制船模已经有了艉舵，证明汉代中国已经发明了艉舵。舵的发明，对控制船舶航向具有重大意义，它的原理是通过舵面与舵柄的杠杆关系以及舵面与船的转动中心的杠杆关系，使庞大的船体转向自如，因而

宋代出土船只（蓬莱 1 号）的残存横舱壁

1955 年广州出土的东汉墓中有舵的陶制船模

海洋变局 5000 年

是世界造船史上的一项重要发明。这项技术大约在公元10世纪传入阿拉伯地区，12世纪才传入欧洲。

轮。指桨轮推进技术，即在船两侧装上可划水的转轮，用人力转动轮子，以轮代桨，推动船前进。这种船叫做"车船"或"轮舟"。古罗马曾做过用牛拉桨轮的尝试，但昙花一现。一般认为，中国桨轮的发明和实际应用在唐代，因为《旧唐书》有李皋制造二轮车轮战船的记载，说李皋"常运心巧思，为战舰，挟二轮蹈之，翔风鼓浪，疾若挂帆席"，"鼓水疾进，驶若阵马"。到了宋代，车轮船的技术已经相对成熟，船两边有护车轮的板，"不见其车，但见船行如龙"，大型车船有8轮、20轮、24轮、32轮，《武经总要》有车轮轲图。南宋时制造的"海鳅"车船、战舰，甚至可载1000名士卒。

针。即指南针。中国是世界上最早使用指南针的国家，最早的指南针称为"司南"。专家考证，中国海船使用指南针在12世纪初。成书于宋宣和元年（1119）的《萍洲可谈》记有："舟师识地理，夜则观星，昼则观日，阴晦则观指南针。"宣和六年（1124），徐兢出使高丽后撰《宣和奉使高丽图经》四十卷，其中说："是夜，洋中不可住，维视星斗前迈。若晦冥，则用指南浮针，以揆南北"。

铳。指战船、战舰上载的火铳、铜炮。火药是中国的四大发明之一。火铳是中国元代前期发明的、在明代大量使用的重要火器，属于热兵器。目前出土的火铳、铜炮，元代有105毫米、30毫米、28毫米口径的，明代有230毫米、210毫米、110毫米、22毫米、20毫米口径的。北京的军事博物馆收藏了口径110毫米的"碗口铳"，铳身刻有"水军左卫进字四十二号大碗口筒重二十六斤洪武五年十二月吉日宝源局造"字样，表明这是安装于明初水军左卫战

车轮轲图（清 陈梦雷《古今图书集成》）

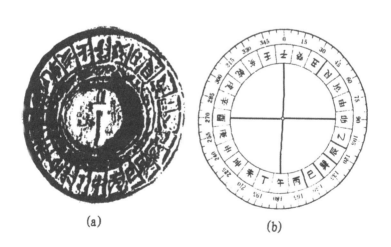

北宋指南浮针水罗盘（a）、《武经总要》载水罗盘指南复原图（b）

船上的架设式火铳，也是世界上最古老的舰炮。

中国古代的船体设备发展到唐代已经非常先进。唐代李筌所著《太白阴经·水战具篇》中记载了楼船、蒙冲、斗舰、走轲、游艇、海鹘六型战船，说这些船"其楫、棹、篙、橹、帆席、媵索（缆绳——笔者注）、沉石（碇——笔者注），调度与常船不殊"。其中，走轲，"舷上安重墙，棹夫多，战卒少，皆选勇力精锐者充，往返如飞"；斗舰，"船舷上设中墙半身，墙下开掣棹孔。舷五尺又建棚，与女墙齐，棚上又建女墙，重列战格。上无覆背，前后左右树牙旗、幡帜、金鼓，战船也"；海鹘，"头低尾高，前大后小，如鹘之状。舷下左右置浮板，形如鹘翅。其船虽风浪涨天，无有倾侧"。这种置于左右的浮板，又称翼板、披水板，与现代船舶的舭龙骨相似，在增强船的稳定性方面可谓创举。

唐代开辟"广州通海夷道"，海船已经行至波斯、阿曼等阿拉伯国家，向西到达北非东北岸各地。由于海上交通和对外贸易的发展，唐代在广州建立执掌海运及海关事务的机构市舶司，设立了市舶使的官职，统管对外贸易诸项事务。唐代，中国远洋航行的海舶，以船身大、容积广、构造坚固、抵抗风涛能力强以及船员航海技术纯熟著称于太平洋和印度洋上，比前代有了很大的进步。东晋高僧法显（约334—420）从印度由海路回国时所乘"商人大船"，每船大约载200余人；而唐代中国航行于海上的大的船舶则长达20丈，可载六七百人，载货万斛。

宋代，中国已有号称能载12000石米的万石船，换算成现代的重量约550吨。宋代遣使出国的船称为"神舟"，随员乘坐的船被称为"客舟"。据宋宣和五年（1123）出使朝鲜的徐兢在其《宣和奉使高丽图经》中说，其客舟"长十余丈，深三丈，阔二丈五尺，

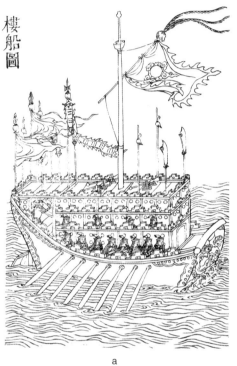

樓船圖

a

蒙衝圖

b

a 楼船　　　d 走轲
b 蒙冲　　　e 游艇
c 斗舰　　　f 海鹘

（清 陈梦雷《古今图书集成》）

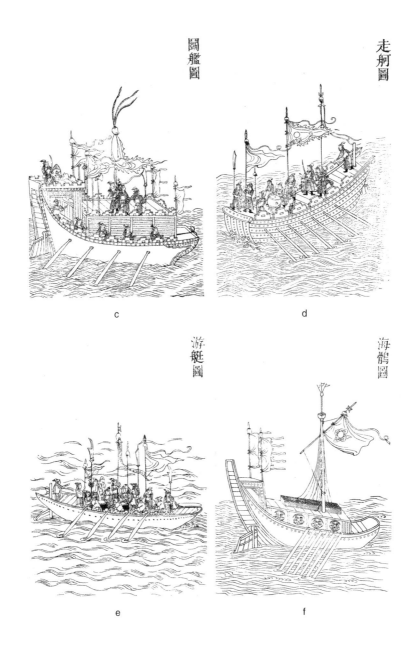

鬭艦圖

走舸圖

c

d

游艇圖

海鶻圖

e

f

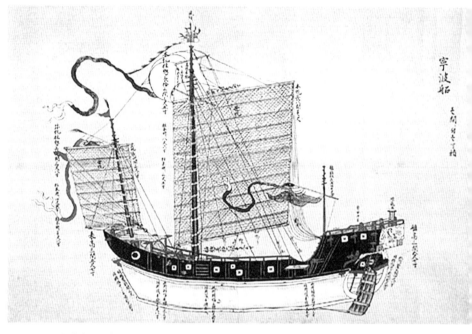

日本《唐船图》所绘之"宁波船"。9世纪中叶，往来于中国和日本之间的大体上是唐船，从宁波航行到日本嘉值岛，中国商船仅用3天时间（日本松浦史料博物馆藏）

可载二千斛粟（约120吨左右——笔者注），其制皆以全木巨枋挽叠而成，上平如衡，下侧如刃"，"每舟十橹（橹）"，"大樯（桅）高十丈。头樯高八丈"，"后有正柂（舵），大小二等"，碇石用绞车升降，"每舟篙师水手可六十人"。而神舟的尺码虽没有具体著录，但有"神舟之长阔、高大、什物器用、人数皆三倍于客舟也"的记载。据专家考证，神舟属于万石船，载重量在500吨左右。徐兢还说，两艘神舟"晖赫皇华，震慑海外，超冠古今"，在海上"巍如山岳，浮动波上"，到达朝鲜时"倾国耸观而欢呼嘉叹"。

宋元时期，中国出现了单龙骨的尖底船，《宣和奉使高丽图经》所记"上平如衡，下侧如刃，贵其可以破浪而行"的船型多为福船（清 陈梦雷《古今图书集成》）

大河文明古国有如此辉煌的海洋文明，为什么没能发展海权和海权意识呢？

马克思说："外界自然条件在经济上可以分为两大类：生活资料的自然富源，例如土壤的肥力，渔产丰富的水等等；劳动资料的自然富源，如奔腾的瀑布、可以航行的河流、森林、金属、煤炭等等。在文化初期，第一类自然富源具有决定性的意义；在较高的发展阶段，第二类自然富源具有决定性的意义。"马克思认为，过分富饶的自然，"使人离不开自然的手，就像小孩离不开引带一样"，"它不能使人自身发展成为一种自然必然性"。或许确是这样，尼罗河、两河流域、印度河流域也包括黄河和长江流域的自然富源太富饶了，而古希腊却没有这种优势，这迫使它有了这样一种"必要性"——"社会地控制自然力以便经济地加以利用，用人力兴建大规模的工程以便占有或驯服自然力"。于是，古希腊便竭尽全力地走向一个新的"第

雅典卫城 Lenormant 浮雕描绘的雅典三层桨帆战船上奋力划桨的舵手形象（前 410）

二类富源"，一个有着远大前程的"第二类富源"——海洋。

　　这就是说，大河文明古国与西方海洋文明国家的文明起点一开始就不同。大河文明古国有丰富的自然资源，有水利资源丰沛的大河，有肥沃的冲积平原，基于土地的农耕文明足以使他们生存发展，海洋商业活动只是农业生产活动的补充。农耕文明发展起来的土地制度，农本商末的传统，使大河文明古国的社会结构相对稳固，商品经济发展缓慢。大河文明古国依靠农耕文明率先富裕，儒家文化、佛教很早便成为主流意识形态，不可能产生好勇斗狠、不择手段的海盗式商业和殖民活动。因此，这些国家虽然有先进的造船和航海技术，但始终没有发展起保护海上贸易、保护海外市

　　　　　　　　　　　　　　　　　　　海洋变局 5000 年

场的海军。而没有维系国家生存必需的海上贸易，就没有控制海洋以及海上通道和海外基地的渴望，就没有建立强于别国海军的渴望，也就不可能发展海权。换句话说，他们有意无意地任可以轻易到手的海权流逝。

有学者对中外一些造船及航海科技的发明与应用年代作了对比（见下表），发现中国比欧洲国家时间要早，有些甚至早得多。

中外造船航海科技发明与应用年代对比

造船航海科技发明项目	中国发明与应用大致年代		欧洲国家应用大致年代
手摇橹	汉代	前 1 世纪	17—18 世纪
船舵舵	汉代	1—2 世纪	12—13 世纪
水密隔舱	晋代	3—4 世纪	18 世纪
桨轮	唐代	7—8 世纪	16 世纪
船用指南针	宋代	10—11 世纪	13—14 世纪
火铳、铜炮	元代	13—14 世纪	15—16 世纪

两种文明在这里拉开了距离。前者以农为本，受自然经济规律的支配；后者则以商为本、受商品经济规律的支配。它们只能循着自己既定的轨迹，南辕北辙，分道扬镳。

II

第二章

风帆火炮时代·海权争斗

15 世纪后，大西洋沿岸的欧洲人把装备风帆火炮的军舰和商船驶到了大洋彼岸的美洲、亚洲、非洲和大洋洲。他们通过海洋把整个地球连成一气，建立了捷足先登的海洋帝国。

　　地理大发现开启了一个新时代，推动了近代世界性海洋变局。它昭示了资本主义产生和发展的客观经济规律，也建立了强权和暴力的逻辑——谁掌握了海权，谁将成为历史的主人。

15 世纪地理大发现后，西欧经济中心逐步转移，大西洋沿岸的西班牙、葡萄牙、英国、荷兰、法国等国家先后繁荣兴盛起来。地理大发现使西方人的视野迅速扩大到全球，开始了疯狂的海外殖民扩张。正如恩格斯所言："这时展现在一切海洋国家面前的殖民事业的时代，也就是建立庞大的海军来保护刚刚开辟的殖民地以及殖民地的贸易的时代。从此便开始了一个海战比任何时候更加频繁、海军武器的发展比任何时候更有成效的时期。"海军成为海洋国家争夺殖民地和海上霸权的主要工具，海权成为历史的宠儿。

拉开海洋争夺大幕

15 世纪以前，欧、亚、非大陆的关系逐步被人们认定，西出地中海是一片大洋也逐渐被世人认同——这片大洋后来被称为"大西洋"。但是，大西洋有无彼岸？世界究竟是陆地拥抱着海洋？还是海洋环绕着陆地？这些问题还是未解之谜。为此，一代又一代的海洋探险者和早期的科学家付出了持续不断的努力。两个大西洋国家——葡萄牙和西班牙彻底揭开了这个谜团，它们率先成为海权国家，也率先有了瓜分地球的想法，争霸战从陆地拓展到了海洋。

哥伦布发现新大陆

早在公元前6—前5世纪，古希腊哲学家、数学家毕达哥拉斯便提出了地球是圆球形的观点。后来亚里士多德（前384—前322）根据月食时月面出现的地影是圆形的现象给出关于地球是球形的第一个科学证据。在希腊化时代已经出现了陆地是被四面八方的"海洋和河流"环绕的理论。后来，古希腊天文地理学家埃拉托色尼（约前275—前193）用现代看来是"最粗糙的仪器"准确测出地球最大的圆周长度和直径，并指出"假若我们不被大西洋辽阔的海域阻隔，那么我们可以从伊比利亚出发沿这个或那个圆周平行线航行到印度"。另一个学者波希多尼（约前135—前51）则表达得更为直接："……很明确，海洋弯弯曲曲地环绕着人类居住的陆地，没有任何陆地能够包围这个海洋，海洋占据了这无边无际的空间。"其后，希腊伟大的天文、数学、地理学家克罗狄斯·托勒密（90—168）系统论述了地球理论，全面支持了地圆说。1410年左右，托勒密的《地理学》第一次被译成拉丁文，在西欧传播开来。人们对海洋与陆地关系的

手持"浑天仪"的托勒密（Joos van Ghent、Pedro Berruguete，1476，巴黎罗浮宫藏）

海洋变局 5000 年

15 世纪的手绘世界地图，依据托勒密的《地理学》一书中的相关内容重构而成。上面标明了"蚕丝之国"（Sinae，意指中国）在极东的位置（Nicolaus Germanus，1467）

认识进一步深化。后来，哥伦布曾对为他的冒险事业提供资助的达官贵族们说："世界是小的"，并满怀信心地说大约 5 个星期便可穿越大西洋到达印度，所依据的也是这些不断发展的科学知识。

在西方人的眼中，印度是财富的象征，是"金羊毛"的产地。西方人渴望找到印度，首要的动因是认为印度盛产西方最畅销的香料。地中海北岸的欧洲国家以肉类和乳酪为主食，当东南亚的丁香、豆蔻，印度的胡椒，锡兰的肉桂，通过红海、波斯湾，经过尼罗河、幼发拉底河进入地中海转手到欧洲各国的时候，这些被统称为"香料"的调味品便使欧洲人为之倾倒，由于香料的畅销，又由于辗转运输的艰难，它们的价格昂贵得惊人，以至于人们在进行胡椒粉交

神秘的"印度"大地上，人们收获香料（法文版《马可·波罗游记》插图，约1410—1412）

易时，一律紧闭门窗，怕的是一阵穿堂风吹散这些以颗粒计价的粉状香料。不知是以讹传讹，还是商人们故弄玄虚，人们只知它们来自遥远的"印度"。这个印度，不仅盛产香料，而且盛产用作交换介质的黄金以及其他珍贵的宝石。于是，寻找通向印度的捷径，成为几个世纪地中海国家不懈的奋斗目标。

13世纪，一位名叫马可·波罗的威尼斯人，从陆路进入一块鲜为人知、文明富饶的亚洲腹地——中国，然后绕过南亚，循印度洋沿岸穿过霍尔木兹海峡，进入波斯湾，经伊朗回国。这次旅行，成

法文版《马可·波罗游记》插图（约1410—1412）

就了一本风靡世界的书《马可·波罗游记》。游记生动记述了中
国、印度等亚洲各国的情况：地理环境、自然风光、物产、城镇、
居民的风俗习惯和生活方式、蒙古大汗和中国皇帝忽必烈的宫廷建
筑……然而最使西方人珍视的是这本书披露的亚洲地理资料和亚洲
的物产。事实上，中国从公元前2世纪始就开辟了陆上丝绸之路，
大量瓷器、丝绸等东方瑰宝曾经源源不断地输入欧洲。中世纪后，
欧洲进入黑暗时代，东方民族的兴起和多年的战乱打断了这一东西
交流的进程。马可·波罗唤醒了这遥远的东方记忆，尤其是他说的

哥伦布在拉丁文版《马可·波罗游记》(*Livre des Merveilles du Monde*，也译为《世界奇迹录》) 上做的批注

东方各国屋顶盖的是金瓦，地上铺的是金砖，大殿和窗户都用黄金装饰，还有"能把宝石卷滚到平原"的河流，这一切使欧洲商人们极为兴奋，"游记"成为他们的商业指南，被争相捧读，不少人根据游记画成地图，开始了新一轮的探险热。

于是，"印度""中国"开始成为西方殖民者新的聚焦点，成为"黄金"的代名词，成为欧洲人热恋的调味品、不亚于黄金价格的"香料"的代名词。曾几何时，阿拉伯商人从那里贩来极其畅销的"香料"、丝绸、茶叶、瓷器，还带来了中国神奇的火药、指南针，以及源于印度的"阿拉伯数字"及计算方法……神秘、智慧、富饶的东方古老国度，激发起越来越多西方人的向往，因为那里有"金河"！他们在地圆假说的引导下，笃信这样一个信条：与欧洲、非洲连接的亚洲大陆尽头就是印度和中国，大西洋的彼岸就是印度和中国。因此，

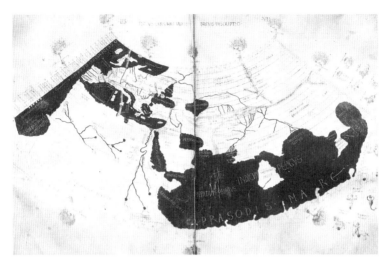

15世纪的手绘世界地图

他们判定，通往东方的道路除了穿过中东阿拉伯地区走陆路外，一定还有两条海路，一条是由欧洲一直向西航行，一条是绕过非洲南端向东航行，两条路都可以到达印度和中国。走向大西洋，去探寻印度、中国，探寻新的通往财富之路，这便是地理大发现的动因。

葡萄牙、西班牙位于欧洲西南伊比利亚半岛上，70%以上的边界濒临大西洋或地中海，直布罗陀海峡是南北欧之间以及与欧亚之间海上贸易的重要通道。14世纪以来，这一沿海地区已形成一些对外贸易的港口，西欧国家尤其是威尼斯、热那亚等城市的不少商人和航海家，纷纷聚集于半岛之上。而当西欧诸国迫切要求走出地中海开辟新航路时，伊比利亚半岛就首当其冲成了理想的出发基地。毫无疑问，地理大发现的背后是造船和航海技术的发展。15世纪20年代，北欧诸国生产出了二桅船，50年代在热那亚出现了被称为"卡

各种尺寸的卡拉克帆船（Gregório Lopes、Cornelis Antoniszoon，约 1540）

海洋变局 5000 年

拉克"的三桅快速船，很快风行于西班牙、葡萄牙等欧洲大陆国家。这些船既装有横帆，也有三角帆；既可顺风航行，也可逆风航行，能够适应大洋的复杂气候条件。葡萄牙人15世纪后半叶之所以能够远航南非并安全返航主要得益于这种帆船。在造船技术进步的同时，一些先进的航海技术手段经过阿拉伯人也传到了西欧。13世纪，船艉舵开始取代传统的笨重的控制航向装置；14世纪前后，意大利的热那亚成为海图制作中心；与此同时中国的指南针和阿拉伯人的星盘等导航定位仪器被采用，更使海上远航成为可能。

1492年，大西洋上扬起了划时代的风帆，一往无前地向大西洋彼岸驶去，它就是受到西班牙国王资助的克里斯托弗·哥伦布（1451—1506）的船队，共3艘海船，分别是旗舰"圣玛丽亚号""平塔号"和"尼雅号"。旗舰"圣玛丽亚号"排水量120吨，约长23.66米，宽7.84米，吃水1.98米，甲板长18米，有三根桅杆，并备有角帆。

> 作为海洋领主的陛下从今以后赐予克里斯多芬·哥伦布以"唐"的尊号，并委任他为一切海岛和大陆的司令，这些海岛和大陆是他亲自发现和夺得的，或是由于他发挥了航海技能而发现的。在他逝世以后，这个尊号和属于他的一切权力、特权永远赐予他的继承人和后代……陛下把哥伦布封为被发现和夺得海岛、大地的副王和首席执政者……
>
> 一切商品，不论是珍珠或宝石、黄金或白银、香料或其他货物……就是在司令管辖范围内购买、交易、发现或夺取的，他都有权把全部获得的十分之一留给自己，以偿清耗去的费用，其余的十分之九应呈给陛下。

停靠于纽约北河（the North River）的"平塔号""尼雅号"和"圣玛丽亚号"（复制品），
三艘帆船从西班牙驶到此处，准备参加 1893 年芝加哥世界博览会

　　这是 l492 年 4 月 17 日哥伦布临行前与西班牙卡斯蒂利亚国王
达成的协议中最重要的两条，它们可以力证，西班牙国王资助哥伦
布横跨大西洋，一是为了夺取新大陆扩大殖民地——政治利益，二
是为了获取新大陆的金银财宝和香料等——经济利益，哥伦布则在
这两项利益中获得相应的好处。哥伦布就是这样"手里拿着十字架，
可是心里却对黄金贪得无厌"，无所畏惧地扬帆起航。财富是他冒
险的基本动力，也是蓝色文明得以飞速发展的第一推动力。

　　哥伦布成功了，他的船队经过 70 天的艰苦航行，到达了巴哈马
群岛中的华特林岛，接着又到达古巴和海地，7 个月后回到西班牙。
此后，他继续率领其船队航行探险，先后 4 次到达美洲，将殖民主
义的触角不断南伸。哥伦布的风帆船不算大，载重量 100—200 吨，
4 次航行最少 3 艘、最多 17 艘，人数最少时 90 人，最多的是第二次，

哥伦布谒见西班牙国王和王后（Emanuel Gottlieb Leutze, 1843，纽约布鲁克林博物
馆藏）

为了移民，随行有1200人。哥伦布一直到死都认为他到达的美洲大陆是印度，将它们称为"西印度群岛"，将当地土著人称为印度人（印第安人）。直到15世纪末，另一个意大利商人阿美利加·米斯普奇前往美洲，写了游记，肯定地说这个地方不是欧洲人久已向往的印度，而是另外一块大陆，后来人们采用他的名字命名这块大陆为阿美利加洲。

一个极大的错误导致了一次极其伟大的发现。不管到达的地点是不是印度，哥伦布毕竟完成了他穿越大西洋的壮举，使海洋第一次显示了它作为大洋两岸通道与桥梁的功能。从此海道大通，东西两半球汇合！

哥伦布登上美洲大陆（John Vanderlyn，1847）

　　哥伦布和他的船队为西班牙掠夺回了大量的黄金，带回了供他们贩卖的奴隶，还带回一个令人心醉的"黄金国"的传说：在南美西部的一个地区，有一个镀金人统治着一个盛产黄金和宝石的国家。每天早晨，镀金人把细小的金粒如粉一样地擦到自己身上。到了傍晚，他又洗去身上的金粒，让这些金粒沉落在一个圣湖的水中……

　　黄金国和镀金人是否真的存在并不重要，因为南美富藏黄金的确是事实。即使人们找到的不是黄金沉落的圣湖，也可以占领新大陆，开垦处女地，通过贱买贵卖的交易赚取黄金。马克思说："自从有可能把商品当作交换价值来保持，或把交换价值当作商品来保持以来，求金欲就产生了。随着商品流通的扩展，货币——财富的

哥伦布的灵柩保存于西班牙塞维利亚大教堂，抬棺的四个天主教国王塑像代表着西班牙最早合并的 4 个王国：卡斯蒂利亚、莱昂、阿拉贡和纳瓦拉。四王抬棺意在表达哥伦布伟大的探险活动对欧洲文明具有划时代的意义，荣耀盖过世上任何君王

随时可用的绝对社会形式——的权力也日益增大。"马克思紧接着引用了哥伦布的一段话以作诠解："金真是一个奇妙的东西！谁有了它，谁就成为他想要的一切东西的主人。有了金，甚至可以使灵魂升入天堂。"

不再需要任何解释。哥伦布以后，就是在这种无法抑制的"求金欲"的驱使下，西方国家掀起了一个走向世界海洋的狂潮，从某种意义上说，海洋成为黄金的桥梁。

哥伦布开创的是一个新的时代。

"教皇子午线"

哥伦布发现西印度群岛的消息不胫而走,迅速传遍了欧洲大陆,最震惊、最懊恼的莫过于葡萄牙。因为,位于欧洲大陆西南边陲的葡萄牙,本来是先于西班牙走出大西洋并首先成为大西洋主人的。

葡萄牙和西班牙在中世纪一度为擅长航海的阿拉伯人所征服,但同时,他们也从聪明的阿拉伯人那里学到了先进的造船和航海技术。葡萄牙人捷足先登,从国王阿方索三世(1248—1279年在位)和迪尼什一世(1279—1325年在位)的时代起,就开放王家森林以供应木材造船;赏赐骑士特权以奖励优秀造船官员和工人;招揽热那亚水手以培养海员;强制实行海上保险制度以发展海运;鼓励贸易以吸引外国商人,甚至任命热那亚的佩萨纳斯家族为世袭海军领导人。发展海上力量成为葡萄牙的传统政策。1415年,热衷于航海探险的葡萄牙王子亨利的探险队占领了与直布罗陀海峡隔岸相对的休达城,开始了最早的海上殖民活动。他确信有一个富产黄金和奴隶的国家,决定沿海岸线继续向南挺进,去寻找这个国家。大约在15世纪40年代,亨利已读到了马可·波罗的书,并让他的船长们收集通往印度的航道的有关资料。亨利死后,葡萄牙殖民者继续向南,1445年登陆塞内加尔,1456年占领了战略要地佛得角群岛,他们发现了"黄金海岸",垄断了那里的黄金开采和黄金贸易,拥有了非洲海岸大块的殖民地。为了永久、合法地占领它们,1452—1456年间,罗马教皇将这些殖民地的主权正式赋予葡萄牙,承认他们占有博哈多尔角以东和以南"直到印度人居住地"的新发现的陆地,并且拥有对西非奴隶的专卖权。由此,葡萄牙成为第一个殖民强国。

亨利王子征服休达

葡萄牙的造船和航海技术在当时也是首屈一指的。1485年，葡萄牙人首次将阿拉伯人改进的星盘运用于海上航行。1488年，葡萄牙人巴托洛梅乌·迪亚士（1450—1500）驾驶多桅轻快船首次成功绕过好望角；返航后，他向国王建议造新型帆船并亲自负责监制；他建造出了船体轻而圆的新型四桅三角帆和四角帆的船；这些帆船船体宽阔，吃水深，容量大，安全可靠，经得起风暴的猛烈袭击，成为当时先进的远洋船舶。

让葡萄牙人懊恼的是，哥伦布最先是向葡萄牙国王提出探险计划的。或许是因为西非黄金海岸的诱惑力，葡萄牙国王不相信哥伦

迪亚士率领两艘多桅轻快帆船绕过好望角（Frederick Whymper，1817，大英图书馆藏）

布横跨大西洋计划的价值，拒绝了资助哥伦布跨越大西洋的探险计划；无奈，哥伦布转而游说西班牙，不料却获得了发现新大陆的巨大成功。

葡萄牙人不甘心接受这一现实，他们拿出了"法理依据"，声称西班牙发现的西印度群岛本来就应当属于葡萄牙，因为1452—1456年罗马教皇赋予葡萄牙的权力是占有"直到印度人居住地"的一切新发现的陆地。两国唇枪舌剑，直至剑拔弩张，几乎酿成战争。两国冲突提交到了罗马教皇的法庭，教皇亚历山大六世发布诏书，同时承认西班牙、葡萄牙两国在海洋上的特权，并指定大西洋

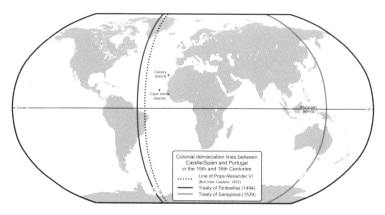

15—16 世纪西班牙和葡萄牙行驶海上权利的分界线。紫色为 1494 年《托尔德西里亚斯条约》规定的分界线；绿色为 1529 年《萨拉哥撒条约》规定的分界线

上的一条子午线，即将佛得角群岛以西 100 里加（又译作"里格"，1 里加约等于 5.9 公里）的地方作为西葡两国之间行使权利的分界线，规定西班牙拥有向西进行地理发现的权利，新发现的陆地和海洋上的陆地归西班牙；葡萄牙则获得了向东航行并获取新大陆的权力；教皇法庭并宣布西、葡两国对各自的地区拥有控制权，别国的船只非经控制国的许可不得在这些地区航行或通商。1494 年，葡萄牙和西班牙正式签订了《托尔德西里亚斯条约》，该条约把两国分割海洋的分界线向西推进了 1000 多公里，即佛得角群岛以西 370 里加（约在西经 46°）的地方，史称"教皇子午线"，正式划定了两国在大西洋的势力范围。

两个世界性强国在人类历史上第一次瓜分了包括海洋的地球。

葡萄牙人有了紧迫感，他们不敢再次躺在这种口头允诺的所有权上安枕黄粱，他们必须尽快找到另一条到达印度的东方航线，以

达·伽马率领舰队在印度西南部的卡里卡拉登陆（Alfredo Roque Gameiro，约 1900）

抗衡西班牙，获取新的殖民地和财富。1497 年，葡萄牙贵族瓦斯科·达·伽马（约 1469—1524）率领 4 艘船组成的船队由里斯本出发远征印度。他们使用的就是迪亚士监制的新型多桅帆船，其中两艘船排水量在 100 吨以上。他们最早认识到并且充分利用了火炮对步兵的优势（达·伽马所率的 4 艘船每艘都装有 20 门加农炮），并决心废弃传统的接舷、跳帮战术，而实行一种新的战术："决不登船，只用炮轰"。地理大发现绝不是一个和平进程，因为它的对象不是一片片"未被开垦的处女地"，那里有原住民，是别的民族的家园；同时，当时的征服者不是一家，至少有葡西两个国家在争夺。为此，他们成立武装船队，沿着迪亚士曾经到过好望角的道路南进，一路乘风破浪，终于绕过好望角，到达了真正的印度！达·伽马的远航不仅完成了绕过非洲南端到达印度的东方海上新航路的探索，而且还运回了大量香料、宝石、象牙等物品，所获纯利竟达远航所耗费用的 60 倍。

　　葡萄牙占领印度后，派驻了总督，在陆上建立稳固的军事基地，在海上封锁印度洋所有的出口。在西部，他们封锁了霍尔木兹海峡，阻挠阿拉伯人与印度、印度尼西亚的商业联系；在东部，他们攻取了马六甲海峡，控制了去远东及太平洋的商路。1510 年，葡萄牙在印度西岸占领了果阿，将其作为在东方活动的中心。他们发现，印度并不是真正的香料之国，于是继续渡海南寻，终于在 1511 年到达了真正的"香料之国"摩鹿加群岛（今马鲁古群岛），这片群岛还包括了苏门答腊、爪哇、加里曼丹、苏拉威西等，被葡萄牙人称为"东印度群岛"。他们借助武力将这一地区占领并辟为新的殖民地，欺骗、奴役、抢劫、杀戮那里的人民。他们从贩卖香料中获得了巨额暴利。然后，葡萄牙人继续北上，进入中国的澳门和日本的九州。他们在上述地区到处修建军事据点，驻扎军队，建城堡，设商站，把从欧洲到远东的贸易全部垄断起来；他们自封为印度洋及其沿岸的当然主人，把印度洋视为葡萄牙的内海，不许其他国家的商船在印度洋上出现。进入 16 世纪后，葡萄牙进入了它的黄金时代，这个人口不过 150 万的小国已经成为一个辽阔的海上帝国。

　　葡萄牙人似乎比较容易满足，这种满足使它一次又一次错过了进一步发迹的机会。

　　达·伽马后，又一个后来扬名天下的葡萄牙人裴迪南·麦哲伦（1480—1521）向葡王建议继续开辟新的航路，却被断然拒绝，并被像对待叫花子般地赶出宫。这个葡萄牙人愤怒了，再次追随哥伦布的步伐来到西班牙，满怀信心地对西班牙国王说，向西航行也同样可以到达摩鹿加群岛！求贤若渴的西班牙王对这个曾经参加过达·伽马东印度之行并在印度流落七年的年轻人格外青睐，慷慨地

葡萄牙"黑船"（卡拉克帆船）在日本九州的长崎卸载货物（Kanō Naizen，里斯本国立古代艺术博物馆藏，1588—1616）

16—17世纪，葡萄牙以印度的果阿为中心，将其殖民地拓展到了亚洲、东非、西太平洋的许多地区

给予麦哲伦一个船队的指挥权。麦哲伦以放弃葡萄牙国籍为回报，表示甘于效命西班牙的决心。1519 年 9 月，麦哲伦率 265 人的船队从西班牙出发，渡过大西洋，沿巴西海岸南下，越过南美大陆最南端的海峡（后被称作麦哲伦海峡），进入一个新的浩瀚的大洋。海神是那样垂青这片大洋的第一批客人，麦哲伦和他的船队航行了整整 3 个月，竟然未遇风浪，"太平洋"由此得名。1521 年，麦哲伦的船队抵达了菲律宾，他们残暴地对待岛上居民，引起强烈的反抗，麦哲伦被杀死。其同伴继续向西航行，真的到达了摩鹿加群岛。最后，麦哲伦船队中的"维多利亚号"满载香料，经印度洋，绕过非洲，于 1522 年回到西班牙，出海时的 200 多名船员仅生还 18 人。麦哲伦船队的这一次环球航行，第一次证实了地圆假说，关于地球上陆地与海洋关系的谜从此解开，争论从此结束，人类居住的陆地是一个由海洋连接的球体成为科学认识，海道从此全球畅通。

Circulus Aequinoctialis

Prima ego velivolis ambivi cursibus Orbem,
Magellane novo te duce ducta freto.
Ambivi, meritoģ vocor VICTORIA: sunt mî
Vela, alæ; precium, gloria; pugna, mare.

"维多利亚号"，麦哲伦船队中唯一完成了环球航行的帆船（Ortelius，1590）

　　西班牙人的成功，又一次侵犯了葡萄牙人的利益，激起了葡萄牙人的愤怒，两国龃龉再起。1529 年，教皇再次进行干预，在摩鹿加群岛以东 17° 处画一条线，以解决两国对"东印度群岛"的争端，双方签订了《萨拉哥撒条约》，明确划定摩鹿加群岛以东约 1653 公里的东经 144° 线为双方新的势力范围线。此次他们分割了太平洋，实现了对全球海洋的利益分割（见本章 126 页图）。

　　的确，征服海洋带来的财富效应实在令人垂涎。有统计说，从 15 世纪末到 16 世纪末的 100 年间，仅黄金一项，葡萄牙人就从非洲掠夺了 276 吨；而 1521—1600 年，仅秘鲁和墨西哥就有 200 吨黄金和 1.8 万吨白银进入西班牙。还有统计说，自 16 世纪初到 18 世纪，伊比利亚半岛的殖民侵略者从美洲攫取了上千吨黄金和 10 万余吨白银。巨大的财富有利地支撑了葡萄牙和西班牙的崛起。而正是在这个过程中，人类前所未有地认识到，海洋再也不是阻隔，而是连接全球大陆、可以带来巨大财富的通途！

人类对海洋的认识产生了一个质的飞跃。

无敌舰队的宿命

这不仅是一个海洋观的飞跃，同步前行的还有人类的海权观，它集中体现在国家对海军的建设和运用上。道理很简单，经济上的财富争夺，政治上的殖民地争夺，必然导致军事上海军发展的竞争。

西班牙在 1479 年成为一个中央集权的民族国家，之后，便集中国家资源和力量向海洋进军，建立强大的探险船队、商船队和海军舰队。1492 年西班牙占领多米尼加，1493 年占领海地，1501 年，征服巴拿马，1509 年侵占了波多黎各，1510 年征服古巴，将加勒比海的西印度群岛收入囊中。1521 年西班牙进一步征服了墨西哥，继而占领了现今的危地马拉、洪都拉斯、萨尔瓦多、尼加拉瓜和哥斯达黎加等中美洲地区。1531—1533 年，西班牙强盗头子皮萨罗灭亡了印加帝国，把秘鲁变成了殖民地。到 1549 年，西班牙最后征服了阿根廷。至此，除巴西以外的整个南美地区均在西班牙人的掌握之中。

16 世纪初，西班牙已经拥有各种商船 1000 艘，往来大西洋的贸易日益兴盛。每年西班牙定期将欧洲的纺织品、金属制品、葡萄酒等物品运到美洲，从美洲则运回金属、宝石、蔗糖、可可、烟草、

西班牙军队征服阿兹特克王国（阿兹特克文明是世界历史上一个独特的古文明，于15世纪在墨西哥中部建立了帝国）

棉花、皮革、染料等物。他们的大帆船还沿着西海岸定期往返，与来自菲律宾群岛的商船衔接，交换来自东南亚及中国的丝绸、珠宝、香料等珍品。源源不断的黄金和白银借助海道流向西班牙帝国，使西班牙成为新的暴发户。有专家统计，1545—1560年间，西班牙每年运回黄金5.5吨，白银246吨。到16世纪末，世界贵重金属开采量中，83%为西班牙所得。为了保护其海上交通和海外利益，垄断大西洋的贸易，西班牙理所当然地发展起一支拥有100多艘军舰、3000余门大炮、数以万计的士兵的海军，称之为"无敌舰队"。他

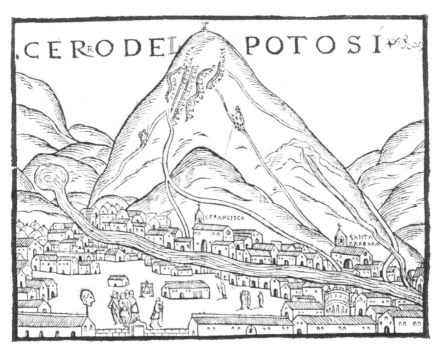

于 1545 年发现的波托西山（Potosi）以及在山脚下建立起来的波托西城（位于今玻利维亚南部，是世界上海拔最高的城市）为西班牙输送了大量的白银（Pedro Cieza de León, 1553）

们规定了只有西班牙才能使用的港口，建立起"双船队制度"，使用舰队护航，排斥其他一切国家的商船使用他们的垄断航线。在这支战无不胜的"无敌舰队"的保护下，西班牙人有恃无恐地在世界各地横行霸道，巧取豪夺。

无敌舰队的建立，使军船与商船彻底分离，确立了军舰及其舰队的历史地位，风帆时代的大型海军已潜移默化为国家的一个军种。从当时军舰的职能看，主要是用于护航以保护海上交通线；投运陆军兵力上岸开拓殖民地，进而驻军保护海外市场。军舰成为一种直

西班牙无敌舰队

接具有作战能力的战斗舰艇。

西班牙人拥有无敌舰队，也就是有了海权——没有人这样说，但事实却是这样。西班牙就是这样崛起的。从此，西班牙人再也用不着怕葡萄牙人了，再也用不着遵守教皇子午线，因为西班牙有无敌舰队，无敌舰队世界无敌。1580年，西班牙吞并了葡萄牙及其广大的殖民地，成为世界霸主。

西班牙人着实地神气了一阵子。他们无敌舰队上的舰载大炮和使用滑膛枪的士兵，使他们的国家拥有了稳定的海上交通线。他们跨越大西洋的贸易额1510—1550年间增长了7倍，1550—1610年间又增长了两倍。然而，西班牙的贵族们太富有了，富有得不知将金子往何处用，据说，他们庞大的无敌舰队中，许多船外壳上装饰着金子。西班牙贵族们太奢侈了，他们挥霍掉了过多的黄金。他们像葡萄牙人一样从未想过将这笔财富转化为资本，使之增殖。或许他们的财富来得太容易了，他们不需要费神考虑这个问题。他们以为只要有舰队保护商船，就可以靠掠夺、靠商业利润颐养天年。他们不知道，在这纸醉金迷之中，潜在的危机已向他们走来。这个潜在危机的制造者，一个是英吉利海峡对岸的英国，另一个是曾是西班牙附属国的尼德兰。

英国是大西洋上的一个岛国，自古以来就与西欧大陆有不可分割的密切关系，甚至可以说有着血缘关系，从盎格鲁-撒克逊人入主不列颠，到诺曼人征服英吉利，长时间与西欧大陆进行着民族的融合。但是，毕竟隔着一条英吉利海峡，英国不像地中海沿岸国家那样往来得方便，它的造船业和航海技术长期落后于地中海沿岸国家。13世纪才拥有排水量100吨的海船，1328年才出现第一个船尾舵。航行主要靠目测，15世纪罗盘才有了改进，才有了可供逆风行驶的

从法国眺望英国的多佛尔白崖（Rolf Süssbrich，2010）

11 世纪的《贝叶挂毯》描绘了欧洲的船只跨越英吉利海峡在不列颠登陆的情景

船帆和索具。他们的海洋活动算不上出色，却以优质的羊毛和呢绒在地中海的贸易中占据了重要的一席之地。直至 15 世纪，英国对外贸易中起主导作用的仍是外国商人。当葡萄牙、西班牙人以勇敢的开拓精神穿越大西洋，进行地理大发现，并为争夺殖民地角逐的时候，英国人仍旧在默默地做着羊毛生意。

然而，进入 16 世纪，由哥伦布发现新大陆、麦哲伦环球航行带来的贸易大发展，将世界连成了一体，羊毛、呢绒需求的急剧增长，使英国人再也无法安于现状了。因此，当葡萄牙、西班牙在海外瓜分殖民地的时候，英国正在自己的岛国内进行着著名的"圈地"运动，走着一条"内涵式"的发展道路。农场主把大量的肥田沃土变成牧羊的草场，农民被迫与生产资料分离，被抛向劳动市场，这就是所谓"羊吃人"现象。它一方面为资本主义大纺织工业的诞生提供了羊毛，同时又为大生产提供了一无所有的劳动者。英国国内这种生产关系的调整，尽管在一个时期内没有使它获得海外扩张那种唾手而得的荣耀及财富，却使它获得了后来居上的潜力，从根本上说，这种潜力在于它最先获得了资本主义生产关系萌发的条件。

马克思称英国这种"羊吃人"的现象为"资本的原始积累"，事实上，葡、西那种海外扩张同样是资本原始积累的重要途径。然而，葡萄牙、西班牙没有把它转化成资本，倒是英国不但在国内进行着这种积累，而且借助了葡、西之力，逐渐走上"外向型"的发展道路。

1509 年继位的亨利八世在英国海军发展史上具有重要地位。他不但将作战舰队从商船队中分离出来，而且正式建立了"海军局"，使国家有了专门的海军机构，有了真正的常备海军；他改变了传统的舰船结构，用前镗式的重炮取代了过去安装在舷墙或船楼里的小型滑轨炮，用在船只两侧开炮孔的舷侧炮代替前后直射炮，他被称为英国"舰队的创始人"。1514 年，亨利八世所造最大的战舰"大哈利号"下水，排水量 1000 吨，装有 21 门重型前镗滑膛炮，最大射程 15 公里，另有 130 门各式小炮；"大哈利号"载员 700 多名，成为英国舰队的旗舰。

1553 年 5 月中旬，一个 105 人的英国探险队分乘两艘船在礼炮的轰鸣声中驶出了格林尼治海湾和泰晤士河河口，它试图避开西班牙人海上霸权的锋芒，从北方穿过冰海，寻找一条新的通向东亚的

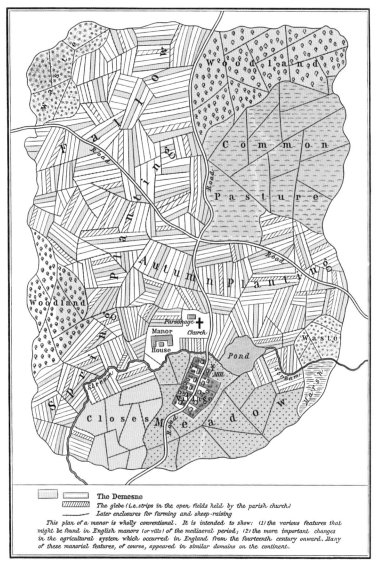

中世纪英国农庄的分布图。东北部分以绿色阴影显示了分配给"普通牧场"的部分
（William R. Shepherd, *Historical Atlas*, Henry Holt and Company, 1923）

"大哈利号"（Anthony Roll, *Henry VIII's Navy*，约 1546，大英图书馆藏）

海上航道。带队的是外表威风凛凛、神气十足、身材高大，军事上颇有才干的尤希·威尔劳彼。然而，1555 年，英国商务代办从莫斯科的俄国人手中接过了威尔劳彼及其同伴的骨灰及航海日记等遗物。据说，船在 1554 年冬天锚泊在冰雪交加的瓦尔泽纳河河口，两艘船上共有 63 人冻死，其余的人不知去向。

　　海洋大潮托起了一个资产阶级发迹的时代。从 1548 年起，英国政府就通过法案规定星期五和星期六为食鱼日，全体国民只准吃鱼不准吃肉。1563 年又增加星期三为食鱼日，这样加上原有的恩伯节和四月斋，一年便有一半以上时间为食鱼日。英国不愧是一个靠商品经济起家的国家，懂得利用供求关系、利用价值规律来发展渔业生产，进而促进造船等相关工业的发展。英国海上力量的增长，开

德雷克 1579 年率领船队在加利福尼亚登陆（Theodor de Bry，1590）

始呈现咄咄逼人之势。

　　然而，相对于西班牙无敌舰队，此时英国的海上力量还是太弱了。为了有效地保护海外贸易，英国只有求助于本国的海盗。说来令人费解，英国官方的海上活动成效不大，而海盗活动却战绩累累，以弗朗西斯·德雷克（1540—1596）、约翰·霍金斯（1532—1595）为代表的海上大盗在英国女王的默许和支持下，神出鬼没于大西洋，劫掠西班牙人运输金银的商船，挑战西班牙人的海上霸权。1577 年冬，德雷克的"金雌鹿号"穿过麦哲伦海峡，沿着南美西海岸到处袭击和劫掠西班牙所属的城市和船只。

　　1581 年，当德雷克的"金雌鹿号"带着价值 50 万英镑的金银财宝穿越太平洋、印度洋回到伦敦朴利茅斯港的时候，受到了隆重的欢迎。英国女王伊丽莎白一世（1558—1603年在位）亲自到船的后甲板上，封德雷克为骑士，纵容这位魔鬼般的海盗继续去"烧西班牙国王的胡须"。在此期间，英国加快了建造海军的步伐。另一名大海盗霍金斯成为女王任命的"海军财务审计官"，专门执掌海军建设。英国人在战舰的设计方面早就领先于其他国家，在政府的支持下，他们加快了新式战舰建造的步伐。

停靠于伦敦泰晤士河畔的德雷克"金雌鹿号"（复制品）

海上不断发生的冲突，要求西班牙不断加强它的无敌舰队。然而，曾经为国家带来荣耀的无敌舰队，此时却日渐成为国家的沉重负担。因为随着海上竞争的加剧，各国海军的兴起，应付战争的需要与新的造船技术相互作用，舰船越造越大，装备日益先进，费用也相应递增，而西班牙的财政来源依然如故，除了祖上遗产、国内赋税，主要靠掠夺殖民地。1588年的英西战争，无敌舰队的花费达1000万达卡，是西班牙来自美洲一年收入的40倍。西班牙开始入不敷出了。

1587年，德雷克率舰队突然袭击

格拉沃利讷海战的场景（Philip James de Loutherbourg，1796）

了西班牙的加的斯港，摧毁西班牙战舰 30 余艘，然后，又在西班牙沿海劫夺船舶。西班牙再也不能容忍英国的挑衅，决心给英国以报复性的打击。1588 年，西班牙无敌舰队 130 艘战舰、水兵加步兵近 30000 人出现在英吉利海峡。无敌舰队仍旧是那样骄傲，认为他们庞大的舰队是无敌的。但是，英国海军已不是过去的海军，他们已拥有令人刮目相看的 197 艘战舰、2000 门火炮和近 16000 名士兵。英西两国海军在格拉沃利讷附近进行了一场激烈的海战。战争中，虽然无敌舰队数量占明显优势，但采用的仍是"钩船、接舷、跳帮和白刃战"的人对人的传统战术，而英国海军将领霍华德勋爵却明智地采用舰艇上的中程重炮、近程和远程火炮等先进武器，

战败的西班牙无敌舰队驶离英吉利海峡（约 1620—1625）

以火炮代替冷兵器，以舰对舰的先进战术代替传统的人对人战术，使其新型的侧舷炮威力得以充分发挥。数年后，另一位战争的参加者沃尔特·雷利爵士评价霍华德说："我们的这位将领知道他的优势所在。他认为，如果他当时把握不住这种优势，他就不配顶着自己项上的头颅。"霍华德把握住了英国海军的优势，用灵活机动的战略战术击败了无敌舰队，他骄傲地顶着自己项上的头颅，把西

班牙 63 艘舰只和数千名敌人葬于英吉利海峡。新兴的海军成为英国皇室的骄傲。

　　无敌舰队"无敌"的神话被打破了。而无敌舰队的毁灭，使西班牙彻底失去了海上控制权，也失去了国家的体面和保持优势的王牌，接踵而来的是"多米诺效应"，骨牌无可挽回地倒塌下去了。

　　西班牙的海上霸权成为历史，西班牙从此衰落。

你死我活的兴衰更替

17—18 世纪世界历史的流行色是蓝色。海权的实践，带来了作为观念形态的海权意识的长足发展。大西洋成为世界海上贸易勃兴的航道，意欲独霸这个新兴的财富之源泉的海上强国，你方唱罢我登场，争夺战你死我活，海军无比荣耀地成为这个时代的明星。

海上马车夫

17 世纪是荷兰人的世纪。

荷兰，前身为尼德兰的一个省，位于西欧的中部，隔北海与英国相望，历史上曾臣属于罗马帝国，后为西班牙的附属国。"荷兰""尼德兰"的词义为"凹地""低地"，都是说这一地区大片陆地低于海平面，海水侵蚀，土地贫瘠，自然条件很差。在其宗主国西班牙的眼中，这是一个充斥着"海上乞丐""森林乞丐"的地方，他们鄙视它，欺凌它，以骄横跋扈的姿态统治它。他们在经济上拒绝偿还荷兰的国债，任意派驻军队剥夺荷兰人的地方自治权；他们还在西班牙征羊毛出口税以减少对荷兰的羊毛出口，并对荷兰与英国的贸易横加干涉……

恶劣的自然环境造就了荷兰人坚忍勇敢的民族性格，也迫使他们在与大海的斗争中较早走向海洋。荷兰人有荷兰人的生存方式。他们没有广袤的沃土，便以 1200 公里的海岸线为本钱，转而开发无垠的海洋；他们没有自给自足的农业，便以商业为弥补。1385 年，西兰省一名渔夫发明了在船上加工桶装鲱鱼的工艺，解决了进入远海捕鱼的储存问题，使渔业成为荷兰繁荣的起点。他们发挥地区性经济优势，发展毛麻纺织业、造船业、捕鱼业和运输业，出现了众

历史上的荷兰大部分地区处于低洼地带，极易受海水的侵蚀和洪水的侵害，1421 年 11 月，荷兰遭遇了一场历史上严重的大洪水，大批村庄和农田被毁，上万人死伤，15 世纪的画作《圣伊丽莎白日的大洪水》描绘了这一事件（*St. Elizabeth's Day Flood*，1490—1495，阿姆斯特丹国立博物馆藏）

16 世纪的安特卫普

多的手工业工场。商业、手工业的发展，带来了城市的繁荣。至 16
世纪初，荷兰便号称"城市之国"，拥有 300 多个城市，其造船业
和鱼类加工业已经闻名遐迩，布鲁日、安特卫普、阿姆斯特丹先后
成为西欧的商业和金融中心，其中安特卫普作为港口城市已经成为
大西洋沿岸最大的贸易中心，每天停泊着 200—250 艘船舶。16 世纪
后，海洋以它的博大和深远奇迹般地为人类呼唤出滚滚的财富，使
任何意欲富强的国家都不能无视这条生财之道。荷兰人，一个"海
上马车夫"，驾着它那无与伦比的"马车队"驰骋在便利畅达的蓝
色通道上。

对此，西班牙人不屑一顾，因为伐木造船、纺纱织布、捕鱼劳作、买卖交换是下等公民做的粗活，即便是领班、工商业主，也登不上大雅之堂，他们看不起这些行当。然而，就是这些被贵族们视为"海上乞丐""森林乞丐"的人们，用贵族们看不起的谋生手段，向他们的宗主国，向中世纪的封建主义进行挑战。他们利用海洋，使用商品经济的武器，同样积累起了财富，并将其转化为商业资本，促使财富不断增殖着。当他们具有一定的经济实力的时候，便产生了政治上的要求。1566 年，尼德兰革命爆发，"海上乞丐""森林乞丐"们举起了资产阶级革命的旗帜。1588 年，在西班牙"无敌舰队"败于英国的那一年，尼德兰北部七个省从西班牙帝国中独立出来，一个以荷兰省为中心、被称为"联省共和国""尼德兰共和国"或简称为荷兰的新国家诞生了。

当英国和西班牙还在为争夺大西洋地区的霸权杀得难解难分之际，荷兰人的船队开进了印度洋，并以惊人的速度建立起了自己的殖民统治。至 1601 年，荷兰人先后组织了 15 次远航，经营香料的新公司如雨后春笋般地成立。马克思在《资本论》中称荷兰是"17世纪标准的资本主义国家"。荷兰资本主义发展的特点是以商业资本为主，商业比工业占优势，国际贸易比国内贸易占优势，用剥削殖民地国家的办法积累资本比服务于宗主国的工业和农业以积累资本优势更大。这决定了荷兰海上力量的发展方向，并形成了三大支柱：1602 年成立的东印度公司、1609 年建立的阿姆斯特丹银行以及一支强大的商船队和海军舰队。凭借这三大支柱，荷兰继葡萄牙、西班牙之后成为 17 世纪的海上霸主，成为又一个新兴的海上强国。

1609 年，西班牙被迫承认荷兰独立。荷兰终于摆脱了西班牙的封建统治，建立了独立的资产阶级共和国。以阿姆斯特丹为中心的

在荷兰独立战争（1568—1648，又叫八十年战争）中，荷兰与西班牙之间爆发了多次海战。图为 1602 年 10 月 的 多佛尔海峡战争中荷兰军舰与西班牙军舰发生撞击（Hendrick Cornelisz Vroom，1671）

荷兰商船离港（Gerrit Pompe，1680，格林尼治皇家博物馆藏）

北方诸省的工商业、航运业以及海外殖民扩张迅速发展，其中尤以造船业最为显著。这些城市的造船厂建造从内河小船到远洋大船的各种类型的船舶。造船厂不仅接受消费者的订货，而且还供应市场进行销售。在造船业的全盛时期，荷兰的造船厂可以同时开工建造几百艘船，仅首都阿姆斯特丹就有几十家造船厂，其船只造价比英国要低三分之一到二分之一。据统计，1644年，荷兰即拥有1000余艘大型商船进行海上贸易，6000余艘小型商船用于捕鱼和内陆运输，并拥有80000名世界上最优秀的水手。成千上万的荷兰商船航行在世界海洋上，被称为"海上马车夫"。他们经营外国商品，充当各地贸易的中介和承担商品的转运业务。精明的荷兰人将在英国海域捕获的鱼制成荷兰腌鱼再卖给英国人，用在波罗的海沿岸国家伐来的木材造船，漂白德国纺成的麻，加工法国的盐，炼制从东印度贩来的香料，他们买了又卖，输入又输出，并从事转口贸易；当时欧洲南方和北方国家之间的贸易、欧洲与东方之间的贸易几乎全部掌握在荷兰人的手中。

海上优势和商业霸权使荷兰迅速崛起。1601年，荷兰去往东印度的商船达84艘。次年东印度公司成立，以600万载重吨船队的实力在好望角设立转运站，垄断了东南亚的海上贸易。荷兰人不断地从西班牙人、葡萄牙人手中抢占殖民地：1605年从葡萄牙人手中抢占了盛产香料的帝汶岛；1606年进入摩鹿加群岛，控制了重要的香料产地；1619年在爪哇兴建了巴达维亚城（今雅加达）作为东侵的据点；1636年击败葡萄牙人在锡兰（今斯里兰卡）的势力，攫取了肉桂的专卖权；1640年抢占了葡萄牙人的据点马六甲。他们还占领了中国台湾，逐渐控制了对日本的海上贸易。荷兰商船从东南亚南下，发现了澳大利亚和新西兰，又将殖民势力扩张到了大洋洲。

与此同时，荷兰人还向美洲和非洲广大地区扩张。1621年，荷兰西印度公司成立，商船越过大西洋，驶进南美的各个港口，接着，又将殖民主义的触角伸向哈得孙河谷，在北美的曼哈顿岛上建立起富庶的殖民地，称作"新阿姆斯特丹"。在非洲西海岸，荷兰人建立了一系列要塞，并于1648年在南非海岸建立了海角殖民地。

荷兰，这个面积仅25000平方千米的弹丸小国在一个世纪里创造了何等壮观的业绩。它以占全欧洲四分之三吨位的16000艘商船和160000名海员的海上商业力量，囊括了全世界五分之四的海上运输量，殖民地遍及亚、非、美和大洋洲。马克思曾有如下评价："殖

荷兰东印度公司在印度孟加拉邦设立的工场（Hendrik van Schuylenburgh，1665）

海洋变局 5000 年

Afbeeldinge vande Vereenighde
Nederlantze Oostindische Comp:
Logie, o[f]te Hooft Comptoir
in Bengale,
ter Stede Ougely.
Anno = 1665

1664 年的新阿姆斯特丹，后来在英国的殖民统治下改名为纽约

行驶在南非桌湾（Table Bay）的荷兰东印度公司船只（Aernout Smit，1683）

荷兰的海军舰队（Willem van de Velde the Elder，约 1657）

民制度大大地促进了贸易和航运的发展。垄断公司是资本积聚的强有力的手段。殖民地为迅速产生的工场手工业保证了销售市场，保证了通过对市场的垄断而加速的积累……第一个充分发展了殖民制度的荷兰，在 1648 年就已达到了它的商业繁荣的顶点。"荷兰几乎独占了东印度的贸易及欧洲西南部和东北部之间的商业往来。它的渔业、海运业和工场手工业，都胜过任何别的国家。这个共和国的资本也许比欧洲所有其他国家的资本总和还要多。

　　商业上的霸权是以炮舰作为后盾的。15 世纪以后出现的风帆战船，特别是多桅多帆技术和火炮技术的采用及不断进步，使舰船开始成为一种能在较远距离上击沉敌舰又能保护自己的装备。为了那遍及世界的海上贸易，荷兰建立起了当时欧洲最庞大的海军舰队，其舰船总数几乎超过英、法两国海军总和的一倍。荷兰人建造的战舰吸取了当时最先进的造船技术，阻力小，横帆速度快。他们借鉴了英国战胜无敌舰队的经验，并有自己的创新。1644 年，荷兰人把1000 余艘战舰投入海上活动以保护商业。一旦荷兰的海上贸易受到威胁，他们的海军马上就出动战舰。例如，西班牙与丹麦曾经密谋封闭松德海峡，荷兰就出动了 50 艘军舰为商船护航，并且命令这些军舰一直驻扎在松德海峡，直到获得最终认可的通航权以及降低关税后才撤走。因为当时经过松德海峡的荷兰船只每年平均 2500—3000 艘，占所经过海峡船只总量的 45%—61%，封闭这一海峡通道不啻是扼断荷兰贸易往来的生命线。

正如荷兰民谚所说："上帝创造了大海，荷兰人使之变成了陆地。""上帝创造了世界，荷兰人创造了荷兰。"荷兰握有海权，则荷兰兴!

对于殖民地来说，这不是"温和的商业"过程。海军也不是传播蓝色文明的牧师，而是一个个血淋淋的刽子手。马克思说，荷兰这个"17 世纪标准的资本主义国家"经营殖民地的历史，展示出的是一幅背信弃义、贿赂、残杀和卑鄙行为的图画。荷兰人为了得到爪哇的奴隶，在苏拉威西岛实行盗人制度，为此训练了一批盗人的贼。荷兰人为了霸占马六甲，曾向葡萄牙总督行贿。当 1641 年马六甲的总督允许他们进城时，为了"节省"21875 镑贿赂款，他们立即闯到总督住宅将他杀掉。他们走到哪里，哪里就是一片荒芜，如爪哇的班纽万吉省在 1750 年有 80000 多居民，而到 1811 年只有8000 人了。

这就是资本主义。资本主义在海外、在殖民地就是靠掠夺、奴役和杀人越货而夺得财宝，并将之转化为资本。但不能由此而否定它在那个时代所具有的社会进步意义。马克思说："由于地理学上

19世纪画家的作品展现了荷兰殖民者对爪哇原住民的征服和镇压（Nicolaas Pieneman，1835）

的发现，发生在 16—17 世纪贸易中和迅速推动商业资本发展的伟大革命，构成了促使封建生产方式过渡到资本主义生产方式的主要因素之一。""美洲金银产地的发现，土著居民的被剿灭、被奴役和被埋葬于矿井，对东印度开始进行的征服和掠夺，非洲变成商业性地猎获黑人的场所：这一切标志着资本主义生产时代的曙光。""伟大革命""时代的曙光"，便是资本主义的历史进步性，也是海权的历史进步性。通过海洋进行的地理大发现为资本主义原始积累开辟了最重要的捷径，对海权的争夺和战争，又加速了资本主义的发展进程，这是历史的辩证法，也是那个时代荷兰崛起的"秘诀"。

英、荷逐鹿大洋

荷兰的崛起使欧洲诸大国不得不刮目相看。

有着长于荷兰 10 倍海岸线的英国，其所有的海上运输几乎都由荷兰人承担，海上交通线为荷兰独占。源源的财富旁落他人手中，英国人自然不能甘心。而当他们也转而向海上寻求致富之路的时候，却处处感受到荷兰人难以撼动的优势。1619 年，英国东印度公司与荷兰东印度公司缔结了一项协定，该协定规定，荷兰公司有权输出东方香料的三分之二，英国公司只能输出三分之一。这份协定充分体现了当时英荷两国力量的对比。后来荷兰人干脆把英国人赶出了东南亚，把利润优厚的香料贸易全部垄断在自己手中。在波罗的海，荷兰经常航行的商船有 6000 艘，几乎完全断绝了英国与波罗的海沿岸各国通商的道路。在北美殖民地，在地中海和西非沿岸地区，富裕的荷兰商人到处排挤英国人。尤其叫英国人不能忍受的是，荷兰人在英国周围海域自由捕鱼，然后卖给英国人，严重破坏了英国的捕鱼业。

17 世纪初期的瑞典战舰"瓦萨号"（斯德哥尔摩瓦萨博物馆藏），它拥有高大的艉楼和双炮台甲板，是接舷跳帮作战和远距离使用炮火作战之间的过渡设计，但"瓦萨号"由于加装二层炮台甲板破坏了稳定性，试航 10 分钟后就沉没了

　　英国决心应战，它也要做海权的文章，它必须这样做，也只能这样做。

　　冷兵器时代的海上战争，军舰本身既是运输兵员的工具和作战的场所，同时也是作战的武器。双方必须等待军舰接近之后才能开始作战，靠舰只的撞角撞击和手持兵刃的士兵通过接舷跳帮在甲板上相互厮杀来定胜负，这种作战方式实际上只是"海上陆战"。16 世纪后，随着火炮的出现以及风帆战舰和火炮的结合，海战方式和军舰功能发生了重大变化：一是火炮的运用使远距离作战成为可能，战场空间扩大了；二是海战所要消灭的主要目标不再是敌方兵员而是军舰，海战目标改变了；三是舰、炮联为一体的军舰既可进行海上作战，也能为海岸陆战提供强大的火力支援，军舰的功能发展了。

英国"太子号"战舰（模型）

于是，纯粹的风帆战舰和撞击、跳帮战术逐步退出了历史舞台，风帆火炮时代来临。

英国成为这一时代的佼佼者。16世纪上半叶，英国海军已经开始装备侧舷炮，摒弃当时盛行的接舷战战术，强调充分发挥火炮的射程，从尽可能远的距离消灭敌舰；在战斗队形上，强调用纵队代替传统横队，奏响了海军战术思想变革的先声。1588年英西海战时，英国海军战舰就是依靠射程三倍于西班牙的火炮和先进的战术，打败了西班牙无敌舰队。在风帆火炮战舰时代，舰船的吨位、火炮的数量和射程是决定战斗胜负的重要因素。1610年，英国率先设计并生产了排水量达1200吨、可装64门（后增至90门）火炮的战舰"太子号"。它是英国第一艘配备有3层长列火炮的战舰，超过当时任何一艘大型战舰的吨位一半以上，低舷、四桅、横帆，火炮自船舷两侧炮孔发射，火力比只有两列火炮的旧舰增加了50%至70%，船员也增至500名，且适航性较好，速度快。

1637年，英国又建成了"海上主权号"，这艘战舰全长76米，

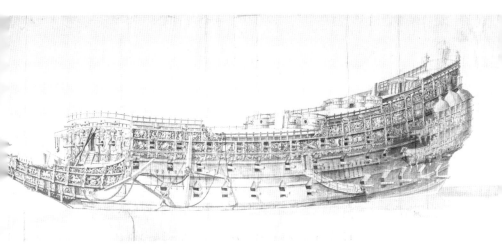

"海上主权号"船身（Willem van de Velde the Younger，17 世纪）

水线长 46 米，龙骨长 39 米，船宽 14.7 米，吃水 6.3 米，排水量
1500 多吨，装有 100 门火炮，船员 780 人。

　　1640 年，英国资产阶级起而问鼎政权。革命后的英国资产阶级
政府首脑奥利弗·克伦威尔（1599—1658）特别注重海军建设。他
说："军舰最能显示一国的军力及对利益的关切。军舰可以采取主
动或有利的行动……没有其他军事力量可以提供这种机动和弹性。"
他尤其欣赏沃尔特·雷利（约 1552—1618）生前对海军的一些论述。
雷利认为，任何海洋国家，靠在海岸构筑坚固的防御工事以迎击制
海权在握的强大敌军都是不可能的。因为一来不可能在每条河川、
每个港口或每片海滩上都有一支强大的军队扼守，二来军舰"根本
无须跑得上气不接下气，就能摆布得岸上的士兵疲于奔命"。所以
雷利认为，最聪明的办法是"秉承上帝的意旨，在海上运用您的精
锐军舰"。雷利堪称制海权理论的先驱。克伦威尔接受了他的理论，
上台伊始便进行海军的改革，成立了专业性的海军委员会，将伊丽
莎白女王时期延续下来的靠征用武装商船和海盗进行海战的旧习彻

克伦威尔执政时期的英国海军新型快速战舰

底革除，着手建设一支装备精良的专业化海军。在其执政的 10 年间，每年拨出巨款造舰，发展新型快速战舰，使英国海军新舰达到 207 艘。其中"纳斯比号"的吨位达 1665 吨，安装有 80 门重型火炮，在舰体和帆缆设计方面都有了很大改进：船身低，呈尖形，船长约 40 米，长宽比例大于 3：1，可以在恶劣气候中较好地逆风航行；炮位稳定，不仅可以近战，而且长于远距离炮战；航速达 12 节；船体不仅坚实而且具有较好的机动性能。凭借种种改革举措——建造专门的军舰、培养专业化的海军军人及其统帅、改进训练与管理，包括提高水兵薪金和伙食标准——英国海军进入了世界先进行列。

海军在握，英国便有了向荷兰挑战的勇气。

1651 年，英国国会颁布了《航海条例》。条例规定：凡是从亚洲、欧洲、美洲运送到英国、爱尔兰以及英国各殖民地的货物，必须由英国船或英国殖民地的船运送；英国各港口的渔业进出口以及英国境内沿海的商业活动，完全由英船承担。毋庸置疑，这个《航

1652 年 9 月 28 日，荷兰舰队与英国舰队在泰晤士河口外的肯梯斯诺克海域交战（Abraham Willaerts，17 世纪）

海条例》是针对专门进行"中介贸易"的荷兰的，必然沉重打击荷兰的海外航运业。条例一颁布，荷兰就要求废除，英国不予理睬，双方剑拔弩张，战争一触即发。

1652 年 6 月，英国海军舰队在多佛尔海峡巡逻，与荷兰舰队遭遇，英国海军先行挑衅，第一次英荷战争爆发。此时英荷两国海军实力旗鼓相当。英国海军统帅是罗伯特·布莱克上将（1599—1657），而荷兰则由著名的海军上将马顿·特罗普（1598—1653）统率舰队。双方主帅都骁勇非凡，决定了海战异常激烈。9 月，英荷主力舰队在泰晤士河交锋，激战两天两夜，荷兰大败。两个月后，荷兰以 78 艘战舰、300 艘商船组成的联合舰队驶出北大西洋，在达格尼斯海角再次与英国海军激战，荷兰报了一箭之仇，将英国海军赶入港口，控制了整个英吉利海峡。1653 年，两军再次对阵，英国海军使用了英西战争中的制胜法宝舷侧炮，以纵列队形迎敌，血战3 天，将荷兰再次击败。

1653 年 8 月 10 日，第一次英荷战争期间，马顿·特罗普指挥的荷兰旗舰与英国旗舰"决心号"在布雷德罗德群岛中部的特海登附近展开厮杀（Jan Abrahamsz Beerstraaten，1653–1656）

  战争是残酷的，而战争消耗又是巨大的，能否支付得起战争费用，成为两国面临的最现实的问题。荷兰显得力不从心，而以工业资本立国的英国，在此时却显示出雄厚的战争潜力。克伦威尔政府采纳海军的意见，动员全国的工业力量赶制海军装备，钢铁厂制造大炮铁锚，纺织厂生产舰船用的篷帆，各种军用品都得到迅速补充。

　　1653 年夏，英海军实力已占了压倒性优势，开始封锁荷兰的海岸线，将荷兰所有过往商船一律俘获。由于荷兰以商业立国，贸易、工业、税收全部依靠海运，这长达 18 个月的封锁，使荷兰财源枯竭，银行倒闭，百业凋零，其舰队更是无法振兴，终于不得不认输。1654 年，双方签订和约，英国以豁免荷兰战争赔款为条件，换取了同东印度

群岛贸易的权力。

英国海军为国家立了大功，1660年获得了"皇家海军"的称号，海军从而成为最令人羡慕、最荣耀的职业。

战后，英国海军总结作战经验，正式颁布了两份历史性文件，其一是《航行中舰队良好队形教范》（简称《航行教范》）。它明确规定：舰长在航行和逆风时，不得随意抢占有利的顺风位置，而应保持队形并遵从上级指挥；一名舰长决不能抢风到中队长官的前面。《航行教范》还制定了一套完整的联络信号，用火炮、旗语、灯光等作为海上通信工具通知各舰航向、航行位置以及停船、下锚、召集会议等事项。比如，一旦舰只漏水或遇其他故障，舰长可以发射声音清晰的两发炮弹，并将后帆升起。通信手段的出现，大大加强了舰队之间的联系，也有利于旗舰的指挥，这在海战史上是一个极其重要的创举。另一份文件是《战斗中舰队良好队形教范》（简称《战斗教范》）。该教范共14条，其中具有划时代意义的是第3条："一旦进入全面进攻时，各分舰队应该立即尽可能地运用最有利的优势与邻近的敌人作战。各分舰队的所有战舰都必须尽力与其分队长保持一线队列前进"。《战斗教范》第一次确立了战列线战术的地位，废除传统的横队密集队形，以能够充分发挥舷侧炮威力的纵队为标准队形，并规范了保持纵线队列的各种战斗行动，这在海军战术发展史上"是一个巨大的迈进"，由此也产生了最早的"战列舰"概念。第一次英荷战争期间，英国将自己的舰队分为红、白、蓝三个支队，把军舰按携带火炮的数量和航速分成6个等级：第一级90门火炮以上、第二级80—90门火炮、第三级50—80门火炮、第四级38—50门火炮、第五级18—38门火炮、第六级18门火炮以下。第一、二、三级是大型战舰，一般有两层或三层甲板，每层都载有重型火炮，

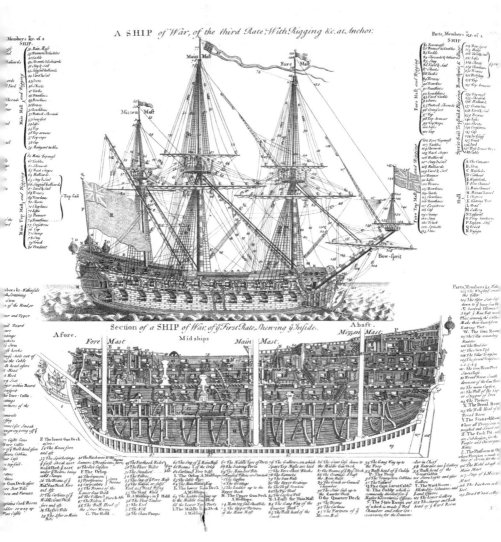

18 世纪英国皇家海军三级战舰（上）和一级战舰（下，局部）的具体形制（1728）

速度相对较慢，海战时进入"战斗战列"，因而被称作战列舰；其他级别的军舰舰体小，轻便，航速相对快，海战时不能入"战列"，被派出去执行巡航和巡逻任务，归类为巡洋舰。

武器装备的变化与战术的变化相互促进，使英国海军日趋强大。而荷兰由于濒临浅海，限制了战舰的吃水深度，也限制了战舰的吨位和火力，造成其在武器装备和战术思想上落后于英国海军。在第二次英荷战争（1665—1667）中，英荷双方都力图运用战列线战术。如著名的敦刻尔克"四天海战"，交战双方都采用了由旗舰指挥的多个分舰队的战列线队形，荷军也像英军那样有了战术手册和信号代码。马汉在《海权对历史的影响》中评价说："把这次海战与1652年的那些海战相比，一个明显的事实展现在眼前，即在这两个年代之间，海军战术已经经历了一次变革。"海军战列线战术成为风帆火炮时代的经典战术。

第二次英荷战争再次以荷兰战败而告终。英国再次以修改《航海条例》、放弃对东印度群岛的要求为交换条件，取得了北美荷属哈得孙河谷和新阿姆斯特丹，将后者改名为纽约，并在实际上将荷兰在西印度群岛的大部分殖民地据为己有。此后，双方又进行了第三次英荷战争（1672—1674），荷兰最终无可挽回地失败了。马克思说："我们可以拿英国和荷兰比较一下。荷兰作为一个占统治地位的商业国家走向衰落的历史，就是一部商业资本从属于工业资本的历史。"军舰是大工业的产物，荷兰没有大工业的支撑，以致缺少经济实力支撑海军的发展；而没有强有力的海军，就没有海权，就没有大国、强国的地位。

海军就这样与海权联系在一起，也与国家的兴衰联系在了一起。

1673年8月，荷兰军舰"古登·勒尤号"在特塞尔海战中与英国"太子号"展开决斗。这是第三次英荷战争的最后一场海上战役（Willem van de Velde，1687，格林尼治英国海事博物馆藏）

英国终于在国际舞台上站住了脚，回首往事，它着实有些感到遗憾，作为一个海洋环绕的国家，居然没有先于别人看到海洋的效益、海权的效应、海军的效用，以至听凭他人坐大。其实，亡羊补牢，犹未晚也，或许正是因为起步晚，方才有可能吸取前车之鉴，后来而居上。

大英帝国"日不落"

大不列颠决心称雄世界，然而路途漫漫，风波浪谷，险隘重重，有一个巨大的影子，一个危险的影子，总在其前后左右跳动着。这是一个对手，一个潜在的却是有能力的对手，它叫法兰西。

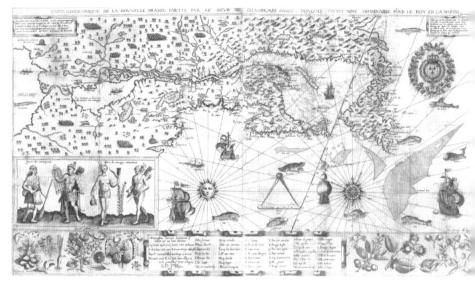

法国在北美的殖民地（New France) 地图（Samuel de Champlain ，1612）

　　英国想当世界霸主，做的是海洋文章。法国也想独领风骚，做
的却是大陆文章。法国是当时欧洲最强大的国家之一，领土辽阔，
人口众多，陆上资源丰富。它虽然面临大西洋和地中海，有着远远
长于荷兰、西班牙的海岸线，却从来都以大陆国家自居。17 世纪，
法国在世界海洋经济大潮的裹挟下，加入了殖民竞争的行列，但并
没有因此改变其大陆为主的经济思想和政治思想。1618—1648 年的
"三十年战争"后，法国已经征服了几乎所有的欧洲大陆国家，成
为欧洲大陆的霸主。17 世纪 60 年代，当英荷战争犹酣的时候，法国
曾与英国结盟，一方面派出海军参加英法联合舰队，另一方面运用
强大的陆军在荷兰后方作战，迫使荷兰两面受敌，财竭力穷，终于
失败。英国在战争中消耗了巨大财力，不啻给了法国人以乘隙崛起

17 世纪的法国战舰（左）（Jacob Gerritsz Loef，17 世纪）

的机会。17 世纪末，法国建立起欧洲最庞大的陆军，1690 年兵力达
40 多万，几乎 6 倍于英国；海军规模也在英国之上，就主力舰艇数
量来说，与英国的数量比为 120：100。利益之争使两个国家反目成
仇，展开了激烈的较量。

　　1692 年，法国国王路易十四聚集 24000 人的海军舰队横渡英吉
利海峡，雄心勃勃地向英国的海上霸主地位挑战；但初试锋芒就大
败而归。与英国相比，无论从战舰性能还是从战术水平来说，法国
都远远不是对手。传统的大陆思想作祟，法国人感到既然无力同时
顾及海陆两方，就索性丢掉一方，从此改变策略，只在海上袭扰英
国的商船，而不作正规的海战。它减少了给海军的拨款，决心全力
发展陆军。英国人首战告捷再尝海权的甘果，更加坚定不移地发展

海军。18世纪初，英国伙同奥地利、荷兰、瑞典，击败了企图在陆上扩张的法国，对其实行海上贸易封锁。1704年，英国皇家海军占领西班牙的直布罗陀，封锁了地中海出海口。4年后，再占通往直布罗陀必经的西属梅诺卡岛的马翁港，成功地将法国的两段海岸线分割，将位于地中海沿岸的土伦舰队和位于大西洋沿岸的布雷斯特舰队分割开来。法国人则继续凭借强大的陆军、凭借自给自足的大陆经济，使英国的海上封锁难以奏效；而法国人对英国的海上袭扰，在英国人强大的护航舰队的反击下，如同隔靴搔痒，起不了多大作用。双方棋逢对手，各有各的优势，谁也不能战胜谁，形成了暂时的均势。

18世纪50年代，英、法、西、荷、奥、普、俄等国都在权衡自己的利益，重新排列组合。法国与俄国、西班牙、奥地利组成联盟，而英国与普鲁士交好，形成了新的政治格局，孕育着新的战争。

1756年，法国首先发难，揭开了七年战争的帷幕。法国以150艘运输船载着15000名陆军与12艘海军战舰的兵力，从土伦出发，一举攻克了英国人占据的梅诺卡岛。

这场以英法为主要对手的战争将欧洲大多数国家卷了进去，战场不仅在欧洲大陆和地中海、大西洋，而且在北美的加拿大、西印度群岛和亚洲的印度展开，并波及菲律宾和非洲一些地区，堪称第一次世界性战争。

七年战争中，英国首先小输一局。梅诺卡岛战役的失利，使英国丢失了地中海上一个重要的战略支点。英国人进行了痛切的反思，决定改组内阁，起用威廉·皮特（1708—1778）为国务大臣，并赋予其指挥调动海、陆军的全权。面对法国及其盟国的咄咄逼人之势，皮特提出了一个对英国其后的军事战略产生长远影响的著名计划，史称"皮特计划"。

法国舰队于 1756 年 4 月 10 日出发，攻击梅诺卡岛的马翁港（Nicolas Ozanne，布列斯特美术博物馆藏）

皮特和"海上主权号"：画作强调了英国的海军实力和建立世界性殖民帝国的雄心

"皮特计划"反对英国投入大量兵力进行欧洲大陆的战争，而将此次战争的目标放在"建立并巩固一个世界帝国"上。为此，"皮特计划"决定象征性地留一部分军队在欧洲，更多地依靠花钱资助的盟国（如普鲁士）军队在欧洲大陆作战，用袭击海岸线、封锁出海口的方法，对法国实行牵制；而以主要的兵力远征加拿大、西印度群岛和印度等地，与法国争夺海外殖民地，控制与其相关联的海上贸易，以外线作战的胜利，确保英国本岛的安全。"皮特计划"这一跨大洋"围魏救赵"的军事战略，气魄之恢宏，是史无前例的，它的基点是："英国靠贸易繁荣，帝国（其含义是开拓殖民地——笔者注）促进贸易，贸易创造财富，财富能够加强陆军和海军的实力。"这样，英国便在理论上总结出一个能不断增长国家经济、政治和军事实力的"良性三角"：贸易—殖民地—海军。英国第一个具备了从国家利益出发而将整个世界作为一个整体来筹划战争的大视野，实际上成为第一个比较完整地运用海权进行世界性战争的国家。

　　1758 年，英国海军首先攻占了法国殖民地路易斯城，封锁了进入北美腹地的战略要地圣劳伦斯河口，切断了北美连接法国本土的大西洋主要交通运输线。翌年，集中兵力围攻魁北克，迅速完成对加拿大法属殖民地的征服。与此同时，英国海陆军组成的远征军在印度也取得了胜利，法国殖民势力基本上被排挤出了南亚次大陆。在西印度群岛的加勒比海地区，庞大的英国海陆联合远征军所向披靡，法属瓜德罗普岛、多米尼加以及马提尼克、格林纳达等小安德列斯群岛所有法国殖民地全部转归英国所有。在非洲西部，英国军队先后夺取戈雷和塞内加尔。1762 年，英国占领古巴，并以攻陷马尼拉、控制整个菲律宾的最后战果，结束了七年战争。

　　"皮特计划"获得了巨大的成功。这一成功的意义远远超出军

1762 年，英国军舰炮轰古巴哈瓦那莫罗城堡（Richard Paton，1763）

事范畴。英国获得了遍及全球的海外殖民地，大大扩充了海外贸易，由此也刺激了英国本土的经济发展。18 世纪初，英国人托马斯·纽科门发明了最初的蒸汽机。其后，瓦特做了进一步的改进并取得了蒸汽机的发明专利。物理科学中的热能成功转化为动能，引导了英国先于欧洲其他国家进行工业革命。18 世纪 60 年代以后，英国率先将蒸汽机用于纺织工业，实现了大生产和机械化，并迅速推进形成了纺织、采掘、冶金、机器制造和运输五大工业体系。工业革命大大提高了生产力，使英国的工业产品数量激增，成本骤降，大大增加了在对外贸易中的竞争能力，也使英国海军的发展获得了雄厚基础。这支花费巨大的海军，非但未成为国家的沉重负担，反而成

英国远征舰队（Dominic Serres，1767，格林尼治英国海事博物馆藏）

为国家兴盛必不可少的支柱。而且，在攻城略地中，英国海军及某些武装商船本身还进行贸易和掠夺活动，显示了直接和间接为国家增加财富的双重职能。从生产到贸易，从市场到殖民地，在英国的这个发展链条上，海军成为不可或缺的保护神。

就这样，大不列颠在对世界各地的征服中，一次又一次地重复着海权的主题。

然而，英国并未就此获得世界王冠，法国也未就此善罢甘休。两强相斗，鹿死谁手，还需作一番殊死的较量。

　　1789 年，法国"第三等级"继英国之后发动了气势更加宏大的资产阶级革命，英国与欧洲大陆封建王国联手镇压法国大革命，英法战争再起。1793 年，法国资产阶级督政府启用24岁的军官拿破仑。这个后来使全世界震惊的人物改写了法国的编年史。

　　1793 年 12 月，拿破仑以陆上大炮轰击英国地中海舰队取得胜利，收回了法国南部重要的海军基地土伦。1795 年，拿破仑被任命为将军。1798 年，他率 35000 人乘 300 艘战舰进攻埃及，再次大获全胜。拿破仑雄心勃勃，他联合西班牙，企图组织大陆体系共同对

《拿破仑在埃及》(Jean-Léon Gérôme, 19 世纪,普林斯顿大学艺术博物馆藏)

海洋变局 5000 年

拿破仑执政时期的法国军舰

付英国。他看不起这个靠海上贸易起家的"小店主国家"，在军事上有些轻视自己的宿敌。他认为，法国海军主力舰数量虽不及英国的一半，但陆军却以 4.5 倍的数量优势远远强于英国，他试图以陆海军联合登陆来征服英国。他夸口说："只要 3 天大雾，我就会是伦敦、英国议会和英格兰的主人。""如果我们控制英吉利海峡 6 个小时，我们将成为世界的主人。"

　　1803 年，法国向英国宣战。

　　拿破仑是一个战略家。他没有派军队直扑英伦三岛，而是指挥法军的土伦舰队突破封锁，从地中海前出大西洋，去进攻英国在西印度群岛的殖民地，施以调虎离山之计。此举如若成功，便伺英国本土空虚之机大军挥师渡过英吉利海峡，实行登陆作战。他的"三桅巡洋舰"也很有特点，船体的水下部分呈流线型，没有高台建筑，只有一层装炮的甲板，装40门轻炮，排水量在500—1000吨。虽比英国海军的三层战列舰小了许多，但灵活机动，与战列舰一起编队，执行突击任务。

然而，拿破仑遇到了 个克星 英国最伟大的海军将领纳尔逊。

霍雷肖·纳尔逊（1758—1805），出生于英国诺福克郡一个牧师家庭，12岁便加入海军，18岁便晋升为海军上尉，20岁时成为英国皇家海军历史上最年轻的舰长。此后他又历任分舰队司令、舰队司令等职。在海军服役的34年中，他亲身参加指挥过100余次海战，以精湛的航海技术、过人的勇气、不墨守成规勇于创新的个性而著称。他大胆地将战列线战术发展成为完善的机动战术，还破除了夜间不作战的惯例。这位身经百战的独眼独臂将军，在1805年又指挥了奠定英国霸主地位的特拉法加海战。

这是19世纪规模最大的一次海战。参加这次海战的法国、西班牙联合舰队共有主力战舰33艘、巡航舰5艘，兵员30000人；英国参战的共有主力战舰27艘、巡航舰4艘，兵员约20000人。事实证明，法国海军远不是纳尔逊统率的英国海军的对手。之前，实施调虎离山任务的法国土伦舰队，在纳尔逊舰队猛虎下山般斗志的压迫下，竟从西印度群岛狼狈撤退，反倒成了英国海军追击的"野鹅"。最后，英国海军与法国、西班牙海军舰队在特拉法加进行决战，纳尔逊以"胜利号"为旗舰，该舰为大型三桅风帆战列舰，主

英国海军将领纳尔逊（Lemuel Francis Abbott，1799，格林尼治英国海事博物馆藏）

特拉法加海战（William Clarkson Stanfield，1836）

海洋变局 5000 年

桅高 62.5 米，舰长 67.8 米，舰宽 15 米，排水量 2162 吨，舰上设置有三层火炮甲板，装有 104 门火炮，全舰官兵 850 人。特拉法加海战中，纳尔逊将舰队分成两列纵队，集中火力攻击敌人的薄弱环节，快速实施作战计划，将法、西舰队各个击破。此战，英国舰队击毁和俘虏法国和西班牙战舰 20 艘，打死打伤和俘虏 14000 人，而英国官兵仅死伤 1700 人左右，半数战舰受伤却无一损毁。纳尔逊被枪弹打穿了胸部并伤及脊椎，他从容地说："他们终于打中我了。"当得知敌舰已经降旗投降，他说了最后一句话："感谢上帝，我已经尽了我应尽的职责！"今天，纳尔逊的"胜利号"仍旧存放在英国朴利茅斯港，"胜利号"的铜炮炮管于 2009 年被打捞出水。

拿破仑没有强大的海军，无法掌握制海权，入主白金汉宫终为梦幻。

特拉法加海战后，拿破仑放弃了海上进攻英国的计划，颁布了"大陆封锁令"，禁止英国与欧洲大陆进行贸易，以期在经济上扼杀这个"小店主国家"。他疯狂扩大陆军，企图以陆上战略制胜。至1810 年，他以近 60 万铁骑踏遍欧洲，控制了除英国以外的大部分西欧国家。拿破仑继续进攻俄国，发誓"要让整个欧洲匍匐在我们的脚下"。然而，长期的战争消耗了法国大量的人力、物力和财力。法国人战线太长，树敌过多，从而使被奴役的欧洲国家组成反法联盟。法国军队难以为继，靠借贷和掠夺支撑战争机器，帝国大厦无可逆转地开始倾圮了。1815 年，滑铁卢一仗，拿破仑遭到彻底失败。历史像故意嘲弄这位陆战专家似的，拿破仑最后的风烛残年是在四面蓝水的大西洋圣赫勒拿岛上度过的。他永远再无生还大陆的机会。一个军事天才如何败给了"小店主"，拿破仑大概至死也想不明白。

历史并非有意创造一个海权立国胜于陆权立国的典型，只是，

A PAIR OF THE EARL OF DUDLEY'S THICK COAL PITS IN THE BLACK COUNTRY

19世纪70年代以伯明翰为中心的英格兰中西部工业区图景

在资本主义时代，前者比后者更容易强国、富国，更适合社会发展的客观规律。英国在拿破仑"大陆体系"的封锁下，尽管经济上遭到了相当大的损失，却终究挺住了。拿破仑可以控制欧洲大陆，却不可能控制海洋，不可能控制大洋彼岸的亚洲、非洲、美洲、大洋洲。而英国在亚洲、非洲、美洲、大洋洲都有殖民地，英国的贸易往来、商品流通仍然是活的。1804—1806年，英国的产品出口额为3750万英镑，到1814—1816年，增长到4440万英镑。尤其是工业革命后的英国，战争需要军火，军事工业又从另一方面刺激了铁、钢、煤和木材行业的生产，英国的社会生产率和财富仍在不断增长。在法国，则是另外一番景象：英国对法国的海上反封锁，加剧了法国经济向内向型的转变，18世纪法国经济中发展最快的大西洋贸易部分，此时受到了极大的限制，海外殖民地和海外投资大量丧失，对外贸易基本被切断，从而也失去了大工业发展的催化剂。法国经

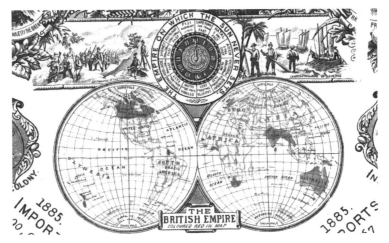

维多利亚时代后期（1885）纪念碟上英殖民帝国版图，上有"THE EMPIRE ON WHICH THE SUN NEVER SETS"（日不落帝国）字样，右上方有轻微擦伤

济只有面向内地，面向农民和地方化的较小的工业，由此处于江河日下的态势。

　　大英帝国崛起了，在其海洋称霸的 3 个世纪中，它侵占了比英国本土大 150 倍的海外殖民地，全世界三分之一以上的商船飘扬着"米"字旗。1865 年，英国人这样说："北美和俄国的平原是我们的玉米地；芝加哥和敖德萨是我们的粮仓；加拿大和波罗的海是我们的林场；澳大利亚有我们的牧羊地；阿根廷和北美的西部草原有我们的牛群；秘鲁运来它的白银，南非和澳大利亚的黄金流到伦敦；印度人和中国人为我们种植茶叶，而我们的咖啡、甘蔗和香料种植园则遍及印度群岛；西班牙和法国是我们的葡萄园，地中海是我们的果园；长期以来早就占在美国南部的我们的棉花地，现在正在向地球的所有的温暖地区扩展……"英国骄傲地宣称自己是"日不落帝国"。的确，从格林尼治太阳升起的时候出发，追着太阳绕地球一周，都有英国的属地！

马克思说："暴力本身就是一种经济力。"英国的海上暴力拥有远大于法国陆上暴力的经济力。这就是英国"日不落"的原因，这就是海权对这段历史的影响。

东方大国的败落

从 15 世纪到 19 世纪上半叶，在地球的另一端，在欧亚大陆的东部，显示出另一番景象：一个有着 5000 年辉煌文明的古国，一个地域辽阔人口众多的大国，一个指南针和火药的发明国，却渐渐地与海洋文明、与海权失之交臂，最终败在了西方的坚船利炮之下，从文明的顶峰上迅速跌落下来。这就是中国。

郑和下西洋

唐宋时期，中国的造船业发展到一个崭新的高度，航海业兴旺发达，开辟了世界上最远的航线；两朝又都以浩大气势着力倡导海上对外商贸关系，在有关口岸设置"市舶司"等类似海关的机构，向外部世界敞开了国门，这都促进了中国开始了解外部世界。唐贞元年间（785—805），贾耽著《皇华四达记》记载了唐朝通往海外的 7 条主要航线。其中最长的是"广州通海夷道"，从广州起航，经东南亚诸国，过马六甲海峡，横越印度洋，抵今斯里兰卡和印度半岛南端，再至波斯湾，换乘小船沿幼发拉底河抵达巴格达，明显延伸了汉代丝绸之路。刊刻于南宋淳熙五年（1178）的《岭外代答》是周去非（约 1134—1189）的地理名著，记载了中国岭南地区、南洋诸国的风土人情，还涉及大秦、大食等西亚、东非以及欧洲国家

1980年代在爪哇海（靠近印尼爪哇岛和苏门答腊岛的海域）被发现的南宋沉船复原图。最新的研究显示沉船的年代可能为 12 世纪中晚期。据推断，这艘船可能出发于福建泉州港，其目的地可能为爪哇岛的图班（Tuban）。船上装有约 10 万件陶瓷器和 200 吨铁，以及少量的象牙、香料和锡锭（芝加哥菲尔德博物馆藏）

的经济社会情况。而成书于南宋宝庆元年（1225）的赵汝适（1170—1231）《诸蕃志》，进一步记载了东自日本、西至东非索马里乃至摩洛哥等地中海东部一些沿海国家的风土物产，以及从中国沿海至海外诸国的海上航线、里程及所需航期。这些都是当时中国开放国门眼光向外的时代产物。

元代帆船

19世纪西方画家所绘元代战船（Henry Yule，*The Book of Ser Marco Polo*，1871）

　　1271年，元朝建立。元世祖以空前辽阔的疆域及远播欧、亚、非的强大国威为背景，使中国古代航海事业继续保持鼎盛的发展势头。元代的造船基地主要在扬州、泉州、广州、赣州、汴梁、襄阳等地，造船数量动辄数千艘。元朝采取"官本船"政策推动对外航海贸易，即政府出资造船，选商人"入蕃贸易"，利润三七开，商人获三分之利。元朝与世界的交往达到历史的高潮，"梯航毕达，海宇会同"。同时代的汪大渊（1311—？）所著《岛夷志略》，以其航海周游各国的亲身经历，记述了元朝海外交往的盛势，当时直接或间接与中国发生关系的亚非国家已达百余个。元朝造船和航海业的发展，为明朝的远洋大航海奠定了雄厚基础。

福建长乐显应宫出土的郑和
泥塑像

明万历刻本《三宝太监西洋记通俗演义》中的郑和绣像（右坐者）

　　1368 年，明王朝建立。以朱元璋为首的统治者采取一系列的有效措施，使社会经济得到恢复和繁荣。15 世纪初即位登基的明成祖永乐皇帝朱棣则继续大力推行开放国策，"锐意通四夷"，一心要在其有生之年建成一个前世未有的天下太平、万国咸宾的隆盛之世。从 1405—1433 年，郑和作为永乐皇帝的使臣，率领庞大的宝船队，先后 7 次扬帆远涉重洋，访问了东南亚、印度洋、红海及非洲东海岸马达加斯加一带 37 个国家和地区，在人类迈向海洋的史诗中谱写了空前辉煌的篇章，也把中国的造船和航海业推向了顶峰。

　　明代的造船和航海技术由郑和下西洋而表现得淋漓尽致。在"洪涛接天，巨浪如山"的汪洋大海上，由 20000 多人和 200 余艘

明《天妃经》卷首插图（摹）所绘郑和船队出海场景

船组成的郑和远航船队向世人展示了一幅"云帆高张，昼夜星驰，涉彼狂澜，若履通衢"的壮丽画卷。约成书于明永乐十八年（1420）的《天妃经》（全名为《太上老君说天妃救苦灵应经》）的卷首插图，是迄今发现最早的郑和下西洋船队的图像资料，生动描绘了郑和下西洋的场景，也为考证宝船形制留下珍贵资料。

　　明《西洋番国志》记载，郑和"所乘之宝舟，体势巍然""蓬帆锚舵，非二三百人，莫能举动"。郑和首次下西洋，大号巨舶62艘，加上中、小号船一百余艘，每次远航，随行27000余人。据文献记载，大号巨舶中，一种是宝船，有两种型号，大者长44丈（约147米），宽18丈（约60米）；中者长37丈（约124米），宽15丈（约50米），是郑和下西洋船队中最大的船，专家考证大宝船重量大约1500吨左右，有9桅12帆；另一种是2000料船和1500料船（料是当时用来表示船只大小的计量单位），是郑和下西洋时的主力船。此外，1000料以下还有多个档次的船。

三次随郑和下西洋的马欢对宝船的描绘（明 马欢《瀛涯胜览》，1433）

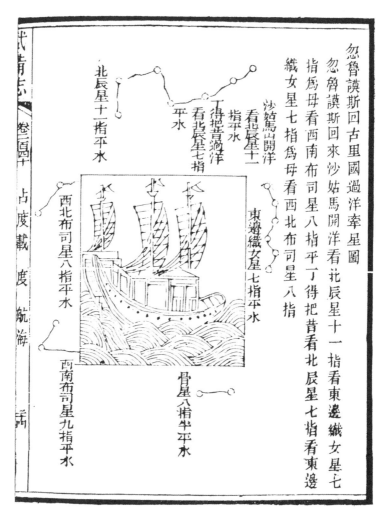

忽鲁谟斯回古里国过洋牵星图

《郑和航海图》中的"忽鲁谟斯回古里国过洋牵星图"。忽鲁谟斯即霍尔木兹（Hormuz），在今伊朗东南米纳布（Minab）附近，是进入波斯湾的海上要道；古里国，又作"古里佛"，是南亚次大陆西南部的一个古代王国，古代印度洋沿岸的重要港口，其境在今印度西南部喀拉拉邦的科泽科德（Kozhikode）一带。

郑和下西洋与哥伦布、达·伽马地理大发现的航行比较

	郑和航行 （1405—1433）	哥伦布航行 （1492—1504）	达·伽马航行 （1497—1503）
航行次数和 前后历时	7 次，历时 28 年	4 次，历时 12 年	2 次，历时 6 年
航行船只数 目	一般每次约 260 余只， 其中，大中型船 60 余只	最少 3 只 最多 17 只	第 1 次 4 只 第 2 次 20 只
海船吨位、 历次航行人 数	宝船估计为 1500 吨 级，约 27000 人（第 1、3、4、7 次）	100—200 吨，最 少约 90 人，最多 约 1200—1500 人	50—120 吨 约 150 人
打通海上交 通线里程	打通中国至东非海岸 海上交通，约 13000 海里	打通欧洲与加勒比 海岸海上交通，约 4500 海里	打通绕航非洲至 印度的海上交通， 约 13000 海里

※ 罗荣渠：《15 世纪中西航海发展取向的对比与思索》，载《历史研究》1992 年第 1 期

  当时绘制使用的《郑和航海图》不仅是我国最早的能独立指导航海的地图，而且是世界上现存最早的航海图集。郑和船队采用的"罗盘定向"和"牵星过洋"等航海技术，开天文导航之先河。

  事实上，从 15 世纪初开始，太平洋西岸的中国和大西洋东岸的葡萄牙不约而同地分别进行向西、向东方向的航海活动。1415 年，葡萄牙人占据了非洲西北角的休达，建立基地准备南航。但是，当时欧洲航海界对于沿非洲西岸向南航行持重重疑虑，多数航海家认为赤道附近的海水是滚烫鼎沸的，因此长期游弋于非洲的西海岸而不敢南航。直到 1471 年葡萄牙航海家才心惊肉跳地慢慢驶抵几内亚，但没敢跨越赤道。而英勇无畏的郑和船队早在 1418 年就不仅越过了赤道，而且向南航行驶抵非洲东海岸南纬 3° 的麻林。郑和的远航，

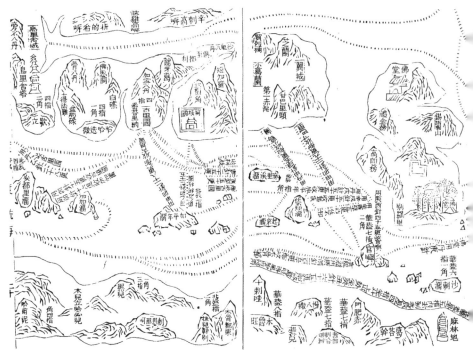

《郑和航海图》显示的郑和在印度西海岸和非洲东海岸地区的部分航行线路

早于哥伦布出发去美洲新大陆 87 年，早于达·迦马出发绕过非洲好望角 92 年，早于麦哲伦出发环球航行 114 年，且郑和船队的规模、船的性能、航行里程和持续时间都是西方地理大发现者所难以比拟的。郑和下西洋当之无愧于地理大发现的先驱。

15 世纪是人类开天辟地的伟大时代，郑和七下西洋的成就举世景仰。英国人、美国人都曾经将郑和的宝船与哥伦布发现美洲大陆的船进行比较，郑和宝船之大、哥伦布帆船之小，一目了然。

毫无疑问，郑和是他那个时代的巨人，巨人身后是一个繁荣强盛的伟大国家。郑和不仅是一位杰出的航海家，还是一位很有见地的外交家和和平使者，他不仅开通了亚非海上通道，而且将中国的

郑和宝船与哥伦布船的对比图

文明广为传播。郑和远航西洋，还极大地促进了中华民族对外部世界的了解和认识以及对外国优秀文明的学习引进。郑和随行人员编著的《瀛涯胜览》《星槎胜览》和《西洋番国志》等，真实地记录了海外各国的社会概貌、风土人情、山川道路和经济文化生活等情况，对后世中国社会产生了重大而深刻的影响。郑和的远航，还极大地推动了华侨在南洋的开发，直到今天他仍被当年华侨的后裔们奉为圣贤。今天，在当年郑和船队航经之地，特别是在东南亚的一些国家，人们可随处寻觅到这位伟人的踪迹，感受到伟人无声的巨大影响。

元末明初，中国沿海受到倭寇的严重袭扰，从山东开始逐次向

位于马来西亚马六甲三宝垄市的三宝庙（郑和又被人称为"三宝太监"，因其皈依佛教，佛教以佛、法、僧为"三宝"，"三宝太监"意为"信奉佛教的太监"）

越南胡志明市二府庙，为纪念郑和而建

南蔓延，至江、浙、闽、粤而达整个沿海地区，倭寇所到之处烧杀劫掠，无恶不作。明朝开国后，便积极致力于水师与海防建设事业，在沿海设置卫、所。洪武一朝，明廷在沿海共设立49卫85所，并同时建立了水军。《明太祖实录》记载，洪武三年（1370），沿海有24个卫设置了水军，每卫有船50艘，军士350人。以此标准计算，这24卫当有1200艘战船、8400名水军将士。明朝初期至中期，是海上武装力量发展的鼎盛时期，卫所及水军分布于万里海岸线，形成了中国最早的海防体系。明代的战船，种类繁多，按照形制有广船、福船和浙船之分。其中最著名的是福船，共分为六号：一号、二号称福船，三号称哨船，即草撇船，四号称冬船，即海沧船，五号称鸟船，即开浪船，六号称快船。就大小而言，福船一般长33米、宽10米左右；冬船一般长23米、宽7米左右。还有1000料以下的

福船（清 陈梦雷《古今图书集成》）

草撇船（清 陈梦雷《古今图书集成》）

海沧船（清 陈梦雷《古今图书集成》）

开浪船（清 陈梦雷《古今图书集成》）

明朝水军与倭寇作战（18世纪，阿姆斯特丹国立博物馆藏）

船，包括郑和下西洋时的八橹船等。史料记载，400料船用军士100名，200料船用军士75名，八橹船用军士50名，快船用军士20名，大致也可见战船的大小。

16世纪中叶，明代杰出的军事家戚继光和俞大猷等一批骁将指挥水军纵横驰骋于山东、江苏、浙江、福建和广东等地的万里海疆，在波涛汹涌的大海上长途奔袭、分进合击，剿平了嚣张四扰的倭寇。16世纪末，在应朝鲜国王请求援助其对日本的作战中，明朝水军与朝鲜水军密切协同，在露梁海域一举全歼了由500余艘战船组成的日军舰队，此战作为帆船舰队在远东海域的一次大规模海上歼灭战而载入世界海战史册。1662 年，民族英雄郑成功率舰队渡海东征，从以"海上马车夫"著称的荷兰侵略者手中收复了台湾。

中国并不乏哥伦布这样的人物。在人类征服海洋的早期历史中，中华民族就居于世界前列，而此刻，我们的祖先似乎很快就要与海权握手了。

禁海 400 年

埃里克·尤斯塔斯先生曾担任特立尼达和多巴哥总理，并在牛津大学长期致力于海洋历史文化研究，他对中国明代这段历史发表过这样一段评论："要是郑和的远洋事业能够继续卜去，进而到达美洲大陆，其影响所及，会把世界历史推进到一个新的方向。"

这毕竟是一种推理和假设。无情的历史事实是，中国的郑和没有成为哥伦布，甚至，"郑和之后竟无第二个郑和"。并非郑和没有哥伦布的素质和机遇，也并非中国的航海技术不允许船队到达美洲大陆，而是中国没有成就哥伦布的时势。

因此，从本质上看，画地为牢、保土守疆，15 世纪初明太祖建海防与公元前 2 世纪秦始皇修长城是同样的性质；没有外向经济追求，没有海权意识，15 世纪的郑和下西洋与哥伦布发现新大陆却是完全不同的性质!

明朝，中国出现了一个与世界性的走向海洋大潮逆向的运动——禁海。

明代初年，中国的沿海受到倭寇的严重袭扰，从山东开始逐次向南蔓延，至江、浙、闽、粤而达整个沿海地区，倭寇所到之处烧杀抢掠，无恶不作。为此，从明太祖朱元璋开始，便屡屡发布禁海令。其初衷是禁止内地商贾出海勾结倭寇从事海盗活动，以免危及

身穿鳞甲、札甲的明朝水军

沿海地区社会安宁，保证国家财富不致外流。当时重点在于禁止民间出海，并不完全禁止官商和航运。洪武四年（1371）规定"濒海民不得私自出海"。洪武七年（1374），"罢泉州、明州、广州市舶司"。洪武二十七年（1394），严令"敢有私下诸番互市者，必置之重法。凡番香番货，皆不许贩鬻"。明王朝统治者没有想到，也不可能想到，这种为防倭寇而禁止民间海外贸易的做法，是因噎废食，它严重束缚了中国人民向海洋发展的活力和进取精神，必然导致国家僵化、停滞、远离世界的恶劣后果，完全与其初衷相背离。朱元璋开了一个锁国禁海的先河，他所建的海防体系也因此具有二重性。一方面，海防具有保卫国家海洋安全的功能；另一方面，又具有捍卫国家禁海令，阻止民间贸易的功能，其核心是"防"与"守"。它说明，中国的海防，从一开始就不是海权意识的产物，而是没有进取精神的闭关自守国策的产物。从根本上说，是自给自足的小农经济的产物，是重农轻商、重陆轻海传统思想的产物。

永乐皇帝朱棣是一位有进取精神的皇帝，郑和下西洋既有交好周边和"示中国富强"的政治意义，本身也是一次军事威慑行动，郑和船队的基本力量是军队将士，郑和本人就是军事将领，所率大型宝船上的水手和用于陆战的士兵是军事编制，工匠、医官等后勤保障人员也一应俱全，各船上还配备了各种兵器。它以前无古人的伟大实践，诠释了中华民族独特的海洋军事文化传统。可惜的是，郑和下西洋没有从事任何真正的商业贸易活动，所谓"厚往而薄来"的商贸活动，本质上仍只是朝贡贸易。永乐皇帝在位期间，海禁有所宽弛，但仍有不少清规戒律，如下令"禁民间海船，原有海船者，悉改为平头船，所在有司防其出入"。倒是郑和，在屡下西洋的对外交往中开阔了视野，有学者论证，当永乐、宣德皇帝有裁减"宝船"的动议时，郑和曾大声疾呼保留宝船队，他说："欲国家富强，不可置海洋于不顾，财富取之海洋，危险亦来自海上，""一旦他国之君夺得南洋，华夏危矣。"郑和的这些言论，很有些海权意识的味道，如若发展下去中国的海权和蓝色文明或许有希望。可惜，这不是统治阶级的思想，郑和的呼吁，没有引起任何反响。中国的统治者们仍旧坚守既定政策，他们不惜用巨大的经济代价，换取万国来朝的虚荣。

中国本来已经率先站在了新时代的起点上，却与这千载难逢的历史机遇擦肩而过！

马克思关于"外界自然条件在经济上可以分为两大类"的论述太深刻了。中国就是这样一个"第一类富源"过分富饶的国家，以至于她"离不开自然的手"，以至于中国的统治阶级"无所用心，骄傲自满，放荡不羁"，也就不可能像自然资源不丰富国度的人们

"万国来朝"是中国古代通过朝贡制度实现"天下"体系的理想图景(清 佚名《万国来朝图》,故宫博物院藏)

那样"细心，好学，技巧熟练和有政治才能"，那样迫切地去寻找"第二类富源"。面对奔腾而来的海洋大潮，中国统治阶级唯一的想法就是禁海，越来越严厉的禁海。因为闭关自守，"与外界完全隔绝"，才是"保存旧中国的首要条件"。

明中期以后，中国的禁海达到登峰造极的地步，及至"片板不许入海"。嘉靖年间（1522—1566），明世宗下令，"一切违禁大船，尽数毁之""沿海军民，私与贼市，其邻舍不举者连坐"。各沿海省地方政府下令，"私造双桅大船下海者，务必要一切捕获治之""查海船但双桅者，即捕之"。隆庆、万历年间，明廷部分开放海禁，允许私商出海贸易，但开放极为有限，对往来于"东西二洋"的商人，要"制其船只之多寡，严其往来之程限，定其贸易之货物，峻其夹带之典型。重官兵之督责，行保甲之连坐"。中国沿海的水师，越来越专注于执行朝廷的禁海政策，这不啻是将发展海权的支柱变成了遏制海权意识、束缚海权发展的桎梏。此期间，尽管有胡宗宪、俞大猷、戚继光等一批抗倭名将理性总结其丰富的海防实践经验，或上疏，或著述，提出"防海之制，谓之海防，则必宜防之于海""鏖战于海岸，不如邀击于海外"等一系列主张，力倡重视海洋和海权，但是从整体上论，当时的统治阶级已处于极端昏昧腐朽的状态，如同僵尸一具，任何关于海洋和海权的呐喊和呼号也都只能是转瞬即逝的星星火花。

与中国致力于紧闭门户的禁海的同时，西方殖民主义者开启了拓殖时代，并开始撞击中国的大门。1514年，葡萄牙的舰队首先闯入广州湾东莞附近的屯门岛。此后来华商船络绎不绝。1557年，葡萄牙人贿赂广东官吏，以每年交纳一定地租的条件，获准在澳门居住。结果，年复一年，逐步霸占澳门。1575年，西班牙商船来到中

16 世纪晚期澳门的概貌，图中有西方人或坐在轿子里，或骑在马上，或由撑着伞的仆人陪同在城里散步。内港中有葡萄牙船只穿梭往来（Theodor de Bry，约 1598）

国，因捷足先登的葡萄牙人阻止其在广东通商，便北上厦门开辟通商口岸，1626 年开始，占据了中国台湾北部。1624 年，荷兰殖民者占据了台湾的南部地区。1637 年，英国商船第一次来到中国，其在广东通商的企图也遭到葡萄牙人的阻挠。英国商船转而进入广州湾。同年，5 艘舰船组成的英国海军舰队炮击虎门炮台，击沉中国商船和水师的船只。然而，这些来自海洋的外国商船和舰队，非但没有破除中国"严夷夏之大防"的传统观念，反而使之更顽固地将海洋当作屏障，进一步禁海锁国，企图割断一切与外国的联系。当中国的统治阶级得意于一时间的驱逐"夷人"的胜利，得意于一时间番香番货绝于市的时候，并不知道自己付出了沉重的代价。

清王朝立国以后，颁布了与明朝相同的禁海令，接着又颁迁海令，强令闽、粤、苏、浙沿海居民内迁 50 里，越界立斩。然而中

《台湾大员港鸟瞰图》（17 世纪，荷兰米德尔堡哲乌斯博物馆藏）

国的禁海并不能阻挡西方资本主义前进的脚步。17 世纪以后，大洋
彼岸蓝色文明越来越频繁地冲击着古老中国的海岸线。康熙之初，
已在印度、新加坡、马六甲等地开辟商埠的英国，"即谋通商于澳
门"，但由于清廷坚持禁海政策未果。康熙二十四年（1685）收复
台湾后，一度弛禁，"设榷关四，在于粤东之澳门，福建之漳州府，
浙江之宁波府，江南之云台山"。四港开后，一度海外贸易繁兴。
l688 年，法国第一艘商船驶至广州；1715 年，英国在广州设立商馆。
但是，康熙五十六年（1717），清政府再次严厉禁海，停止与南洋的
贸易，严禁将船卖给外国人，严禁运粮出口。乾隆二十二年（1757），
又将开放的 4 个港口撤销 3 个，"归并粤东一港，每年夏秋交由虎
门入口"，并且规定对外贸易一律由 13 洋行进行，实行垄断。

　　18 世纪 80 年代，从英国起步的工业革命蔓延于西方世界，蒸

1807 年初秋，世界上第一艘蒸汽机动力船"克雷蒙特号"在纽约州哈德逊河航行
（G.F. and E.B. Bensell，约 1870）

汽动力的出现，创造了巨大的生产力，为资本主义贸易活动提供了
更为廉价的商品，激发着西方进一步开拓市场的热情。19 世纪以后，
西方主要资本主义国家的海军已开始了由古代向近代的过渡，战船
的结构、动力、武器装备，以及战术技术和战略思想都开始发生革
命性变化。1807 年，美国人富尔顿（1765—1815）制造出用 24 马
力的瓦特蒸汽机驱动两只明轮的"克雷蒙特号"从纽约沿哈德逊河
航行 240 公里至奥尔伯尼，宣告了蒸汽船的诞生。1836 年，英国造
船师建造出有螺旋推进器的船，后来改进为螺旋桨。1841 年，英国
建造了第一艘以蒸汽推动螺旋桨为动力的铁壳船"大不列颠号"，
成为造船技术革命性变革的标志。在战略思想和战术层面，以"皮
特计划"为代表的跨大洋的军事战略已经问世，战列线战术已经非

1843 年 7 月，世界上第一艘以蒸汽推动螺旋桨为动力的船"大不列颠号"在英国布里斯托尔港起锚（Johann Jacob Weber，1843）

常成熟。鸦片战争爆发时，英国海军装备虽然仍没有脱离桨帆火炮时代，但已经显示出船坚炮利的优势，日益成为世界上无以匹敌的海权强国。

而此时东方的中国，仍坚持"四民之业，士之外农最贵……故农为天下之本，而工商皆其末也"的传统经济思想，表面上呈现"康乾盛世"，实则危机四伏。长期的禁海政策，不仅限制了对外贸易，限制了明代以来资本主义萌芽的生长，还带来了一个严重的后果——海防废弛。清初，清廷为水师所订的明确职责为"防守海口，缉私捕盗""巡哨洋面，捍卫海疆"。实际上，水师的职责很单一，就是防守海口，缉私捕盗，禁止沿海洋面上与外国的贸易活动。这只要求战船灵便快速，而不要求放洋远出。清代前期，主力战船大

鸦片战争前中国的战船

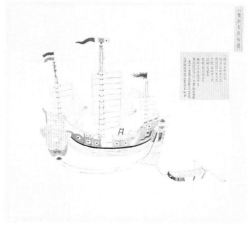

《一号同安梭船图》(清
嘉庆二十二年闽浙总督
汪志伊奏《军机处档奏
折录副》附图)

《集字号大同安梭船图》
(清嘉庆二十二年闽浙总
督汪志伊奏《军机处档
奏折录副》附图)

214

海洋变局 5000 年

者长 36 米，宽 7 米，深 3 米，载重 1500 石，双桅，双舵，双铁锚，以桨、橹、梢为动力，装各种炮 11 门，鸟枪 24 杆，兵员 80 人，尚有一定规模。但随着禁海政策的实施，战船越建越小。1797 年，清廷下令将沿海战船"一律改小"。1806 年，清廷下令严禁民间"违例制造大船"，限制每船"水手不得超过 20 名"。这些愚蠢的做法，使中国的造船业严重萎缩，中国的水师长期承袭旧制，徘徊于沿海口岸，"仅能就近海巡查，不能放洋远出"。至鸦片战争爆发前，中国的船炮仍是一二百年前的旧物。如嘉庆、道光年间充当清军水师主力战舰的同安梭船，按其大小分为一号、二号、三号、集字号以及成字号，集字号大同安梭船拥有共 25 门炮，炮座均置于上层甲板，并且只有实心弹。而鸦片战争中清军一般的同安梭船只有 8—10 门炮，小型的只有 4—5 门炮。

400 年的禁海，400 年的蒙昧，中国从此与海洋无厚缘，与海权无厚缘，中国的衰弱与落伍，正是从禁海开始的。

"坚船利炮"的困惑

1840 年 6 月，英国好望角海军舰队司令懿律统率一支东方远征舰队到达广州海面，宣布封锁广州。之后北上厦门，占领定海，7 月 16 日到达天津的白河口。这是以鸦片贸易为直接诱因的战争，因而史称鸦片战争。

英国人是费尽心机才找到鸦片这一敲门砖的。19 世纪以前，由于中国的严厉禁海，英国只能与中国保持极为有限的贸易，从中国输入茶叶、丝等物，向中国输出毛织品和棉花，长时间摆脱不了贸易逆差的烦恼。19 世纪初，英国商人开始大量向中国输入鸦片这种特殊的商品，每年 4000 多箱，而到了鸦片战争前，激增到 40000 箱

19 世纪印度巴特那（Patna）一家鸦片工厂的仓库（约 1850）

左右。鸦片毒害着中国人民的身体，使大量白银外流。道光皇帝决心派林则徐去广东禁烟。1839 年 6 月 3 日，虎门海滩上一片销烟的冲天白雾，激怒了早就磨刀霍霍的英国人。这便是鸦片战争的起因，它实际上是中国闭关锁国与西方要求开放门户两种对外政策之间长期斗争的总爆发。

英国发动这场战争是蓄谋已久的。从嘉庆年间开始，"英商每有货船，辄以兵船防护之"。嘉庆十三年（1808），英军在澳门登岸，接着又率兵船驶入虎门，进泊黄浦，侵犯广州；至道光年间，已决心"战而后商"。1832 年，英"阿美士德号"间谍船由澳门出发，从南向北，经广州、厦门、福州、舟山、宁波、吴淞口、威海，直

1841 年 5 月，英国军舰进攻广州（Edward H. Cree，19 世纪）

达朝鲜半岛，然后从琉球、台湾返回澳门，将中国沿海所设炮位、守备兵力、武器装备、战船数量等详细情况向英国政府报告，并测量和绘制了沿途航道、河道、海湾的军事地图，制订了作战方案。这支间谍船的首领胡夏米向英国外交大臣巴麦尊报告：中国内部非常腐朽，软弱无能，只用 3 个月就可以武力解决。此时，实现了资本主义近代化的西方国家，一定要向东方寻找市场、原料和廉价劳动力。如果外交手段不能奏效，炮舰就会成为另一种手段。

　　中国的道光皇帝一开始也曾决心与英国一战，派林则徐为钦差大臣去广东禁烟、办海防便是一证；将擅自签《穿鼻草约》的琦善贬职，接着又调靖逆将军奕山驰援浙江，又为一证。然而，清军节节败退，仅仅一个多月，英国舰队便打到了天津，威胁京畿。顿时，"将弁兵丁，动谓船坚炮利，凶焰难当"。严酷的现实逼迫东方的巨人睁开惺忪的睡眼，用困惑的目光，重新打量面前这个全然变化了的陌生世界。

中国的统治阶级一向是骄傲自大的，"普天之下，莫非王土，率土之滨，莫非王臣"。皇帝即为"天子"，对他所不知的外国，也以为唯我独尊，要摆一摆天子的架子。当西方步入近代的时候，中国长期的禁海政策使皇帝们对海外之事仍是蒙蒙昧昧。且不论民间流传，就是官修文书，对世界的歪曲认识，妄自尊大、鄙视"夷人"的态度也处处流露。《明史外国传》这样记载中国人对荷兰的描述："和兰又名红毛番，地近佛郎机（即葡萄牙——笔者注）……其人深目长鼻，发、眉、须皆赤，足长尺二寸……所役使名乌鬼，入水不沉，走海面若平地。其舵后置照海镜，大径数尺，能照数百里……"乾隆年间所修的《皇朝文献通考》说："中土居大地之中，瀛海回环。其缘边滨海而居者，是谓之裔，海外诸国亦谓之裔。裔之为言边也。"在《大清会典》中，竟将英、荷、意、葡等西方国家都算作朝贡国。在清政府的统治者看来，对外贸易是对外国人的恩赐。1793 年乾隆皇帝给英王乔治三世的敕书中声称："天朝物产丰盈，无所不有，原不藉外夷货物以通有无，特因天朝所产茶叶、磁器、丝觔，为西洋各国及尔国必需之物，是以加恩体恤，在澳门开设洋行，俾（使）日用有资并沾余润。"1816 年，嘉庆皇帝与大臣孙玉庭有一段对话，用白话文表述如下：

嘉庆皇帝："英国是否富强？"

孙玉庭："英国大于西洋诸国，因此是强国，至于富嘛，是由于中国富彼才富，富不如中国。"

嘉庆皇帝："何以见解？"

自负的乾隆皇帝傲慢无礼地接见马戛尔尼率领的英国使团一行。英国漫画家 James Gillray 的这幅充满讽刺基调的漫画表明欧洲人曾经仰视的"神州"正悄然褪色

孙玉庭："英国从中国买进茶叶，然后转手卖给其他小国，这不说明彼富是由于中国富吗？如果我禁止茶叶出洋，则英国会穷得没法活命。"

悲哉，五千年的文明古国，四百年的闭关禁海，竟蒙昧至此。西方在这四百年间究竟发生了什么变化，中国竟是一概不知、一概不晓。这个硕大无朋的东方巨人，沉醉在昔日辉煌文明的光环下，在专制统治的温榻上安然酣睡，纵任时光从身边悄然流逝。

第一次鸦片战争爆发时，英国参战的远征舰队是配有大炮的 16 艘兵船、4 艘轮船，以及若干艘运输船，其全部海陆军人数为 5000 多人，战争后期增加了兵力，也不过兵船 25 艘，轮船 14 艘，载炮 700 多门。除炮兵外，有步兵 10000 余人。在当时的交通条件下，

1841 年，"威厘士厘号"（HMS Wellesley）和英国帆船中队从香港出发袭击厦门

　　从英国本土航行到中国，至少要 4 个月；从其殖民地印度出发，也得 1 个月。用这样为数不多的兵力远涉重洋，后勤保障困难，本来是十分冒险的行动，却偏偏轻易得手。直接原因是绝对的装备优势。其中，"麦尔威厘号"旗舰和"威厘士厘号""伯兰汉号"的炮位数都是 74 门，舰船甲板长 53.65 米，宽 14.51 米，吃水 6.4 米，排水量 1746 吨，虽属于 3 级战列舰，但，舰炮射程之远、机动性之强，都是清军望尘莫及的。

　　战争中，拥有近 90 万人的常备军的中国军队一触即溃，被打得焦头烂额。大清王朝不得不从全国各地调兵遣将，动用了一切可以动用的武器装备，但在历时两年的战争和绵延千万里的战线之中，竟然没打过任何一场胜仗，没能守住任何一个受到进攻的重要阵地，更没能收复任何一座被敌军占领的城镇。战争中阵亡的英军人数尚不足 500 人，衔级最高的不过是中校军官 1 名，而其在同期死于疫

1841 年 1 月 7 日，英"复仇女神号"战舰在穿鼻洋炮击中国舰队（英随军记者 Thmas Allom 绘，大英图书馆藏）

病和海难事故的人数却达 1500 人。相比之下，清朝却有 20000 名官兵阵亡，其中不乏钦差大臣、副都统、提督、总兵等高级将帅，3000 多门大炮被掳去。至于人民生命财产和国家财富之损失，更无法计算，其惨败之甚、之速，实为时人所未能料及。

　　一个曾被视为"朝贡国"的"英吉利"，一批曾为中国人不屑一顾的"英夷"，仿佛一夜间变得这样强悍，中国人怎能不困惑？一个拥有辉煌文明的浩然大国，竟然抵挡不住一支临时拼凑的远涉风涛的风帆舰队，中国人又怎能不困惑？可悲的是，所谓的"坚船利炮"，其中竟包括中国人享誉世界的指南针、火药科技发明的成果转化。世界究竟发生了什么变化？无所不有的天朝大国何以落魄到如此境地？

　　进入 18 世纪的第一个元旦，法国王室举办化装舞会，参加者竟不约而同地化装成中国人，以显示自己德操高雅。1756 年春分那

1842 年《中英南京条约》签署现场（John Platt，1846）

天，法国国王路易十四模仿康熙皇帝扶犁扬鞭，下地耕作，以身垂范，激励百姓勤奋劳作。1794 年，马戛尔尼从中国带回一册绘有假山、亭台的园林画，英国人欣赏备至，纷纷在庭院中堆砌假山石景。一时间，用中国山水、花鸟图案进行室内装饰风靡欧洲。中国的丝绸、茶叶、大黄成为西方最昂贵的消费品。此时，中国还是西方人最向往的文明古国。然而，一个世纪后，当中国的政府官员在《中英南京条约》上俯首签字的时候，中国的形象已一落千丈了，以至于鸦片战争中来华并加入这场战争的普鲁士传教士郭实腊傲慢地说："中国的龙要被废止，只有基督教义才能拯救这已经'死去'的文明国家"。1842 年，一位英国海军军官在《英军在华作战记》中写道：中国是个长期愚昧而又骄傲的国家，是一个没有自我更新能力

和缺乏活力的国家，是世界范围内落后国家之一。

马克思在评论鸦片战争时说："在这场决斗中，陈腐世界的代表是激于道义原则，而最现代的社会的代表却是为了获得贱买贵卖的特权——这的确是一种悲剧，甚至诗人的幻想也永远不敢创造出这种离奇的悲剧题材。"

的确，禁海的 400 年间，中西历史发生了位移，形成了一个大落差。一向遵循"己所不欲，勿施于人"的传统道义原则的中国，成为封建专制主义的陈腐代表；而怀着赤裸裸的贪婪之心，通过损人利己获得贱买贵卖权力的西方资本主义却成为现代社会先进生产关系的代表。先进一定要战胜陈腐，资本主义一定要战胜封建主义，这就是历史的辩证法，这就是中西方蓝色文明落差的原因所在。

III

第三章

蒸汽铁甲时代·海权理论

18 世纪末到 20 世纪初，一场以蒸汽和电力为动力、以蒸汽机和电机制造业为龙头的工业革命，把大英帝国推向世界霸主的巅峰。

工业革命将舰船建造推进到蒸汽铁甲时代。那些或先或后，或主动或被动地去追赶海洋大潮的国家，无一例外把发展海军作为优先的战略选择。

进而，海权理论诞生并走红，它揭示了"海权对历史的影响"，也推动着新的世界海洋变局。

进入 19 世纪，在工业革命、海道大通、整个世界连成一气的大背景下，美、俄、中、日等许多国家都或先或后，或主动或被动地卷入汹涌澎湃的海洋大潮。然而，各个国家的国情不同，道路选择不同，对海权的理性认识程度不同，因此结局及国家命运也不同。

彼得大帝的"两只手"

在世界走向近代的历史上，沙皇俄国并不具备地理优势，也不是一个"海上强国"。然而，在世界海洋争霸的舞台上，沙皇俄国却扮演了重要的角色。从伊凡雷帝（伊凡四世·瓦西里耶维奇，1530—1584）开始，历代沙皇把俄国近代史写成了一部为争夺出海口而不断对外扩张的历史。终于，俄国从西方列强的盘中获取了一份美羹。

俄国需要出海口

公元 9 世纪，东斯拉夫民族在第聂伯河以东、顿河上游以西，北起伊尔门湖、南至基辅的东欧平原上，建立了基辅罗斯公国，成为第一个俄罗斯国家。15 世纪以后，以莫斯科公国为中心的俄罗斯中央集权国家逐渐形成。俄罗斯的内陆水域极其丰富，四通八达的河流将里海、黑海、波罗的海及北冰洋连成一气，导致中世纪的俄

16 世纪的俄罗斯海船与水手

罗斯有着发达的水运事业：夏季，河流里穿梭着络绎不绝的木船、驳船；冬季，封冻的河流上奔驰着运输的雪橇。正是这些水流丰沛的河流与内海乃至海洋的相连，使作为一个内陆国家的俄罗斯逐渐认识了海洋，开始了与海外民族的贸易与文化交流。

16 世纪中叶，伊凡雷帝加冕，成为俄国的第一位沙皇。他懊恼地发现，祖先留给他的只有通向白海的阿尔汉格尔斯克一个出海口，这使他的俄国与西欧的临海诸国的发展差距甚远。俄国不能生产铁，不会造枪炮，不能造大的海船，也织不了呢绒，而这些产品都被西欧国家骄傲地垄断着。伊凡雷帝决心向海洋发展。他首先开放阿尔汉格尔斯克港与英国通商，继而对所有西欧国家开放。他聘请英国、法国、西班牙、荷兰等先进国家的工匠，传授先进的技术，帮助自

17世纪的阿斯特拉罕港

己国家发展造船等行业。他沿伏尔加河向南攻克了阿斯特拉罕，为俄国获得了第二个通向里海的出海口。然而，在波罗的海、黑海，伊凡雷帝的扩张努力均遭挫败。此后的100年，俄国向西寻找出海口的扩张活动进展缓慢，而其对东方的扩张却势如破竹。它征服了伏尔加河流域，把鄂毕河、叶尼塞河和勒那河流域的整个西伯利亚地区并入其版图，又将扩张前锋推进到中国的黑龙江流域。通过1689年的《尼布楚条约》，沙俄割占了额尔古纳河、格尔必齐河和外兴安岭至海以西一线的土地，控制了鄂霍次克海口。到17世纪末，俄国已有了横跨欧亚大陆的广袤领土。

1682年，彼得一世·阿列克谢耶维奇（1672—1725）即位，后世尊称其为彼得大帝。因其1682年即位时尚年幼，1689年才亲政。

彼得一世

当他登上至高无上的沙皇宝座时，并不觉得有任何值得自我满足的资本。因为他的国家尽管领土可观，却仍旧是基本没有可供贸易的海港口岸。里海的贸易权已被土耳其人和鞑靼人彻底垄断，而俄国在黑海与波罗的海本来就少得可怜的贸易活动也被排挤得干干净净。此刻俄国尽管还算两面临海，但白海前出北冰洋，气候寒冷，一年有 9 个月的封冻期。而且阿尔汉格尔斯克港不但远离俄国经济中心，还要绕道才能到达西欧诸国，比通过波罗的海到达西欧的路程远一倍。东部的鄂霍次克入海口由于地处未开发的远东，经济落后，交通不便，也基本没有经济价值。总而言之，此时的俄国仍旧是一个封闭的国家，仍旧被野蛮、贫穷和落后的阴影笼罩着。铁、枪炮、呢绒等工业产品的进口，木材、毛皮等土产和农产品的出口，都要仰承西欧奸商的鼻息。偌大的帝国在那些靠泛海贸易发财的"小店

ARCHANGEL, sive Archangelscka-goroda.

17 世纪的阿尔汉格尔斯克

主国家"面前，似乎有些自惭形秽。

　　沙皇俄国，这个几代奉行地域性蚕食体制的国家，已经越来越不满足于陆疆的扩大了。世界已经步入资本主义原始积累的时期，西欧各主要强国都在奉行着世界性的侵略体制。此时此刻，俄国的当务之急是什么呢？

　　"俄国需要的是水域！"1693 年，年方 21 岁的彼得在阿尔汉格尔斯克第一次看到了海洋。作为一个泱泱陆上大国的统治者，他感叹那蓝色海洋的魅力，深切感受到，在这千帆竞发的时代，一个国家经济上的富有、政治上的霸权，概与这神秘莫测、广阔无垠的蓝水相关。他日益清楚地认识了海洋时代的世界形势，认识了俄罗斯民族在新的世界性生存竞争中的严峻处境。他想使俄国跻身于世界强国之林，就必须争夺出海口，而顿河通向黑海的出海口和涅瓦河通向波罗的海的出海口，对于俄国是最最重要的。尽管先王们也在争夺出海口的道路上做了几个世纪的努力，但几起几落，步履蹒跚。他们没有强大的海军，没有制海权，也就没有成功的本钱。

发展海军，争夺出海口——彼得一世做出了具有历史意义的抉择。1695年，彼得一世开始征集军队，突击造船，建立了顿河小舰队。翌年，他便派出了陆海远征军攻打土耳其占领的黑海海口亚速，行动之神速，显示了沙皇俄国对出海口的渴望，更显示了沙皇彼得一世果敢的性格。亚速城堡如愿攻下，他随即下了移民亚速和建立海军舰队的手谕。他说："凡是只有陆军的统治者，只能算有一只手。唯有同时兼有海军的统治者，才算双手俱全。"

他无愧于彼得大帝的称谓，有了明确的海权意识，成为海洋大潮的弄潮儿。他无愧于彼得大帝的称谓，引领俄罗斯走向了世界，成为"俄国海军之父"。他把握住了时代的脉搏，有了超越所有先辈作为的可能。

俄罗斯走向世界

1696年底，彼得一世开始谋划组织一个"高级使团"访问欧洲。高级使团的第一使命是外交：彼得想广泛结交欧洲强国，共同反对土耳其，创造俄国夺取黑海出海口的良好外部环境；第二个使命便是学习海军业务。彼得一世深深感到，建设海军需要通晓海军专业知识的军官，需要通晓制舰造船技术的工匠，更需要对世界海军发展水平、科学技术状况的了解。这些条件，俄国一样都不具备。高级使团中，彼得一世亲自拟定了35名学习海军的留学生的名单，亲自起草训令，要求留学生必须掌握海军专业的基础知识，学会驾驶军舰、指挥战斗，并选修造船技术。他将自己也列入这35人的名

彼得一世乘坐小艇前往"彼得保罗号"参观（Abraham Storck，1698—1708）

单中，化名为"彼得·米哈伊洛夫"。

1697 年 4 月初的一天，沙皇彼得一世率领高级使团走出了俄罗斯。也就是在这一天，俄罗斯走向了世界。

彼得一世率队来到 17 世纪航海业最发达的荷兰留学。他和所有留学生一样，用 4 个月的时间学完造船理论，又用两个月的时间进行造船实践，参与俄国订制的第一艘三桅巡洋舰"彼得保罗号"的建造工作。这位身材高大、面容英俊、体态挺拔的沙皇，穿着与工匠们一样的红色绒上衣和粗麻布灯笼裤，拿着与工匠们一样的斧头干活。他毫不羞涩地出示满手老茧给贵族们看，若无其事地混迹于外侨区的外国人之中，向他们了解其他国家的情况。茶余饭后，节日假日，彼得一世遍览荷兰的名胜，参观造纸厂、解剖室、武器库，观看对犯人执行死刑的程序，"随时随地都表现出一种非同寻常的

彼得一世与随从 1697—1698 年在欧洲游历。右图为彼得一世在荷兰扮成水手的样子

好学心"。最后，他和自己所有的同伴一样，从他的造船老师保罗的手中接过毕业证书。保罗说，彼得·米哈伊洛夫"是一个勤奋而聪明的木工"，他学的"船体结构学和绘图学"，已达到我们自己所理解的程度。

离开荷兰，彼得一世来到英国伦敦，进一步学习更为先进的造船技术。他惊异地发现这个资产阶级革命的发源地有诸多新鲜事物，他渴望深入探究；于是，他访问作为英国科学思想中心的英国皇家学会，参观牛津大学，进入格林尼治天文台，结交众多知名人士，为俄国拜请老师；他还了解了烟草专卖的利弊、英国的宗教神学；他学习如何造钱制币，怎样装配钟表；甚至，他还跑到伦敦议会大厅的屋顶上，从天窗窥探议会开会的情景……此后，彼得一世又遍游欧洲先进国家，在普鲁士学习军事训练和造炮技术，在威尼斯学习航海技术……他了解了世界，从而也更深地认识了自己的俄国。

彼得一世最后来到波兰，与波兰年轻的国王奥古斯特二世会谈后，他们达成了结盟的共识。彼得一世认真分析了欧洲的形势，认为英、荷两国正热衷于对法国战争，在英、荷的撮合下奥地利又与土耳其言归于好，俄国此时与土耳其为敌，无疑是拿着鸡蛋碰石头；而在北方开战，则正好避开欧洲的热点，可以事半功倍。彼得一世决心改弦更张，将夺取出海口的事业由南方移到北方。他当机立断，与奥古斯特二世定约，联合波兰与瑞典决一胜负，夺取涅瓦河通向波罗的海的出海口。

此后，彼得一世的"全部事业都是以征服波罗的海沿岸为转移"，因为亚速海、黑海或里海都不能为他打开通往欧洲的通道。马克思这样肯定了彼得一世为夺取出海口所进行的斗争，指出："任何一个伟大的民族从来都不会也不能在彼得大帝的国家初期所处的那样的内陆地区生存下来。任何一个民族也不会任人宰割，眼看着人家把它的海岸和河口从它手里夺走。俄罗斯不能让推销北俄罗斯商品的唯一通道——涅瓦河河口——落于瑞典人手中。"

历史的确已经到了这样一个关口：一个伟大的民族，即使是处于内陆地区的民族，也必须走向海洋，去赶资本主义商品经济的大潮，否则就无法生存和发展。从这个意义上说，彼得一世做出的是一个使俄国生存的决定，一个使俄罗斯成为伟大民族的决定。

海军使俄国振兴

为了战胜瑞典，夺取波罗的海出海口，彼得一世还倾全力打造并运用他的另一只手——海军。

早在1695年，彼得一世便在沃罗涅日建立了一支顿河小舰队，此后沃罗涅日造船厂就不断地建造舰船装备俄国海军。1695年彼得一世率领军队开始远征顿河口最大的土耳其要塞亚速。由于舰队力量极其薄弱，不能对亚速形成海上封锁，很快被土耳其击溃，第一

17 世纪的俄国舰队

17 世纪俄国的造船厂

1702 年 10 月 11 日，俄军对涅瓦河口瑞军坚守的诺特堡（Noteburg）发起进攻并取得胜利（Коцебу, Александр Евстафиевич，1846）

次远征失败。翌年春季，彼得一世加强了陆军和海军舰队，发动了第二次亚速远征。这一次远征非常顺利，俄军展开陆海协同，陆上炮火破坏了土耳其人的要塞，海上舰队则对亚速形成封锁，切断了土耳其军事援助，使亚速很快成为汪洋中的一个孤岛。7 月，俄军彻底攻克了亚速。1699 年，俄国亚速舰队成立；1701 年，俄国历史上第一个航海学校建立，教授代数、几何、航海学、天文学等近代科学知识，为海军培养军官；1702 年，俄国内河舰队成立，俄陆海军开始沿着涅瓦河向出海口进军，与沿河的瑞典军队展开了激战。彼得一世亲自制订作战计划，本人也经常出现在前线军队中。在宁尚茨堡，俄国海军以 30 艘仅仅配备火枪和榴弹的小艇去攻击瑞典的两艘三桅巡洋舰，获得了第一次海战的胜利。而攻下宁尚茨堡以后，涅瓦河流域就全部归俄国人所有了，从涅瓦河进入波罗的海的海口打通了。随即，他以内河舰队为基础，组建波罗的海舰队。

1704 年建于彼得堡的金钟造船厂。它是俄罗斯最古老的造船公司之一，也是圣彼得堡的第一家工业工场，是当代俄罗斯核潜艇的主要生产中心

　　1703 年，彼得一世设立了海军部，统领波罗的海、亚速海两支主舰队和白海、里海两支小舰队；并在波罗的海沿岸大兴土木，吸纳大批外国专家和技术人员建起了新的造船厂和海军基地，同时还着手营建新的首都——彼得堡。他在沃罗涅日乘一艘新下水的巡洋舰沿河而下，来到彼得堡，将波罗的海舰队的这第一艘军舰命名为"御旗号"。以前，沙皇的双头鹰国旗上，鹰爪抓着属于俄国的 3 个海的地图，此后，国旗上多了一个海——波罗的海。

　　波罗的海地区最喧闹的地方当属俄国海军部的造船厂。1705 年它开始造军舰，次年第一艘军舰便下了水。到 1710 年，已造出 66 艘武装的大桅木船和 50 艘军舰。俄国海上力量的发展速度是惊人的，1701—1714 年间，他们造出了 680 艘大小舰船。1709 年，俄国在波

波尔塔瓦大捷（Alexander Kotzebue，约 1763，圣彼得堡艾尔米塔什博物馆藏）

尔塔瓦战争中大胜瑞典，瑞典从此一蹶不振。1712 年，俄国海军开始进军芬兰湾，占领维堡，攻克里加，1713 年占领赫尔辛基。1721 年，瑞典向俄国投降，《尼斯塔特和约》使俄国获得利沃尼亚、爱沙尼亚、因格里亚、库尔兰的一部分和包括维堡在内的芬兰东部。在纪念战胜瑞典的奖章上铸着这样一段话："这场战争能以签订和约的方式来结束，完全是由于海军的作用，因为靠陆地作战无论如何也达不到这一点。"

北方战争的胜利，使彼得一世获得了"彼得大帝"的称号，沙俄从此也被称为俄罗斯帝国。彼得大帝钟爱他所开创的事业，尤其钟爱海军。在他 1721 年的一张每周工作的日程表上，星期一至星期四，都是编纂《海军部工作章程》的时间。在 1724 年新制订的工

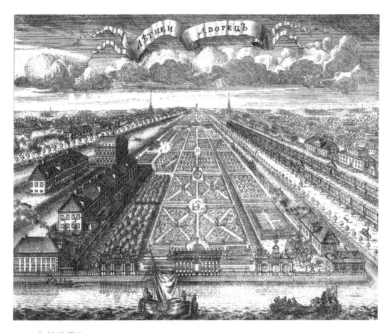

1716 年的彼得堡

作日程表上有每周五早上要去检查海军部工作的安排。他临终前的最后一道指令，是派考察队去寻找"到中国和印度去的道路"，他最后召见的是海军上将阿普拉克辛，嘱托的仍是这件事。

海军使俄国巩固了出海口，海军使俄国振兴。1703 年，当彼得一世下令兴建彼得堡城的时候，仅仅是出于"日后运往里加、纳尔瓦和宁尚茨堡的货物，有个落脚的地方，使波斯和中国的货物也能运到那里"的考虑。而 1704 年，彼得一世已决意使彼得堡成为首都，他想开辟一个朝向欧洲的窗口，将经济中心向海口方向移动，为俄国与西欧的联系开辟捷径。他期望着彼得堡是"另一个阿姆斯特丹"，他的海军部也放在了彼得堡。此时，北方战争的战果，已使波罗的海的出海口变成了洞开的门户，俄国已获得了众多的港口，其中之一的里加，商业贸易量已是彼得堡的两倍。在彼得一世统治俄国的四十年间，政治和军事上的改革一同推动着经济改革。这期间，俄国以军事工业为龙头的工场手工业得到迅速发展，手工工场数量增加了 10 倍，发展到近 200 个，其中黑色冶金工业和武器制造业工场占 40 个，有色金属工场 25 个，火药工场 13 个，造船工场 7 个。18 世纪 20 年代，俄国的铁砂年产量达到 80 万普特，逐渐改变了国内用铁依靠进口的局面。生产力的发展，生产关系的逐渐变化，使俄国的国力得到了很大的增长，终于跻身于世界列强之林。

彼得大帝将一个封闭落后的俄国振兴起来。此后，历代沙皇都继续着他的事业，进一步为争夺进入地中海的出海口而奋斗。到叶卡捷琳娜二世·阿列克谢耶芙娜（1729—1796）时，又为俄国赢得了克里米亚和波兰，将俄国的版图从 1642 万平方千米扩大到 1705 万平方千米，建立了新的黑海舰队，打通了南方出海口，控制了黑海，控制了博斯普鲁斯和达达尼尔海峡，将俄国几代君主的梦想变为现实。而在这其中，俄国海军功勋卓著。

俄国海军的实力在 1853—1856 年对土耳其的克里米亚战争中得到了充分体现。17 世纪和 18 世纪，海军战舰向大型化发展，但仍为木质帆船，仍旧以风帆为动力，战列舰上装备的几十门、上百门的老式滑膛炮发射的是实心弹。1849 年，法国建造了世界上第一艘以蒸汽机为主动力装置的战列舰"拿破仑号"，装配了 100 门火炮，并可以不受风和海流的影响；不但提高了航速，在战斗中还可以自由进行战术机动，虽然仍挂有作为辅助动力的风帆，但已经标志着蒸汽动力时代的到来。1853 年，在俄土克里木战争的锡诺普海战中，俄国黑海舰队首次使用尾部装弹的线膛炮，发射刚刚问世的开花弹

1853 年 11 月 30 日，俄国黑海舰队在锡诺普战役中用火炮摧毁了土耳其舰队（Ivan Aivazovsky，1853）

（爆炸弹）。这次战争震惊了世界，从此木质战舰开始装上厚厚的铁甲，线膛炮成为新装备，这进一步开启了蒸汽铁甲舰时代。1860 年后，俄国工业革命的步伐加快，俄国的黑海舰队和波罗的海舰队大量装备装甲舰，1877 年下水的"彼得大帝号"装甲舰成为当时威力最大的军舰。一时间，英、美、德各国纷纷效仿改型，风帆火炮时代逐步隐退。

俄国崛起了，俄国人自然尊崇彼得大帝，因为他的睿智和深谋远虑为俄国的崛起奠定了基础。

位于彼得堡"十二党人广场"中心的彼得大帝骑马塑像，亦即著名的"青铜骑士"
（Медный Всадник，*Vasily Ivanovich Surikov*，1870）

恩格斯说："这位真正的伟人……第一个充分估计了对俄国非常有利的欧洲形势。他清楚地……看到了、制定了并开始实行了无论是对瑞典、土耳其、波斯和波兰，还是对德国的俄国政策的基本原则。"马克思说："彼得大帝确实是现代俄国政策的创立者。但他之所以如此，只是因为他使莫斯科公国老的蚕食方法丢掉了纯粹的地方性质和偶然的杂质，把它提炼成一个抽象的公式，把它的目的加以普遍化，把它的目标从推翻某个既定的范围的权力提高到追求无限的权力。他正是靠推行他的这套体系而不是靠仅仅增加几个省份，才使莫斯科公国变成现代俄国的。"

革命导师的理论是深奥了些，但细细品读并不费解。彼得大帝的伟大，就在于他正确估计了俄国当时所处的时代环境，准确领悟了海权对于现代国家兴衰的决定性作用，从而摒弃了古老的地域性的蚕食方法，转向"提炼一个新的抽象的公式"以至于可以追求到无限权力的道路。简单说来，就是建立强于别国的海军，运用海军打开出海口（或者说打开国门），走向海洋，走向世界。

美国的海权理论

人类大陆文明的辉煌属于东半球，人类海洋文明的光耀也属于东半球。然而，居于东半球的大不列颠王国堂而皇之地夺取了海权王冠，却将其理性思维的专利，送与了西半球的美利坚合众国。19世纪末20世纪初，一个美国人的名字与他的理论一同蜚声世界，他就是艾尔弗雷德·赛耶·马汉，他提出了海权理论。

两代马汉

位于北美大陆的"山姆大叔"，实在没有可以引以为自豪的远古文明史。16世纪初，西方探险家登上北美大陆的时候，这里还是一片未开垦的处女地。此后，葡萄牙人、西班牙人、法国人、英国人、荷兰人相继登上这片大陆。1607年，英国在弗吉尼亚开辟了第一个殖民地。英国人利用它日益发展的海上霸权，在以后的一个半世纪里，逐步侵占了大西洋西岸、北美大陆上最富饶的地区，相继建立了13个殖民地。至美国独立战争前，北美大陆还主要是大不列颠的囊中之物，是英国海权的战利品。

英国人所绘北美弗吉尼亚殖民地地图（Willem Blaeu，17 世纪早期）

　　此时，与如日中天的宗主国相比，美国太落后了，落后者的尴尬随处可见。

　　美国独立战争时期的陆军指挥官查尔斯·李（1732—1782）少将说："我就像舞蹈学校里的一条狗，我不知何处转身。何处安身……敌人的企图和行动捉摸不定，他们振起风帆之翅，瞬息间便可以飞临他们想去的任何地方，使我……陷入不可避免的进退维谷的窘境。"美国的开国元勋乔治·华盛顿（1732—1799）说："敌人在舰艇及制海权方面令人惊异的优势，往往使我们茫然不知所措，防不胜防。"独立战争使美国人对海权有了感性认识，华盛顿说："如果没有持久的海军优势抗击英国在美国的海上兵力，不可能采取决定性的行动。"他决心以原有的掠私船队为基础改造海军，着手购买 8 艘商船改装成战船。1775 年 10 月，华盛顿建立了海军委员会，两个营的海军陆战队随即建立；华盛顿还推动大陆会议批准建造 13 艘真正的快速战舰的计划，这支新建的海军被称之为"大陆海军"，拥有 60 艘不同类型的战舰，承担沿海防卫任务。

1776 年 7 月 4 日，华盛顿发表了《独立宣言》，宣告北美 13 个英属殖民地自英国独立。然而，一个刚宣告独立的国家要想打败原为宗主国并具有世界霸权的大英帝国，取得真正的独立，谈何容易。英国海军 70 艘大型战舰、20 艘装有大炮的快速帆船、数百艘运输船以及万余名水兵组成的海军舰队封锁了东海岸的港口，可以任意袭击这片海岸和要地，再加上数万名装备精良、训练有素、纪律严明的陆军，人力和物力十倍、百倍于争取独立的对手。美国的独立战争打得非常艰苦。这年的圣诞之夜，当西欧大陆的殖民者们围着圣诞树杯觥交错、欢歌喜舞的时候，乔治·华盛顿正披着毛毯，冒着严寒，率领他几乎屡战屡败的军队，再次渡过特拉华河，为扭转战局做破釜沉舟的努力。这位美国的开国元勋只有不足 20000 人的民团，军事技术落后，武器装备匮乏，几人合用一条烂枪，士兵在冰天雪地里连鞋袜都不足，而新生的海军在独立战争中所起的作用微乎其微。后来，华盛顿不得不与法国结盟，借助法国海军的力量与英国海军抗衡。经过 6 年半的浴血奋战，美英于 1783 年正式签署《巴黎条约》，英国承认北美 13 个殖民地是"自由、自主、独立的国家"，美国终于取得了独立战争的胜利。

独立战争结束后，美国政府面临债务危机和经济萧条的问题，认为海军是奢侈的消耗物，决定撤销海军舰队。到 1785 年，独立战争中建立的大陆海军被解散，包括新建舰艇在内，所有军舰都被卖

美国大陆海军制服：1776 年的正式海军军官制服有红色翻领和红色马甲；1777 年的非正式制服则配有白色翻领和白色马甲，此外还有不规则肩章（H. Charles McBarron）

1779 年 9 月 23 日，法美联合舰队与两艘英国护卫舰近身作战（Richard Paton，1790）

掉或挪为商用。他们想集中力量尽快使经济强大起来，他们也利用科学技术加强造船业，但还不懂得海权。然而，没有海军保护的商船队在大西洋不断遭到劫掠，海外贸易受到严重威胁，于是政府中建设海军的动议再起。1794 年，美国国会通过了《海军法案》，决定购买或建造 6 艘快速战舰。1797 年，3 艘新的风帆快速战舰先后

"宪法号"快速风帆战舰（Michel Felice，1803—1804）

下水，分别是"美国号""星宿号"和"宪法号"。1800年，国会再次决议裁减海军，大批战舰再次遭到变卖。不过，大肆进行海上劫掠的北非海盗拯救了美国海军，因为他们的劫掠使美国政府中主张保留海军的一派占了上风。

1812年，第二次美英战争爆发。战争初期，美国海军除拥有200多艘小炮艇外，还有16艘舰船，其中只有7艘快速战舰。大部分舰船需要大修，所有舰船都兵员短缺。而英国则拥有600余艘舰船，其中战列舰和快速战舰达250艘。有人戏言，英国舰船的数量比美国舰船上的大炮还要多。但弱小的美国海军并没有束手就擒，而是决定"使用本国海军袭扰英国海军及其海上贸易"，对分散孤立之敌进行游击作战，这种袭扰战几乎遍及整个大西洋，甚至远至

1812 年 10 月 28 日，美国快速战舰"美国号"重创英国皇家海军护卫舰"马其顿号"
（Edgar Stanton Marclay，*A Youthful Man-O'-Warsman*，Greenlawn, N.Y., Navy Blue Company, 1910）

英国附近海域。美国海军在战争中所起的重要作用为自己赢得了声望和存在的价值。尤其是三桅风帆战舰"宪法号"，总长 62 米、宽 13 米，用 1500 棵树打造，排水量 2200 吨，帆的面积 3969 平方米，装备 28 门 24 磅和 10 门 12 磅火炮，载船员 400 人。"宪法号"战舰在独立战争中参加了数次对英国的海战，在一对一的战舰较量中屡立战功，作为一艘载入史册的海军名舰，成为美国海军拼搏和胜利的象征，至今仍停靠在波士顿海岸供世人瞻仰。

"宪法号" 1858 年在船坞里修理，这是已知最早的"宪法号"的照片

　　1812 年的战争教会了美国人许多，其中之一是对海军作用的认识。1815 年，美国常备海军诞生。此时，美国人对海权及海军的认识还相当有限。1816 年，时任总统的麦迪逊签署了一系列法案，包括加强海陆军建设。于是，由一位陆军工程师拟订了一个利用炮台进行海岸防御的计划，旨在建立一个强有力的海防要塞体系，建立一支能够进行有效岸防的大陆海军。

　　这是一个注重陆军和陆上防御的时代。它造就了丹尼斯·哈

美国常备海军制服（从左到右）：事务长、上尉、舰长、随船医生（穿着绿色外套）、中尉、领航员（H. Charles McBarron）

海洋变局 5000 年

西点军校原始环境：前景是一片树林，中景的哈德逊河上帆船往返不断，西点军校坐落在河畔的山坡上（William James Bennett, 1831, 美国国会图书馆藏）

特·马汉（以下暂称为老马汉）这一代的军事理论家。

老马汉出生于弗吉尼亚州的诺福克，这个滨海城镇后来成为美国著名的海军基地，而老马汉却与海军无缘。他1820年考入美国西点军校，1824年以全班第一名的优异成绩毕业。这位身材纤瘦、沉默寡言却学习勤奋的青年，深受"西点军校之父"西尔范诺斯·赛耶上校的赏识，翌年被送去法国深造军事工程学和防御工事学——这是他当学员时最优秀的两门课程，也是美国当时最迫切需要的两门实用军事学科。1832年老马汉受聘于母校教授这两门课程，终身从事以防御为核心的军事理论研究，有《战地防御》《论战术的起源与发展》等著作。老马汉特别赞赏约米尼的《战争艺术概论》，认为约米尼针对拿破仑战略所总结的"军事集结学说"非常精深，并将该理论运用于自己的研究和教学领域。他认为战争艺术体现为4个层面：1. 战略；2. 设防或工程；3. 后勤；4. 战术。他还认为可以开辟战争政策的分支，研究战争与国家的关系。老马汉可以称得上是对美国军事战略理论有所建树的人，他的战略思想着重于陆上防御。

然而，在老马汉全神贯注于军事工程学和防御工事学研究的时候，美国却悄悄走进了一个转折的时代。这个时代的转折，戏剧性地反映在马汉父子的身上。

美国是一个"一开始就建立在资产阶级基础上"的国家。1823年，美国总统门罗发表《门罗宣言》，公然以拉丁美洲的保护者自居，表明美国对整个美洲的独占企图。美国在陆上侵略墨西哥的同时，在海上也展开了争夺加勒比海的攻势。为了保护美国海外贸易，它的7艘大型战舰已经组成分舰队对地中海、大西洋、加勒比海以及东太平洋地区进行巡航。1840年艾尔弗雷德·赛耶·马汉（1840—1914，暂且称其小马汉）出生时，美国海军参加了对中国的鸦片战争，并以《中美望厦条约》的签订取得了与中国通商、与英国殖民主义"利益均沾"的权利。这一时期，海军装备正处于重大技术变革时代，蒸汽舰、铁甲舰、爆破弹和平射炮等相继出现。美国在研制蒸汽舰等方面一度领先于所有国家，但因只注意建设海岸防御体系和应付海盗的骚扰，妨碍了其海军对新技术的应用和发展，结果美国舰艇蒸汽化的步伐远远落在了英、法等国之后，甚至落在了瑞典和埃及的后面，仅居世界第八位。直到1839年，美国国会才批准建造两艘舷侧装置明轮的远洋蒸汽动力战列舰——"密苏里号"和"密西西比号"。这两艘军舰于1842年建成下水，均为木壳，排水

1843 年 8 月 26 日，美国"密苏里号"战列舰在直布罗陀海峡意外着火，英国皇家海军"马拉巴尔号"舰船的水手协助营救受难的船员

量达 3220 吨。1842 年，美国正式成立海军部，1845 年办起了安纳波利斯海军学校。1846—1848 年，美国海军在对墨西哥战争中以两栖登陆战崭露头角，逼迫墨西哥政府承认美国对德克萨斯的主权，并将加利福尼亚、内华达和犹他及亚利桑那大部和新墨西哥、科罗拉多和怀俄明的一部分割让给美国。1853 年，美国东印度舰队司令马修·佩里（1794—1858）将"黑船"开进日本，强行与日本签订通商条约。在赴日之前，佩里向美国政府进言说："我决不允许我国的国家权利受到任何侵害；相反，我相信这正是时机，在东方采取这样的一种立场，来宣扬美国的威势，以期使那些权利受到更大

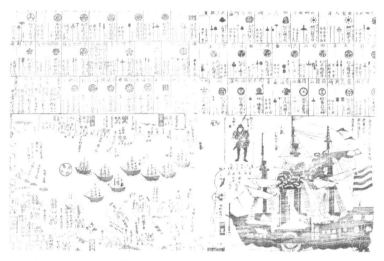

1854 年的一份日本印刷品描绘了马修·佩里的"黑船"强行登陆日本的事件

的重视。因为在东方国家之中，权利通常是按照所显示的军力而加以权衡的。"除了日本，佩里还鼓吹美国应当控制台湾、琉球和小笠原群岛。他上书说："我敢负责任地力陈，在世界的这带地方建立一个立脚点，以作为支持我国在东方的海权的肯定必要措施，实为得计。"美国人对海权的认识在不断进步。

　　然而，作为一个后发国家，发展海军是一个漫长的过程。1861—1865 年，在美国的南北战争中，美国海军颇有建树，海军也有了较大的发展。但战争胜利后，由于维持海军的费用太高，政府很快就改弦更张，采取变卖舰艇、缩减经费的政策。这一时期，正是英、法等国海军技术上突飞猛进的时期，出现了诸如自带动力的鱼雷、优质的装甲钢板、大口径的线膛炮、往复式发动机等武器和装备，而美国海军却退回到风帆时代。1869 年，美国海军发布一道

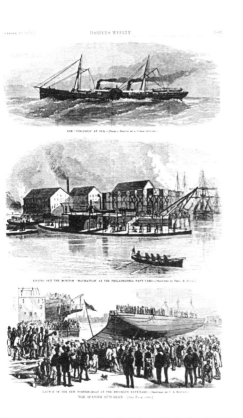

命令，要求舰船在航行时全部使用风帆，舰长们要使用燃煤启动蒸汽机时必须在航海日志中说明理由，如果耗煤量超过规定，费用由舰长个人支付。1873 年 11 月，美国与西班牙之间发生外交冲突，西班牙殖民当局认为美国客船"弗吉尼厄斯号"在古巴煽动叛乱，于是将其扣押，并处死了船长以及部分船员。该事件震动了美国朝野，抗议和宣战的呼声响彻全国。此时，西班牙铁甲舰刚好锚定在纽约港，这使美国海军颇为惶恐，因为它没有能够击败这种船只的战舰。这件事促使美国海军部仓促签发了建造五艘新铁甲战舰的计划，并加快了修理其现有战舰的步伐。美国海军的实力大大退步，由南北战争结束时的世界领先地位下降到 1878 年的世界排名仅第 12 位。直至 19 世纪 80 年代，经过十多年的起起落落、反反复复，美国海军

艾尔弗雷德·塞耶·马汉

才走上重新振兴的道路。

这就是艾尔弗雷德·赛耶·马汉的时代。虽然他出生在西点军校，虽然相伴他童年和少年时代的军号、军乐和陆军军人的形象是他美好回忆中的一抹重彩，但他却把自己的前途和命运寄托给了另一方，寄托给了越来越显示出生命力的海洋和海军。1856年，马汉进入美国著名的安纳波利斯海军学校深造，毕业后成为一名职业海军军官。老马汉用他的恩师、西点军校之父塞耶的名字为儿子命名，期望的是子继父业，而小马汉的选择虽违背了父愿，但却是符合时代精神的一种历史性的选择，也是使他日后成名的决定性选择。

在小马汉长达25年的海军生涯中，他当过"锡马隆""穆库塔""易洛魁""皇蜂"和"沃诸塞特"等舰的舰长;从上尉晋升到中校,参加过南北战争。他的海军生涯并不非凡也并不如意,因为这段时间正是美国海军发展充满曲折的阶段。但这些海上经历却使他获得了重要的认识和经验,成为其日后理论建树的基础。他所处的时代、他的经历使他只能敬重父亲,却不能欣赏父亲的理论。他也崇拜约米尼,但注重的却是将约米尼的战略思想和战争艺术运用于海上,他培植着另一棵新型的理论之树——海权理论。

克伦威尔时期的沃尔特·雷利爵士曾经说过:"谁控制了海洋,谁就控制了贸易,谁控制了世界贸易,谁就控制了世界的财富,最后也就控制了世界本身。"这则被广泛引用的警句,揭示了发展海权的目的——控制贸易和控制世界的财富;揭示了发展海权的手段——控制海洋。与马汉同时代的英国人 U. R. 西利也曾经说过:英国政策一直是"用战争手段来繁荣贸易"。英国同法国在海上打了5 次大仗,之所以取得胜利,是因为法国没有把海军建成像拿破仑的陆军那样具有战斗力和威胁性。但这些精辟的论述,没有在英国长成海权理论之树,却为大洋彼岸的美国人提供了理论基础。这或许暗示了中国的一句老话:"当局者迷,旁观者清。"从打败西班牙无敌舰队后的 300 年间,英国海军的航迹遍及四大洋。波涛滚滚的海洋,呼唤出如同滚滚波涛的财富,将大英帝国淹没在兴盛富强的狂热中,急匆匆,兴冲冲,他们似乎太忙了,忙得顾不上做理论性的思考。而在地球的那一方,在他们曾经征服过的土地上,一个海洋文明的后起之秀国家的一员,以旁观者的锐眼,以史学家的明智,冷静地审视着、研究着前人(其中最重要的是英国人)一切海权实践和海权思想成果,不断地进行着理性的抽象。于是,一个美国人的名字蜚声世界,他就是老马汉的儿子艾尔弗雷德·赛耶·马汉。

海权理论真谛

1884年9月，一封签署了美国海军学院院长斯蒂芬·B.卢斯名字的任教聘书，被送到停泊在南太平洋东岸的"沃诸塞特号"舰舰长马汉的手中。

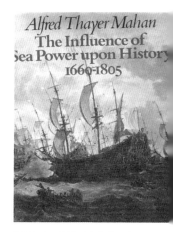

《海权对历史的影响》英文版

此时，马汉已是人到中年。他把一生最美好的25年献给了大海，得到的却是一团团"剪不断，埋还乱"的纷纭思绪。他对美国海军的期望值与美国海军的世界排位以及他所率领的破烂军舰组成的舰队总是合不上拍。他想做的事情很多，其中最向往的，就是得到这份以笔代剑的职位。

在等待调令的日子里，他开始新生活的准备。他流连在秘鲁利马的图书馆中读书。一本蒙森的《罗马史》，使马汉在历史与现实的碰撞中产生了一个耀眼的灵感火花，他说："我终于领悟出了对海洋的控制是一个从未被系统认识并阐述的具有历史意义的因素。"这一"顿悟"，总结了他前半生的思考，也决定了他后半生的研究方向。1885年，他应聘来到海军学院讲授海军历史。他说："我如何总结以往的木帆炮舰的作战经验，使之适用于当今的海军？"一个答案是："要说明海权以各种方式对历史进程产生的巨大影响"；另一个答案是："要说明以往海军的作战经验揭示了战争的主要原则"。马汉悉心研究了17—18世纪海军的历史，他将授课的讲稿整理成书，于1890年出版了他的成名之作《海权对历史的影响》；1892年出版了《海权对法国革命与法兰西帝国的影响》；1905年出版了《海权与1812年战争的关系》。在这个"海权三部曲"中，马汉确立了他的海权理论。其中最著名的是第一部。

马汉定义的海权，"不仅包括以武力控制海洋或任何一部分的海上军事力量，而且还包括一支军事舰队源于和赖以存在的平时贸易和海运的发展"，是"强大的海军和贸易两者的结合"。这是一个有深刻内涵的定义，它建立在"地理大发现"开辟的新时代及人类对海洋新的认识的基础上，体现了国家对海洋支配的主观意志；它是暴力的、排他的。因此，海权绝不是一种客观的"力量"，也不是一个简单的海上军事问题，而是一种带有强烈主观色彩的国家"权力"运用——权力属于上层建筑，属于政治范畴。

马汉首先将海洋作为"一块广阔的公共场所"，作为"进行商品流通和进攻沿海敌国的一条公路加以总的考虑"，认为"海权根本有赖于商业"，起源于贸易。当人类有了适应于交换的生产后，才有了运送交换产品的海上航运；海上航运漫长而危险，便产生了占领具有战略价值的殖民地的需要，这就使产品和通往殖民地的航运业产生了密不可分的联系。为了保证航运安全和有效地占领殖民地，需要有控制海洋的支配力量，"这样的支配力量只能产生于伟大的海军"。海军通过发动战争获得海洋控制权，同时使敌国失去这个权力，根本目的又是为了贸易途径的畅通。所以"战争（最终）不是战斗而是实业"。这些认识是深刻的，它概括了海权产生以来的运行逻辑，说明了海权是通过海外生产、贸易、殖民地三位一体的相互联系、相互作用而不断发展的。它从人类几个世纪丰富的海权

1813 年 6 月，英国护卫舰"香农号"和美国护卫舰"切萨皮克号"在波士顿附近的海域展开激战（Christoffer Wilhelm Eckersberg，1836）

实践出发，从中抽象出了"海权"这一特定含义的概念，抽象出海权产生与发展的客观规律。马汉说，"生产，是交换产品所必需的；海运，是用来进行不断交换的；殖民地是促进和扩大海运活动，并通过不断增加安全的据点来保护海运。在这三者中我们将会找到决定濒海国家历史和政策的关键。"鉴于此，马汉一锤定音地说："所有帝国的兴衰，决定性的因素，在于它是否控制了海洋。"显然，马汉所谓"历史和政策的关键"，就是认识和运用海权，其中最重要的无疑是认识和运用海军。由此，马汉得出这样的结论："海权的历史就是一部军事史。"

马汉认为，海权"对世界历史具有决定性的影响"，对国家的兴衰具有决定性影响，认为获得海权及控制了海上要冲的国家就掌

"不列颠统治着海浪"（利物浦制造的装饰盘，1793–1794，法国革命博物馆藏）

握了历史的主动权。他以英法为例，指出"许多世纪以来，英国商业的发展、领土的安全、富裕帝国的存在和作为世界大国的地位，都可以直接追溯到英国海上力量的崛起"。而法国"大陆扩张的错误政策吞噬了国家的资源并使其受到严重损害……它无力防卫其殖民地和商业，使国家的财源被切断"，从而走向衰败。他认为，历史上强国地位的更替，实质是海权的易手。所以，"海权包括凭借海洋或通过海洋能够使一个民族成为伟大民族的一切东西"，是国家兴衰的决定性因素。

在论述海权对国家兴衰的影响作用时，马汉特别指出海军的作用举足轻重。他认为，"海权的构成要素是海上力量、殖民地与海军基地、海上交通线"，"国家的强盛、繁荣、庄严和安全，是强大

特拉加法海战中的英国舰队（Nicholas Pocock，1808）

的海军从事占领和各种征服的副产品"，"国家的兴衰同他们的成功地发动战争（特别是海战）的几种能力有关"。他始终认为，"一国海军优势，对陆上和海上的大角逐都有巨大的和决定性的影响。在战争的全局方面，海军一直是一个非常重要的，也许是最重要的战略因素"。正是基于上述论点，马汉在理论上完成了"说明海权以各种方式对历史进程产生巨大的影响"的第一个任务后，便将第二个目标放在对海上战争基本原则的揭示和阐述上，他进一步创立了海军战略理论。他说："海军战略的精华甚至军事战略的精华都是基于达到集中兵力于决定性的地点之目的。"为了便于随时集中兵力作战，马汉认为舰队应配置在"中央位置"，以保证能够迅速地向主要作战方向的机动。马汉十分强调攻势作战，主张在战争前就必须建立起一支强大的远洋进攻性舰队，并且极力主张"美国现在必须开始眼睛向外"，控制中美洲地峡，在太平洋和加勒比海夺得海军基地和加煤站，建立一支现代化的海军、一支伟大的舰队、一支"具有进攻能力的部队，仅仅依靠它就使一个国家有能力向外扩张影响"。1910 年，马汉发表了另一部颇具影响力的著作《海军战略》，书中明确提出，"无论平时还是战时，对海权的运用便是海军战略"。海军战略理论是马汉海权理论必然的和进一步的引申。

马汉的海权理论还对影响国家海权发展的诸因素进行了分析，这些因素主要有 6 个：1. 地理位置。他认为，一国如果运用地理位置的优势，不在陆地寻求扩张，"而是有直接的一个目标——向海洋发展，那它就比大陆国家优越"。他比较了英、法、荷、西、意等国，特别赞赏英国所处的位置，指出，"如果自然赋予一国便于进攻的优势，而且易于通往公路，同时又控制着世界贸易的主要通道……这一位置的战略价值就很优越"。2. 自然结构。"众多的深水港是力量和财富的来源"，"假如一国有漫长的海岸线，却没有一个港口，这个国家也就没有自己的海外贸易、商业和海军"。但自然结构的其他物质条件又决定着国家是否向外发展，如大自然赋予法国大片富饶的土地和适宜的气候，本国产品供大于求，它便不想发展海权，而英、荷就不同。没有海洋，英国将失去活力，荷兰就会死亡，所以他们才有积极向海洋发展的动力。3. 领土范围。"一个国家的领土范围，是它的海权的决定性因素。海权的扩展，并不决定于一个国家的版图大小，而是决定于它的海岸线和港口的特性。"4. 人口数量。一个国家要拥有海权，必须拥有足够的人口，"必须要有大批人充当水手，或至少随时准备受雇于舰船，以及从事制造海军设备。这就是所谓'后备力量'。"5. 民族特性。"倾向贸易及产品交换的追求是发展海权的最重要的国民性。"各国"追求财富的方式不同"，西班牙和葡萄牙"依靠淘金"，法国人"靠节俭经济和囤积致富"，而英国和荷兰"靠赚钱"。所以，能否发展海权，

19 世纪英国水彩画中的大海（William Daniell，1817）

取决于一国国民对贸易的态度，这里"社会观点与国民性有着显著的影响"。6.政府的性质。政府及其统治者的特点，对海权发展有着显著的影响。如果政府决策明智，就能立于不败之地。马汉重点比较了英、法的政府决策，认为英国政府的"总方针"有连续性，它的"目标一直在力求控制海洋"，因而始终运用强大的海权作武器。而路易十四统治时期，法国政府"忽视它的海上利益"，后来政策改变，以至于"当战争进行时，由于没有自己的海军，商业和殖民地都完全在英国的控制下"。马汉以此引申道："政府对海权的增长和衰亡能施加多么大的影响！"

这样，马汉从海权的基本内容、海权的产生与发展、海权对历史的影响以及影响海权发展的诸因素等几个方面，揭示了海权这种已客观存在了几百年的社会现象的内在运动规律，形成了一个完整的理论体系。马汉的"海权"是从几百年来的各个国家争夺海洋控制权的历史事实中抽象出的一个概念，是将海洋与国家的政治、经

创建于 1863 年的英国皇家海军学院（Aston Webb，1898）

济、军事利益联系起来思考而抽象出的一个概念，它实质上是国家在海洋方向综合国力的体现。马汉的海权理论并不注重研究海权的本身，而是站在国家战略的角度研究海权运用。它后来被各主要资本主义国家争相引进，正是由于这一理论具有国家最高层次战略理论的性质。

马汉的海权理论，是以资本主义海权产生、发展为研究对象的，它不能不带有强烈的阶级性和时代特征。然而它最终成为帝国主义的御用工具，并不是该理论之咎，而恰恰说明该理论从海权发展的角度揭示资本主义产生、发展的客观规律之准确、之透彻。从社会发展的角度上说，"资产阶级在历史上曾是一个很革命的阶级"，它的革命性与海权发展息息相关。然而资本主义还要向帝国主义阶段发展，即使没有马汉创造海权理论去加速它的发展，资本主义也要走这条历史必由之路。因而肯定马汉海权理论的历史意义，与否定它成为帝国主义的扩张理论是两个命题。前者所肯定的是它对于资本主义产生与发展规律的认识与把握，肯定它从国家战略高度考虑对海洋的利用与控制，从而对国家兴衰产生巨大作用，是就

美国海军学院内以马汉的名字命名的大楼

该理论的合理内核而言的。因为当人类由开发陆地转而开发海洋的时候，对海权的认识及其运用决定着国家的兴衰。马汉海权理论的意义正在于此。

美国的崛起

　　事实上，美国虽然是一个工业革命的后起国家，但在科学技术的赶超方面早就瞄准了先进国家。1807 年，美国人富尔顿发明了以蒸汽机为动力、使用桨轮的轮船，走在了英国的前面。19 世纪 20 年代后，在电磁科学引领的新的生产力革命的时代，亨利于 1829 年发明了电磁铁，莫尔斯于 1837 年发明了"莫尔斯电码"，成为电磁铁式电报机和有线电报通信系统建立的先行者，在其后以电能代替

"奥林匹亚号"巡洋舰

热能的第二次工业革命到来之前占据了有利的地位。1860年南北战争时，美国的工业化程度已居世界第三，紧随英法之后。到1880年，美国不仅致力于工业技术产业化，而且把重点放在电力技术产业化上，其工业产值迅速超过英法，跃居世界首位。

从1885年开始，美国国会每年固定向海军提供经费用于建造舰船，美国海军实力慢慢地增强了。1886年，国会下令建造军舰必须使用本国制造的材料，大大刺激了国内刚刚起步的炼钢业的发展。在1885—1889年，美国共建造约30艘不同等级的战舰，合计排水量近10万吨，其中二级战列舰"德克萨斯号"和"缅因号"，装甲巡洋舰"纽约号""奥林匹亚号"，均可与世界上任何先进的巡洋舰相媲美，美国的"黑船"舰队逐步演变成先进的"大白舰队"。

然而，装备技术的发展是一回事，思想观念的转变是另一回事。马汉的海权理论问世后，立即在世界主要资本主义国家引起轰动，英国很快开始以"两强标准"发展海军；德国的威廉二世自称"不是在阅读"，而是在"吞噬"着这"第一流的"经典；日本也积极引进这一理论，翻译出版了马汉的著作。"美国佬"使世界"认识了海权的重要性和价值"。但在其故乡美国，马汉的理论开始却没有引起多少反响。虽然马汉从 1886 年开始便在海军学院讲授海军史，宣传他的海权理论，却没有机会影响政府，也没有能够影响国民。1889 年，当马汉想出版他的那本后来风靡世界的名著《海权对历史的影响》时，处处碰壁，最后几经周折才在波士顿找到一家出版商，并且要靠自己保证推销 250 本书来支持出版商的经济效益。

历史总是要进步的。一个先进的工业国家迟早要走上它应当走上的必由之路。1889 年 12 月，美国海军政策委员会提出一项计划，指出美国存在很多弱点，如缺少海外殖民地、海外贸易主要靠外轮运输、工业产品的海外市场很小、竞争力弱……它预言，美国将要进入一个商业竞争和扩张时期，一定会发展自己的贸易运输，这样英国是美国唯一的潜在敌国，并认为外国开凿巴拿马运河也可能对美国利益构成威胁。该计划建议美国政府建造 200 艘现代舰艇以适应形势需要。美国海军部长特雷西也提出，需要建立一支有进攻力的"作战兵力"，只有"装甲战列舰"才构成这种兵力。特雷西认为"只有进攻才是最有效的防御手段"。1890 年，国会还通过了一个新的《海军法案》，批准建造 3 艘远洋战列舰："印第安纳号""马萨诸塞号"和"俄勒冈号"，每艘排水量为 l0288 吨，航速 15.5—17 节，装有当时世界上威力最大的 4 门 33 厘米口径主炮，适合远洋航行。有评论说，这项法案的通过，"标志着美国国会开始脱离

1896 年下水的"俄勒冈号"战列舰

旧的海军防御体系，同意建立能在深海活动的海军，开始向欧洲列强看齐，向建立一支现代化海军迈进"。

理论之树是常青的。

马汉在他《海权对历史的影响》一书中曾经分析，美国拥有成为全球海上强国所需要的一切历史因素。美国政府只需要提供领导、意志和能力，就能实现这一目标。马汉的海权理论终于打动了政府，美国开始走上全球性的海上强国的道路。1893 年 11 月，海军部长赫柏特表示了对以发展进攻型大舰为基础的主力舰海军防御理论的支持，进一步论证了海军是促进国家海外权益和推行强权外交政策的

1897 年下水的"衣阿华号"战列舰

工具。1895—1896 年国会再次辩论海军问题的时候，马汉的海权理论已受到相当多议员的赞同。美国已经把国家立法与政府执法、海军执法坚定地联系在一起，把在广阔的海洋争夺控制权逐步纳入国家战略。到 1897 年，美国北大西洋分舰队已经发展成具有进攻作战能力的新型舰队，美国海军已拥有 9 艘一级战列舰、2 艘二级战列舰和 2 艘重装甲巡洋舰，海军实力由原来的第 12 位跃居世界第 4 位。

　　马汉终于等到了将理论真正与国家政策结合并付诸实践的契机。

　　后来成为美国总统的西奥多·罗斯福（1858—1919）与马汉私交甚密、思想相通。1890 年，当罗斯福读到《海权对历史的影响》

1898 年 5 月 1 日，在马尼拉湾战役中，美国战舰"奥林匹亚号"带领美国亚洲中队在卡维特附近摧毁西班牙舰队

一书时，立刻写信给马汉说，该书是"我所知道的这类著作中讲得最透彻、最有教益的大作"，是"一本非常好的书——妙极了。如果我不把它当作一部经典的话，那就大错特错了"。1898 年美西战争时，罗斯福担任海军部长助理，他非常重视马汉的"严密封锁哈瓦那、马坦萨斯和古巴西部"等建议，并以战略的眼光对西班牙所占的太平洋上的岛屿进行审视，在封锁古巴海域的同时，派一支分舰队跨越 6000 海里赴菲律宾作战。这场战争使美国获得了对加勒比海地区的控制权，从西班牙手中获得了波多黎各、关岛和菲律宾，并在夏威夷乃至萨摩亚群岛上站住了脚。占领这些地域的重要性，马汉早已论述过，但这些战略思想能够实现，罗斯福的影响不可低

1907 年，美国的大白舰队环行世界

估。l901 年，罗斯福成为美国总统，马汉的海权理论理所当然地被带进了白宫。从此，历代美国总统再也没有任何摇摆和彷徨，他们坚定地发展海权，坚定地运用海军控制全球的海洋。

青出于蓝而胜于蓝。美国得到了海权理论的丰厚回报，超过了所有捷足先登的海权国家。美西战争使美国的势力成功扩张到了西太平洋，美国在世界上树立起一个新的海权大国的形象。军事政治实力的增强，使美国大胆地提出了"门户开放"的政策，将侵略触角进一步伸向亚洲，伸向中国。西奥多·罗斯福入主白宫以后，将马汉"建立一支具有机动能力的海军，并在海外建立足够的加煤基地""占据中央位置"等建议奉为信条，上任伊始，便责成美国政府修建巴拿马运河，了却了马汉 1880 年以来就深藏于心底的心愿。l905 年，西奥多·罗斯福获得国会批准，建造了 10 艘一级战列舰、4 艘装甲巡洋舰和 17 艘其他舰艇。1907 年，美国派遣白色大舰队环行世界，显示其国家的海军实力和国威。1915 年底，继任的美国总统托马斯·伍德罗·威尔逊（1856—1924）发出了建设一支"世界上最强大"海军的呼吁。马汉海权理论问世20余年后，成为一个西半球帝国迅速崛起的理论支柱。到1914年第一次世界大战前，美国的国民收入已达370亿美元，人均收入337美元，均排世界第一位，美国成为世界第一强国，并至今立于强国之峰巅。

美国人将马汉的海权理论奉为圣经，因为它支撑起了一个建国仅仅百余年就跃居世界前列的大国。

这就是理论的威力！

日本天皇的"明"与"治"

在世界工业革命大潮和海洋大潮中，在先后崛起的、几乎清一色的西方海权国家行列里，有一个东方国家，它不仅没有沦为西方列强的俎上之肉，反而跻身于强国之林，成为近代东亚唯一一个逃脱了殖民地命运的国家，被称为一个"重大的例外情况"，这就是日本。

"黑船"事件

1853年夏，日本江户湾浦贺港闯入4艘周身漆黑的美国大型军舰。美国东印度舰队司令、海军准将马修·佩里从2500吨的"萨斯奎汉那号"旗舰上走下来，他是这支海军远征舰队的统帅，他的岛国之行的使命是强迫日本结束"锁国"时代，打开封闭的国门。次年，佩里又统率一支规模更大的远征舰队，再次兵临江户城下，与日本签署了两国近代历史上第一个不平等条约——《日美亲善条约》。

19世纪日本木刻版画中佩里（中）和其他美国海军军官的形象（1864，美国国会图书馆藏）

　　"黑船"事件引起了不亚于火山爆发的全日本大震动。与遭遇鸦片战争的中国一样，日本也处在了西方殖民主义的炮舰威胁之下，面临着被鱼肉、被宰割的民族危机。

　　日本和中国太接近了。一衣带水的地理位置、源远流长的文化融合，使两个民族的思想氛围和文化心态都太接近了，因而也造就了太接近的历史。

　　日本曾经是以中国为师的。考古证明，公元前3世纪，日本已通过朝鲜半岛学会了中国大陆上以青铜器和金属农耕器冶炼制作为代表的先进技术。5世纪时，日本接受了汉字和儒家经典。公元645

16世纪日本的安宅船（atakebune）。安宅船是约在日本战国时代开始出现的近海大型战船，传说其大者可达50米长、10米宽，称为"大安宅"（16—17世纪，东京国立博物馆藏）

年，日本发生"大化改新"，效法中国唐朝体制建立了以天皇为中心的中央集权政治制度。日本历史学家井上清说："日本社会就是这样恰如婴儿追求母乳般地贪婪吸收了朝鲜和中国的先进文明，于是从野蛮阶段不久进入了文明阶段。"

日本的闭关锁国是不是跟中国学的尚没有史料佐证，但几乎如出一辙却是事实。16世纪以后，葡萄牙、西班牙、荷兰、英国的船只纷至沓来，西方殖民大潮也开始不断冲击着日本的海岸线，其中以荷兰影响最大，由此日本国内在思想文化上兴起一股向西方学习的"兰学"思潮，对腐朽的封建幕府统治形成威胁。1633年，日本

两艘荷兰桨帆船和一些中国平底帆船在出岛（日本江户时代幕府为执行锁国政策在长崎建造的人工岛，在 1641 年到 1859 年期间，荷兰人被允许居留此处）与日本进行贸易（17 世纪）

德川幕府发布了第一个"锁国令"，此后又连发 4 次，于 1639 年完成锁国体制。除留长崎一处与中国和荷兰进行有限贸易外，其他所有港口全部关闭，将其他国家的贸易和文化交流一律拒之门外。此后的 200 余年，当荷、英、法、美等西方国家轰轰烈烈地进行资产阶级革命，相继步入工业革命时代的时候，大和民族蜷缩在以海洋为阻隔的东方一隅中，同比邻的中华民族一起，在中世纪的梦中酣

睡着。谁又能说他们的闭关锁国不是在利用海洋呢？他们在利用海
洋的屏障作用。然而，他们的海洋价值观，实在是离世风太远了。

　　日本锁国只锁住了自己，却锁不住西方殖民主义的脚步。以蒸
汽为动力的轮船问世后，世界明显变小了，万顷波涛、天涯海角都
不再不可逾越和不可抵达。西方殖民扩张的势头越来越猛，越来越
具有近代资本主义的性质。日本没有，也不可能彻底摆脱西方列强

19世纪日本画家所绘1853年闯入日本江户湾浦贺港的美国蒸汽动力船（1860—1900，大英图书馆藏）

频频叩关的困扰。18世纪末，日俄已酿成尖锐的北方领土之争。除沙俄以外，从1794年到1823年的30年间，英国前来活动过8次；美国来过3次；从1824年到1854年的30年间，英、美又各来了11次，法国也来过2次，各国共同的首要目标是敦促日本开国通商。列强狼眈虎视着亚洲的东方，日本与中国一样，成为西方列强垂涎欲滴、急欲开拓的一块处女地。

《易经》曰：履霜坚冰至。脚踏薄霜就当思坚冰将至。事实上日本早已有"履霜"的感觉了。日本"锁国"后，还留了长崎一个窗口，大千世界的新鲜空气，时不时通过这小小的窗口挤进日本。日本将外部世界的传闻、传说统称为"风说书"。上述各国叩关的"风说书"，自然也少不了。直至"黑船"事件前，最引起日本朝野震动的，是"阿片（鸦片）风说书"传播的中国鸦片战争的消息。一时间，舆论沸沸扬扬。

"鉴前车"之议诚为警世良言。

——幕府总理政务的高级官员水野忠邦说，鸦片战争"虽为外国之事，但足为我国之戒"。

——水户藩主德川齐昭说，"清朝鸦片烟之乱，乃前车之覆辙"。

——山田方谷有诗曰："勿恃内海多礁砂，支那（中国）倾覆是前车"。

"戒履霜"之论则更是警世钟声。

——"今观满清鸦片之祸，其由不戒于履霜矣。"

——"西海之烟氛，又庸不知其为东海之霜也哉。"

——"休言胜败属秦越，自古边筹戒履霜。"

是的，日本早就在"履霜"，也早就该借中国之前车"戒履霜"了。然而，掌权的德川幕府无动于衷，文人的清谈又有何用？如今，"黑船"的到来，造成门户洞开的现实，日本又何止在履霜，日本已履坚冰之上了。先师的教条已经不灵，炮口下念"子曰……"显然更非明智。日本当何去何从？

1853年，幕府撤销了禁止造大型船舶的命令，一个月后，便向荷兰订购军舰；1855年，开办长崎海军传习所，聘荷兰人执教；1861年建长崎造船所；1865年开设横滨制铁所……日本著名人士佐久间象山的《海防八策》、佐藤信渊的《海防战防录》备受瞩目、纷纷

长崎海军传习所。幕府的海军军官在此处接受荷兰教员的培训（Nabeshima，1860—1863）

出笼，中国人魏源的著作《圣武记》《海国图志》也得到了比在中国国内更受重视的传播。日本人在探索今后的道路，他们不能不正视西方列强都来自海洋和自己国家周围环海的现实。

日本被迫开国后与美、英、俄、法、荷签订了《亲善条约》《修好通商条约》等一系列不平等的条约，使日本的经济、政治主权开始逐步丧失。列强在日本设居留地，建造"国中之国"，在居留地内开设工厂企业、仓库基地、商行银行，垄断日本的贸易，控制日本的经济命脉。列强还在居留地内驻屯军队，建立军事基地，并策动瓜分日本领土的活动。整个日本列岛风云巨变，原有的封建经济秩序被打乱，经济活动被强制性地纳入世界资本主义体系，民族矛盾和阶级矛盾空前激烈，社会处于变更前的大动荡之中，由此爆发了先是"攘夷"后是"倒幕"的反封建运动。

日本画家对幕末时代的通货膨胀和物价飞涨的象征性描绘（1868 年前，日本货币博物馆藏）

这就是日本明治维新前的社会背景。

"向明而治"

（1）广兴会议，万机决于公论；

（2）上下一心，盛行经纶；

（3）官武一途以至庶民，各遂其志，人心不倦；

（4）破旧有之陋习，基于天地之公道；

（5）求知识于世界，大振皇基。

1868 年，江户城紫辰殿内，公侯肃立，齐诵《五条御誓文》，率领者是新登基的天皇睦仁（1852—1912）。他建立了以天皇为中

明治天皇（1888）

心的君主立宪制政府，年号定为"明治"。"明治"取自中国《易经》中"圣人面南而听天下，向明而治"一句。他果真能"明治"天下吗？"明"向何方？如何而"治"？一个比挨打的中国还要落后的东方小国，能够从此振兴起来吗？

举国为之翘首，世界为之哗然。的确，在这个强国如林的世界上，在这片炮舰横行无忌的海洋上，和所有的东方国家一样，日本的雄心壮志来得太晚了。明治天皇必须找到一条能够使日本后来居上的道路。

他需要突破口，需要捷径。东亚文明为什么衰落？西方文明为什么勃兴？明治天皇需要思考，需要比较，需要鉴别。当然，他一时不可能完全想明白，但历史告诉他，直觉告诉他，西方列强之兴，靠的是那片至大至阔的海洋。跨海而来的西方国家，从葡、西、荷到英、法、俄、美，哪一个不是这片蓝水的主人？哪一个不是通过这片蓝水又做了海外列弱民族的宗主？他的目光转移到环绕自己国土的这片蓝水上。日本也拥有海洋，为什么却做了它的奴隶？为什么要将它当作禁锢自己的雷池而从不逾越一步？他看清了，这就是自己国家落人之后、受人奴役的症结所在。

他决心奋起，决心越出这传统的"雷池"。而眼前，他面临这样一个严酷现实：日本已经落后了，是在政治、经济、军事上的全面落后。日本几千公里的海岸线，已经是无处不门，无处不口。日本的当务之急，是保国保种，保住自己安身立命的土地。他看准了，只有发展西方列强最看好的海军，才能以其人之道还治其人之身；他看准了，唯有兴海军，才能兴日本。

于是，一道"安抚万民之亲笔诏书"（又称"御笔信"）降予大和臣民。天皇要"继承列祖列宗的伟业""拓万里之波涛，布国威于四方"。军务官（后为兵部省）首当其冲，最先提出奏折："耀皇威于海外，非海军莫属，当今应大兴海军"。1868 年 10 月，明治天皇在该奏折上批示："海军建设为当今第一急务，应该从速奠定基础。"1869 年，兵部省提出："海军应采用英国方式""陆军应采用法国方式"。明治天皇再次给予首肯。1870 年 3 月，兵部省向英国派出了学习海军的留学生，并开办海军操练所（江田岛海军兵学校前身）。

日本不愧是一个善于学习的民族。它不但善于学习别人的成功经验，而且善于汲取他人失败的教训，更为可贵的是，他们学而不倦，从不故步自封；他们不拘泥传统，敢于学习一切先进的东西。

日本海军的第一艘铁甲舰——东舰。该舰 1864 年在法国波尔多建造，1869 年由明治政府购入

英国制造的"龙珠号"铁甲舰。到 1881 年为止，此舰一直是日本帝国海军的旗舰

此刻，他们毅然决然地抛弃了传统的中国先师，转而拜英、法、荷、德等西方国家为师，以便"在未败之前学到西洋之法"。在日本人看来，中国并非没有找到真正的良策，日本特别推崇的《海国图志》《圣武记》《瀛环志略》等书，都是中国人所作，只不过中国"断之不行，行之不速"，而日本则要速断速行斩钉截铁，决不能贻误时机。

1870 年，日本兵部省向天皇提出了一个发展海军的《建议书》，该《建议书》在详细研究了世界形势和英、法、美、德、俄、奥、荷 7 个强国军备情况的基础上，以 7 国的国防力量为参照系，确定了俄国为日本的第一假想敌，制订了 20 年内拥有大小军舰 200 艘、常备军 25000 人的海军发展计划。《建议书》说：

> 近期世界形势剧变，国际交往频繁，口头高唱公平协商，实则各怀私心，甚至吞并邻国据而有之；或者开辟良港，使之成为贸易的门户；广泛使用蒸汽船，相隔遥远亦能自由往来，五洲已近若比邻……
>
> 皇国是一个被分割成数岛的独立于海中的岛国。如不认真发展海军，将无法巩固国防。当今各国竞相发展海军，我国则十分落后。因此，他国对我国殊为轻视，出言不逊，甚至干出不法之事。若我国拥有数百艘军舰，常备精兵数万，那么他国便会对我敬畏起来，哪里还敢有今日之所为？故海陆装备精良与否，实关皇国安危荣辱……

日本最终走上穷兵黩武的军国主义道路，那是后来的事。此时明治天皇选择的富国强兵的道路——准确地说是强兵富国的道路，

"咸临丸号"——日本第一艘装备螺旋桨的蒸汽动力护卫舰，由荷兰制造

千代田号——日本第一艘国内制造的蒸汽动力炮舰

是顺应时势的理智之举，它建立在对世界形势透彻的分析上，有相当的理论准备，是名副其实的"向明而治"。

　　一个被强行纳入世界资本主义体系、成为资本主义列强从属国的日本，没有西方资本主义原始积累时代的那种任意发展海外贸易、大肆掠夺海外殖民地的社会条件及能力，国不富而兵要先强，而且是要强花费巨大的近代化的海军，这"无米之炊"自然很难为。但

1868 年底，16 岁的明治天皇将治所从京都迁往东京，因为东京地处海滨，更加开放（*Le Monde Illustre*，1869）

是，日本只有这一个选择，否则将会成为他国俎上之肉。这个不得已而为之的选择，又成为日本近代化的龙头。海军是与近代工业和科学技术直接相关的军种，这种强烈的军事需求必将推动相关行业和科技的发展。军工企业的进步，标志着整个国家综合国力的增强，这又反作用于军事效能，使日本进入了一个持续向上的螺旋形发展阶段。这是军事经济的客观规律，日本不自觉地顺应了这个规律，因而有了成功的可能。

明治天皇就这样发动了"明治维新"，他的殖产兴业、文明开化和富国强兵三大政策，促使日本能够在列强激烈争夺的夹缝中成长，避免被殖民化。他在推行强兵富国政策的同时，也在加紧进行

1873 年成立的北海道兴业委员会札幌本部

"殖产兴业"的经济改革，大力扶持民族资本主义成长。1870 年，日本成立工业省，大力引进西方先进科学技术和经济管理制度，高薪聘请外籍专家、技术人员和熟练工人，建立并发展近代化的企业。明治天皇还派出由右大臣岩仓具视率领的数以百人计的大型使节团，用近两年的时间考察了欧美十几个国家，学习和引进资本主义先进科学技术和管理方法，以及政治经济制度、思想观念乃至生活习俗，走上从"文明开化"到"全盘西化"的道路。1872 年，日本成立国立银行，发行大量不兑换纸币，作为政府的"兴业费"；1873 年开始实行"劝业贷款"，鼓励私人兴办企业，后来索性将国营资本"廉价处理"给私人资本家，由此兴起一个产业革命的高潮。

由于财政拮据，日本海军的发展举步维艰。1870 年提出的 20

"清辉号"（模型）

年造 200 艘舰船的计划未能付诸实施；1873 年提出的 18 年 104 艘
的造舰计划，内阁同样也没有批准。然而，明治天皇却忠实践履了
《五条御誓文》中所阐发的"上下一心"的精神，从 1868 年确立
"海军建设为当今第一急务"的方针后，便不断视察海军，1872 年
确立每年 5 月 27 日为海军节；1873 年，日本聘请以英国海军少校道
格拉斯为首的 34 人教官团来日，使海军教育走上了正规化；1875 年，
海军兵学校第一批毕业生远航旧金山和夏威夷；1878 年，日本自己
制造的"清辉号"到欧洲访问。总航程达 22854 海里，停靠港口 60
余个。日本海军显示了国威，世界为之刮目相看。英国《先驱论坛
报》这样报道说："只要看一看清辉号军舰，就足以推测日本国文
明开化的程度。"

为了筹集海军经费，明治天皇几次命令节约内库（即宫廷经费）开支、拨宫廷费用支付海军造舰费用。1886 年，日本发行海军公债1700 万日元；1887 年，从内库中再次拨出 30 万日元，"并令文武百官一律交纳十分之一的薪俸，作为发展海军之用"；1893 年，决定在以后的 6 年中，每年从内库拨款 30 万日元（相当于皇室宫廷经费的十分之一）发展海军。议员们也主动捐献薪俸的四分之一作造船经费。日本政府以举国之力加速海军发展进程，由此可见一斑。

列宁指出："欧洲人对亚洲国家的殖民掠夺在这些国家中锻炼出了个日本，使它获得了保证自己的独立和民族发展的伟大军事胜利。"

拓万里之波涛

日本走上了资本主义发展的道路。无论自觉也好，不自觉也好，它都必须循着资本主义的基本规律指出的既定方向走。所以，它在维护自己民族独立的同时，"自己也在压迫其他民族和奴役殖民地了"。1874 年，日本以 3000 人的军队侵略中国台湾，迈开了海外扩张的第一步。

我们回顾一下到目前为止的海权发展过程：从最初保护贸易而进行海上斗争，到进行资本的原始积累而争夺海外殖民地的战争；从对殖民地的商品输出到资本输出，完全是一个资本主义发生和发展的过程，完全是一个资本主义从自由竞争走向垄断的历史过程。而日本的海权发展不同于西方国家。它既显示了对民族压迫的抗争，包含顺应历史发展大趋势的进步意义，又囿于经济政治实力而显示了一种畸形或变态的发展倾向。它既缺乏有竞争力的商品以实行经济侵略，又没有强国的地位进行政治讹诈，因而更多表现出的是诉诸武力威胁。所以，日本只要有了海军，便急于运用它达到"拓万

1874 年，日本远征军入侵台湾，遭到当地原住民激烈反抗（Yoshitoshi Tsukioka，19
世纪，早稻田大学图书馆藏）

里波涛""布国威于四方"的目的。

早在 19 世纪 60 年代，日本国内就有"就英法既得志于清，势
将转而东向，先发制人，后发制于人""取清一省而置根于亚东大
陆之上，内以增日本之势力，外以昭勇武于宇内，英法虽强，或不
敢干涉我矣"的倡议，认为与日本国防关系最密切的是福州或台
湾。进入 70 年代，以攻为守的思想更加成为日本政府的主导思想。
1874 年的侵台，日本从清政府手中竟获得 50 万两白银的赔款。平
白得来的财富大大刺激了日本的胃口，因而，1879 年，日本再次出
兵侵占琉球。两次小试锋芒，两次轻易得手，日本终于领悟了以赤
裸裸的军事手段解决经济问题的"真经"。

对于"真经"，日本一旦认定，便不顾一切地去取法，这就是
日本民族的性格。1880 年，时任参谋本部长的山县有朋（1838—

琉球首里城欢会门前的
日本士兵（1879）

1922）在《邻邦兵备略》中提出，"强兵为富国之本，而不是富国
为强兵之本"。于是发展海军便成为理所当然，经费也得到了不遗
余力的解决。1894 年，日本悍然挑起中日甲午战争，海军照例为日
本立下了头功。甲午一战，除割占台湾及澎湖列岛之外，日本还从
中国掠得了两亿三千万两白银，这笔巨款成为其最重要的"资本的
原始积累"。

甲午战争使日本大捞了一把，黄金储备骤增。1897 年建立了金
本位货币制度，使日本货币纳入了国际货币金融体系，从此，日本
资本主义得到了一个飞速发展的机会。综合国力的增强，使日本的
海军、陆军也得到了进一步加强，于是日本便敢于向多年欺侮他们
的俄国挑战了。1904 年，日本海军悍然对驻扎在中国旅顺口的俄国
海军发动突然袭击，挑起了日俄战争。日本海军先在旅顺口后在黄
海和对马海峡与俄国太平洋舰队、海参崴舰队和最后赶来的波罗的
海舰队展开了规模空前的大海战，再次获得了胜利。1905 年日俄签订
和约，沙俄被迫承认了日本在朝鲜的特权；从中国东北撤兵，将旅顺

1904 年 12 月，俄国装甲巡洋舰"帕拉达号"在日舰围攻旅顺口的战役中受岸基炮火重创

口、大连等地的领海、领土租借权和中东铁路让与日本；将库页岛南部的主权让与日本；将濒临日本海、鄂霍次克海及白令海峡的俄国治海渔业权交给日本。日本从战争中又一次获得了巨大的利益。

　　1854 年，佩里的美国"黑船"舰队第二次进入江户湾的时候，船上有一个被雇用提供摄影服务的中国人，名字叫罗森。他在香港英华书院出版发行的中文月刊《遐迩贯珍》中披露了这次日本之行。罗森记录了这样一件事："日本人酷爱中国的书法和诗词。在日期间，很多日本人要求他在扇子上写字录诗，一月之间，从其所请，不下五百余柄"，完全是一个被崇拜的先生的形象。然而，不足半个世纪，先生却败在了学生的手下。当孙中山、康有为及其前后大批的中国先进知识分子浮海东渡日本的时候，完全是扮演学生的角色。一个"天朝大国"沦为半殖民地、半封建的苦海，而当年的"蕞尔小国"却跻身于世界强国之林。无可辩驳的事实告诉人们：识海权者国家兴，不识海权者国家衰。

中国近代海军的"自强"

鸦片战争的失败、割地赔款的《中英南京条约》的签署，无情地将曾经强盛至极的中华民族推入了一个灾难深重的黑暗世纪。进入 19 世纪 60 年代，一场以发展近代军事工业特别是近海海军为核心的洋务运动兴起，一部以"自强"为理念的中国近代海军的沉重历史开篇了。

再次面临机遇

鸦片战争促使中国士大夫阶层中的一批开明人士开始"睁眼看世界"，林则徐、魏源等就是他们中的杰出代表。林则徐在广州禁烟期间亲自主持译编了《四洲志》；魏源以《四洲志》为基础编著了 100 卷本的《海国图志》，全面介绍世界各国的历史、地理、政治、经济、军事、科学技术、宗教和文化。他们有了世界眼光，产生了"师夷长技以制夷"的思想。他们直观地认为，"夷之长技，一战舰、二火炮、三养兵练兵之法"，主张必须老老实实地向拥有"坚船利炮"先进武备的西方各国学习，建立海防，发展海军。在 19 世纪 40 年代闭关锁国的铁桶天下，他们给腐朽的中国社会注入了一股清新的空气，也为 20 年后的中国自强运动做了理论准备。

在探讨中国以"自强"为目标的近代化运动之前，我们来盘点一下以西方工业革命为背景的海军装备技术和战术的发展进程。

林则徐坐像（Alexander Murray，*Doings in China*，1843）

魏源像（清 叶衍兰《清代学者像传》）

　　从18世纪后半叶到19世纪中叶，主要以蒸汽机的发明和应用为基本特征的工业革命兴起，这场革命从英国开始并向西欧国家扩散，其物质基础是煤和铁。19世纪初，美国人富尔顿率先造出了蒸汽机明轮船。在1812年美英之间的战争中，美国海军使用了这种装有火炮的蒸汽机军舰。此后，英国和法国海军也相继造出了蒸汽舰。19世纪30年代，螺旋桨逐步替代了明轮，铁壳船开始出现。

这一时期，蒸汽舰船与风帆战舰并存，木质舰体、风帆和发射实心弹的前滑膛火炮技术还照旧，整体特征仍处于风帆火炮时代。到1840 年鸦片战争时，英国人使用的也还是老式的以风帆为动力的木质舰船，其海上机动能力受到风力和海潮洋流等自然因素的多重制约。1853 年俄国与土耳其的克里米亚战争中的锡诺普海战，是风帆战舰的最后一次大规模海战，帕维尔·斯捷潘洛维奇·纳希莫夫将军（1802—1855）指挥俄国黑海舰队采取巧妙而坚决的行动，用新装备的爆破弹猛轰土耳其舰队，一举歼灭土舰队 16 艘军舰中的 15 艘。而在这场战争后期的海上战场，英、法两国先进的海军舰队也充分展示了蒸汽动力舰的机动性能优势，从而明确预告了风帆战舰时代的终结。它不仅确定了蒸汽动力舰在海军舰队中的重要统治地位，而且由于爆破弹对木质战舰的毁灭性攻击，导致了军舰朝着装甲化的方向发展。

从 19 世纪 60 年代开始，西方工业革命进入一个新阶段，其物质基础是电力和钢铁，工业化进程加速。海军舰船的革命趋势进入了快车道。英国海军于 1860 年造出首艘装甲舰，1861—1865 年的美国南北战争则首次将装甲舰投入了海上实战。1860 年铁壳或铁甲船在世界造船总吨位中占 38.5%，1865 年占 69.4%，1875 年达到 89.9%，铁逐渐替代木材成为造船的主材料，西方各海军强国争相完成了风帆动力舰队向蒸汽动力舰队的发展过渡。到了 19 世纪80 年代，钢又取代了铁。蒸汽机舰船功率不断提高，航速大大提升，大型蒸汽装甲舰的排水量已达到 8000—9000 吨，推进功率达到 6000—8000 马力，并用蒸汽操纵舵系统、锚泊系统，转动装甲炮塔，装填弹药、抽水及升降舰载小艇等；大口径的线膛炮淘汰了滑膛炮，射程远而命中精度高，装甲防护的旋转炮塔取代了传统单一

在美国内战期间，美国北方海军的小型装甲炮舰"莫尼特号"首次采用了封闭的回旋式炮塔。图为"莫尼特号"与南方邦联海军的"梅里马克号"装甲舰之间的汉普敦海战（Jo Davidson，1885）

舰装炮的统治地位，使舰炮火力形成一定的射击扇面，从而使舰炮的对舰攻击力得到成倍的提高。西方海军开始走向大舰巨炮的时代，海军作战的战术思想也发生了质的变化，海上机动战术诞生。

中国就是在这个时候被强行卷入这一世界性工业化浪潮中的。1856—1860 年，英法两国联合出兵发动了侵略中国的第二次鸦片战

1894 年第一次中日战争时期总理各国事务衙门官员的合影（铜版印制）。右起：孙毓汶、徐用仪、庆亲王奕劻、许庚身、廖寿恒、张荫桓

争。英法联军从海上直扑天津，登陆后攻打北京，一把大火焚毁了著名的圆明园。"庚申之变，创钜痛深。"1860 年，以清政府建立总理各国事务衙门为标志，中国启动了一个历时 30 年的工业化运动（亦称近代化运动），史称洋务运动。其实，中国这时起步并不算晚，俄国和美国都是这时才开始起飞、加速发展的，而日本明治维新还没有开始，德国甚至还没有统一。应该说，中国正当其时，中国再次面临机遇。

然而"路漫漫其修远兮"，中国的工业化以近代军事工业为核心，特别是以发展近代海军为突出代表，这一点与日本很相似，结果却大相径庭。

最初，清政府准备向英国购买一支近代化的舰队，但由于英国

福州船政局全景（1867—1871）

人要全权操纵这支舰队，设定了由英国人阿思本担任舰队司令官，悬挂外国旗号，全部雇用外国水手，中国官员一律不得过问等条件，清政府决定遣散舰队，自力更生。1862年，中国人徐寿和华蘅芳在两江总督曾国藩的安庆军械所造出了中国第一台蒸汽机和第一艘轮船。这艘孕育着中国人鹏程之志的"黄鹄号"，排水量仅25吨，航速6节。中国人需要战舰，不向西方学习不行。1865年，李鸿章在上海购下了美国人的旗记铁厂，办起了中国第一家以进口机器设备为主体的江南制造局。1866年，左宗棠聘用法国工程技术人员兴建的福州船政局开工，3年后中国仿欧制式的第一艘有蒸汽动力的木质战舰"万年清号"下水。至19世纪70年代初，两局共建成舰船21艘。

"现代的军舰不仅是现代大工业的产物，同时还是大工业的缩影。"中国没有大机器工业，没有造舰制炮的技术和人才，欲求战舰发展的急功近利，买船可谓捷径。1874年，由日本侵略台湾引发了清廷的第一次海防大筹议，清政府随即任命沈葆桢、李鸿章分别为南、北洋大臣，开始向国外购舰只发展海军。由于不懂装备技术，

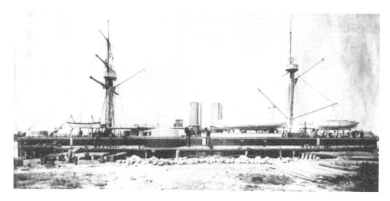

"定远号"铁甲舰

"镇远号"铁甲舰

又立足于防守，首次向英国阿姆斯特朗公司订购的 11 艘铁制炮舰（又称作蚊炮船、蚊子船）只有 400 吨左右。该炮舰船小炮大，5 门120 毫米和 150 毫米炮就重 100 余吨，体宽速缓，航速仅 9 节，只可作为"水炮台"，绝不能巡弋大洋。调整思路后，1879 年中国向英国订购了两艘钢质巡洋舰"超勇号"和"扬威号"；19 世纪 80年代初又向德国订购了两艘在远东无以匹敌的大型铁甲舰"定远号"和"镇远号"，后来成为北洋海军左、右翼编队的两艘旗舰。1884

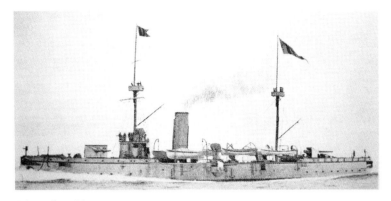

"致远号"巡洋舰

"靖远号"巡洋舰

年中法战争后,清政府决定"大治水师",总理海军事务衙门(简称海军衙门)宣告成立,海军成为国家经制兵中的一个重要的正式军种,近代中国海军的发展进入了一个黄金时期。

1887年,中国分别在英、德订购的4艘性能更为先进的巡洋舰"致远号""靖远号""经远号""来远号"抵华编入现役,与此同时,福州船政局的铁肋造船厂上马,开始仿造钢铁肋巡洋舰,19世纪80年代末90年代初下水的"广甲号""广乙号""广丙号"和"平

甲午海战前"致远号"部分官兵合影,第二排左起第四人为邓世昌

远号",性能已接近同时代的欧式战舰。1888 年 10 月海军衙门颁行《北洋海军章程》,举全国之力先行发展的北洋海军正式组建成军,中国近代海军的发展进入其鼎盛时期。

这支海军,以北洋海军为主力,拥有铁甲巨舰 2 艘、巡洋舰 8 艘、炮舰等 10 余艘,总吨位超过 40000,近代化程度接近世界强国的海军。

这支海军,以英国海军为范本建章立制,其《北洋海军章程》有船制、官制、考校、仪制、军规、简阅和武备等 14 款,是中国有史以来第一部海军建设的正式法规。

这支海军,有风华正茂、接受过正规海军教育的专业军官。其中高级军官基本上都是福州船政学堂等海军学校的毕业生,主战军舰的管带(舰长)几乎清一色都是赴西欧留学回国者,是真正的海军业务内行、一流的海军军官。

"超勇号"巡洋舰

这支海军，还拥有近代化的海军基地。清政府先在天津大沽建立了修船基地，陆续兴建几座船坞。后由于北洋海军成军，又在威海卫和旅顺口建立了两个有规模浩大的陆路岸炮防御体系和岸勤保障系统的海军基地。这两个重要基地成为北洋海军扼守北洋海上门户的强大后盾与依托。

与此同时，受到近代军事工业特别是近代海军发展的牵引，中国的机器制造、枪械火炮、铁路、港口，以及钢铁、煤炭等行业的发展都大大推进了。

中国，似乎又抓住了一个后发的机遇。

甲午年大悲剧

1882年，中国的"超勇号"和"扬威号"两舰出现在朝鲜海峡和日本海，成功平息了朝鲜的"壬午之变"；1886年朝鲜巨文岛事件，北洋舰队派出"定远""镇远"等 6 艘主力战舰在海参崴至长崎一线游弋，再施威慑；1888 年北洋海军成军后，每年夏秋在朝鲜、日本东海岸和海参崴海域一带，冬春在香港、新加坡、西贡、马尼拉等周边地区进行远洋训练和舰队出访等活动，构成了远东海上威慑。

中国海军的发展使日本如芒在背。从 1880 年，时任参谋本部长的山县有朋在《邻邦兵备略》中就提出"强兵为富国之本，而不是富国为强兵之本"，为海外扩张张目，并首当其冲地发展海军。这一时期日本向英国订购的 3 艘巡洋舰"扶桑号""金刚号"和"比睿号"，性能都大大超过中国。此时，针对中国的"超勇"和"扬威"，日本在 1883 年即通过了 8 年造舰计划，向英国订购了吃水量 3709 吨，配备 260 毫米炮 2 门、150 毫米速射炮 6 门，航速 18 节的"浪速号"和"高千穗号"巡洋舰；加快自造战舰步伐，提高战舰性能。1886 年下水的"葛城号""大和号""武藏号"，已基本与中国的"超勇号""扬威号"等量齐观。这一年，中国的"定远号"出现在长崎，强烈刺激了日本的民族情绪，引起举国震动，连小孩玩的游戏都叫"打定远"。针对"定远""镇远"两舰，日本政府建造了"三景舰"，即"松岛号"海防舰、"严岛号"海防舰和"桥立号"海防舰，虽无装甲，但吃水量均为 4278 吨，主炮的口径大于"定远""镇远"两舰，"松岛"后来成为日本联合舰队本队的旗舰。同时，《征讨清国策案》出笼，主张在 5 年内完成对中国的战争准备。1888 年，已任首相的山县有朋将朝鲜半岛定为日本的"利益线焦点"，1890 年进一步提出保护利益线的侵略理论，两次提出海军扩张案，购买和建造性能在当时世界上首屈一指的"吉野""秋津洲"等巡洋舰，使其海军整体实力赶上并部分超过中国海军。1893

松岛号"海防舰

"吉野号"巡洋舰

年日本天皇设置由其直接统辖的战时大本营，海军参谋部独立，制定了 3 套作战预案，其中第一套预案即是以夺取制海权为中心的海军制胜的方案。日本有节奏地、快速地完成了战争准备。更为重要的是，在日本全力准备对中国的战争的时候，美国资产阶级的战略思想家马汉的海权理论问世，日本立即引进并奉为圭臬，使其明治维新以来不断发展的海权意识更具理性色彩，对海军的运用也达到了一个新的高度。

可惜的是，在日本岛国的对岸，中国海军的发展却进入停顿状态。1891 年夏初，北洋海军进行了第一次大规模校阅。李鸿章一行先是抵达大连湾，"北洋各舰沿途分形布阵，奇正相生，进止有节。夜以鱼雷六艇，试演泰西袭营阵法，兵舰整备御敌，攻守并极灵捷，颇具西法之妙。次日驶往三山岛，调整各舰鱼贯打靶，能于驶行之际命中及远。旋以三铁舰、四快船、六雷艇演放鱼雷，均能中靶"。接着，李鸿章一行乘舰由旅顺口抵达威海卫，"是夜合操，水师全军万炮齐发，无稍参差，西人纵观亦皆称羡"。李鸿章甚是得意，向朝廷报告检阅情形时称："北洋兵舰合计二十余艘。海军一支，规模略具，将领频年训练，远涉重洋，并能衽席风涛，熟精技艺……综核海军战备，尚能日异月新，目前限于饷力，未能扩充，但就渤海门户而论，已有深固不摇之势。"

奏章固然是为了报功，但其产生的副作用李鸿章始料未及。奏章似乎消除了清朝统治者对海防的忧虑，从此再不投资购舰。1891年中日舰队互访，北洋海军提督丁汝昌、"定远舰"管带刘步蟾已发现日本战舰性能更优越，建议从速购置新型战舰和速射炮，但中国最高决策者置若罔闻。1894 年夏初李鸿章对北洋海军进行第二次大检阅后，忧心忡忡地向朝廷提出："西洋各国，以舟师纵横海上，船式日异月新。臣鸿章此次在烟台、大连湾，亲诣英、法、俄各铁舰详加察看，规制均极精坚，而英尤胜。即日本蕞尔小邦，亦能节省经费，岁添巨舰。中国自（光绪）十四年北洋海军开办以后，迄今未添一船，仅能就现有大小二十余艘勤加训练，窃虑后难为继。"

李鸿章的担心的确不是多余。至甲午战前，远东海面上出现了中日两支近代化的海军。中国海军由北洋、南洋、福建、广东 4 支舰队组成，共拥有大小舰船 78 艘，鱼雷艇 24 艘，总吨位 80000 余吨；日本海军编成常备舰队和西海舰队（甲午海战时合编为联合舰队），共拥有舰船 31 艘，鱼雷艇 24 艘，总吨位 60000 余吨。究其舰艇数量，中国强于日本，但从主战舰艇的质量来说，日本则优于中国。

对这场迟早要发生的战争，日本判断：目前欧洲正保持均势，不会马上发生战乱。对东方的侵略，将在 10 年后俄国西伯利亚铁路全线通车时爆发。所以日本必须抓住时机，尽快取得朝鲜，并对华作战。于是，日本全力开动战争机器，准备战争。中国也并非未看到战争的危险，但判断俄国有意保护朝鲜，英日则都不愿意俄插手朝事，而英日合流又是俄国所不愿意看到的，其间有矛盾可以利用，便寄希望于"以夷制夷"，认为靠俄、英调停，制止战争是可能的，根本未作开战打算。

战争在寂静的战场上酝酿，日本处于进攻态势，棋高一着。

1894 年，朝鲜爆发大规模的"东学党"农民起义。磨刀霍霍的日本终于寻觅到难逢的战机。6—7 月间，日本当局一方面处心积虑地引诱中国出兵，编织发动战争的借口；另一方面紧锣密鼓地调兵遣将，完成了一切战争布局。7 月 25 日，日本联合舰队在朝鲜西海岸中部的丰岛海域不宣而战，突然袭击了中国赴朝运兵舰队，拉开

日本画家所绘之丰岛海战场景（Kobayashi Kiyochika，1894）

了中日甲午战争的序幕。

丰岛海战是日本海军有组织有计划的偷袭活动，参战的"吉野""浪速""秋津洲"3舰均是日本海军战斗力最强的主力，在性能方面处绝对优势。战斗中，护航的中国"济远舰"大副沈寿昌、三副柯建章都壮烈牺牲，全舰伤亡50余人；"广乙"表现也很英勇，多次试图对"秋津洲""吉野"实施鱼雷攻击，终因舰艇性能不如敌方，受重伤后在朝鲜西海岸焚毁；运兵船"操江号"被俘，"高升号"拒绝投降，被鱼雷击沉。中国海军损失惨重。

战争已经打响。中国政府的战略重点仍在于外交努力。此前，俄国因西伯利亚铁路的修建、远东作战力量准备不足，以及担心声援中国促成英日联手等原因，决定退出这个政治漩涡，中国乞求俄国调停战争的努力实际上已经失败。此时，由于"高升号"是租用的英国船，中国政府又企望英国介入。然而中国始料未及的是日本

"高升号"被击沉后，
法国"Le Lion号"救
援幸存的水手（*Le
Petit Journal*，1894）

战前已经与英国达成了默契，中国再次失算。8月1日，中日双方
正式宣战。8月7日，英国及其他各国宣布中立。

　　战争得不到限制，则必然升级。日本陆军在朝鲜半岛发起强大
的北进攻势，海军则积极在海上寻找北洋舰队的主力决战，以实现
"聚歼清国舰队于黄海"、夺取制海权的计划。9月17日，日本联合
舰队终于在鸭绿江口的大东沟海面与刚刚完成护送陆军至朝鲜任务
准备返航的北洋海军相遇。中日两支实力相当的近代化舰队按照各
自战术思想布阵，进行了世界海战史上著名的黄海海战。

黄海海战北洋舰队主战舰艇

舰名	舰种	吨位	马力	航速（节）	主要兵器		鱼雷发射管	乘员	管带	制造国
					炮种	数量				
定远	铁甲	7335	6000	14.5	305毫米 150毫米	4 2	3	331	刘步蟾	德国
镇远	铁甲	7335	6000	14.5	305毫米 150毫米	4 2	3	331	林泰曾	德国
经远	装甲巡洋	2900	5000	15.5	210毫米 150毫米	2 2	4	202	林永升	德国
来远	装甲巡洋	2900	5000	15.5	210毫米 150毫米	3 2	4	202	丘宝仁	德国
致远	巡洋	2300	5500	18.0	210毫米 150毫米	3 2	4	202	邓世昌	英国
靖远	巡洋	2300	5500	18.0	210毫米 150毫米	3 1	4	202	叶祖珪	英国
济远	巡洋	2300	5500	15.0	210毫米 150毫米	1 2	4	204	方伯谦	德国
平远	巡洋	2100	2300	11.0	260毫米 150毫米	2	1	145	李 和	中国
超勇	巡洋	1350	2400	15.0	250毫米	2		135	黄建勋	英国
扬威	巡洋	1350	2400	15.0	250毫米	2		135	林履中	英国
广甲	巡洋	1296	1600	14.0	150毫米	2		145	吴敬荣	中国
广丙	巡洋	1030	1200	15.0	120毫米	3		110	程璧光	中国

黄海海战日本联合舰队主战舰艇

舰名	舰种	吨位	马力	航速（节）	主要兵器		鱼雷发射管	乘员	管带	制造国
					炮种	数量				
吉野	巡洋	4225	15968	22.5	150毫米速射 120毫米速射	4 8	5	385	河原要一	英国
高千穗	巡洋	3709	7604	18.2	260毫米 150毫米速射	2 6	4	352	野村贞	英国
秋津洲	巡洋	3150	8516	19.0	150毫米速射 120毫米速射	4 6	4	314	上村彦之丞	英国
浪速	巡洋	3709	7604	18.0	260毫米 150毫米速射	2 6	4	352	东乡平八郎	英国
松岛	海防	4278	5400	16.0	320毫米 120毫米速射	1 12	4	355	尾本知道	法国
千代田	巡洋	2439	5678	19.0	120毫米速射	10	3	306	内田正敏	法国
严岛	海防	4278	5400	16.0	320毫米 120毫米速射	1 11	4	355	横尾道昱	法国
桥立	海防	4278	5400	16.0	320毫米 120毫米速射	1 12	4	355	日高壮之丞	日本
比睿	巡洋	2284	2515	13.5	170毫米 150毫米速射	2 6	2	321	樱井规矩之左右	日本
扶桑	装甲巡洋	3777	3777	13.0	280毫米 150毫米速射	4 4	2	345	新井有贡	英国
西京丸	巡洋	4100		15.0	120毫米速射	4			鹿野勇之进	日本
赤城	炮舰	622	1963	10.3	120毫米速射	4		126	坂元八郎太	日本

北洋海军开始参战的 10 艘主力战舰排出 5 列小队："定远""镇远"为第一小队；"致远""靖远"为第二小队；"来远""经远"为第三小队；"济远""广甲"为第四小队；"超勇""扬威"为第五小队。每小队两舰错开 45 度，舰队鱼贯而行。在接敌过程中，北洋海军变阵为雁行横队，由于舰速等原因，显现了一个"人"字形。日本联合舰队 12 艘战舰也在高速向北洋海军接近。航速较高的"吉野""高千穗"、"秋津洲"和"浪速"4 艘组成第一游击队；"松岛""千代田""严岛""桥立""比睿"和"扶桑"6 舰组成本队，成纵队鱼贯跟进，为保护乘坐"西京丸"观战的军令部长桦山资纪的安全，该舰与"赤城号"转移至本队左舷。

　　中午 12 时 50 分，北洋海军旗舰"定远"的 305 毫米前主炮发出先发制人的第一炮。然而，海战刚一打响，"定远"发炮震坍了舰桥，正在上面指挥战斗的丁汝昌坠落甲板摔伤，不久，信号装置又被日舰击毁，北洋海军失去了统一的战场指挥。而日军第一游击队则利用舰速优势，猛攻北洋海军右翼的弱舰"超勇""扬威"，将二舰击沉。北洋海军亦重创日舰"比睿""赤城"，"赤城"舰舰长坂元八太郎被击毙。二舰逃出战列。

　　下午 2 时 30 分，日联合舰队的两个战术分队对北洋海军形成夹击之势。北洋海军"平远""广丙"前来参战。战场上兵力对比是 10：10。日舰第一游击队实施正面攻击，本队在背后策应，战术灵活，北洋舰队腹背受敌，"平远"被重创，"定远"被击中起火，"致远"在多处中弹受伤的情况下，管带邓世昌下令开足马力，准备与日"吉野"舰同归于尽，不幸被鱼雷击中沉没，全舰 250 余名官兵全部牺牲。日舰第一游击队咬住"经远"，环攻不已。"经远"以一抵四，管带林永升战死，战舰被击沉。战斗中，日舰"松

日舰炮火猛攻"定远号"与"镇远号"（1895，大英博物馆藏）

岛""西京丸"也被多次击中，"西京丸"逃离战场。至此时，黄海战场北洋海军只剩下"定远""镇远""来远""靖远"4舰，而日舰除"比睿""赤城""西京丸"三艘弱舰逃离外，其他9艘主力战舰俱在，战场兵力对比4∶9，对北洋海军极为不利。

下午3时20分以后，日舰两个战术群分别行动，第一游击队全力进攻"靖远""来远"，本队5舰则缠住"定远""镇远"。北洋海军4舰将士拼死战斗，力挽危局，重创日舰队旗舰"松岛号"，迫本队转舵南遁。至5时45分，日联合舰队司令伊东佑亨发出"停止战斗"的信号，第一游击队也退出战斗，历时近5个小时的黄海海战结束。

黄海海战是迄今为止中国历史上的最大一次海战，也是世界历史上近代化蒸汽装甲舰队创榛辟莽的一次海战。参战的中日主战舰艇都是英、法、德 1880—1893 年间制造的具有比较成熟的近代化装备技术的军舰。双方编成了正规的近代化舰队，使用火炮、鱼雷等近代海战武器，尤其是战列舰、巡洋舰等不同舰种的战术运用，大编队、分散、协同等交替使用的海上机动作战，使海战声色俱备，令人耳目一新。海战中，日方立足于进攻，把舰队分成两个编队，第一游击队集中高性能的战舰，采用单纵队密集队形，充当突击机动兵力，与本队形成夹击之势。这种战术比中方立足于防守，采用同一舰型的两舰结成姊妹舰，舰首向敌，随旗舰运动，以及后来采用的"人"形横队的战术显然要优越。特别是在作战指导思想上，日本联合舰队具有强烈的夺取制海权思想，主动寻机作战，完全采取攻势，而北洋海军却不愿与敌"争锋海上"，一味"避战保船"，将一支生气勃勃的海军舰队仅用于运兵护航，将自己置于被动挨打的守势。加上舰艇总体性能上的差距，北洋海军在黄海海战中的受损程度大大高于日本联合舰队。

黄海海战后，北洋海军损失了 5 艘舰艇，但被日军视为"甚于虎豹"的"定远""镇远"还在，主战舰艇仍具备一定机动作战能力，日本海军并没有完全掌握黄海与渤海的制海权。但是，黄海海战后北洋海军没有再在海上战场实施积极有效的机动。日本海军则未经再战就获得了梦寐以求的制海权，从容不迫地在辽东半岛的花园口完成了长达 14 天的登陆，随后占领了整个辽东半岛，北洋海军失掉了旅顺口基地。12 月，日军修改作战计划，决定发起旨在全歼北洋海军的山东半岛战役。在此严重关头，北洋海军仍消极地株守军港，痛失抗敌良机，坐视日军在荣成湾登陆，占领威海卫南北帮炮台，完成了对刘公岛军港的陆海合围。1895 年 1 月 30 日，威海卫海战打响。2 月 9 日，日本联合舰队先后从海上

日军占领辽东半岛重
镇金州城

日军在荣成县荣成湾
登陆

对刘公岛发起了6次进攻。"定远""来远""靖远"和联络舰"威远"在抵抗中先后被鱼雷击伤、击沉、击毁,为避免被俘,"定远"自爆下沉,还有15艘鱼雷艇在"左一号"鱼雷艇管带王平的带领下逃出港口,结果不是触礁搁浅,便是被日军俘获。2月12日,北洋海军提督丁汝昌自杀身亡,岛上守军开始与日军洽降。2月17日,日本联合舰队驶入港内,北洋海军残存的"镇远""济远""平远""广丙"和"镇东""镇西""镇南""镇北""镇中""镇边"共10艘军舰,皆降下中国龙旗而易之以日本旗,编入了日本联合舰队,只有"康济舰"被允许悬龙旗,载着丁汝昌、刘步蟾等6位指挥官的灵柩和陆海军官兵及洋教员,在汽笛的哀鸣声中凄然

自爆后舰体严重损毁的"定远号"

离去……北洋海军至此全军覆没，甲午海战失败，随即整个甲午战争以中国战败而告终。清政府花费 2000 万两白银和 30 年心血，却给中国人留下了百年遗恨。

1895 年 4 月 17 日，中日《马关条约》签订。中国承认日本控制朝鲜；赔偿军费 20000 万两白银；割让辽东半岛（后改为赔偿 3000 万两白银）、台湾和澎湖列岛；开放沙市、重庆、苏州、杭州……

这就是战争，战争是流血的政治。

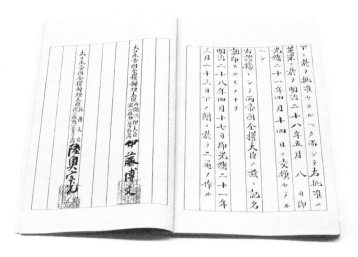

1895 年中日《马关条约》签字文本

日本从甲午战争中获得的丰厚回报令西方列强艳羡不已

"伤心问东亚海权"

《马关条约》使中国的领土和主权遭受到史无前例的侵犯。5 年后，八国联军又一次兵至中国，清政府不得不与之签订丧权辱国的《辛丑条约》，中华民族从此陷入半殖民地的黑暗深渊之中。

回眸古、近代中国的漫长历史，映入人们眼帘的是一幅展现古老东方文明发生、发展并最终趋向衰落的多场景历史画卷。在这幅蔚为壮观的画卷中，中华民族英勇搏击风浪、扬帆光耀西洋的雄壮场景令人倍感振奋；但是紧闭国门蹩处海口从而招致节节落后被动挨打的惨痛结果却使人扼腕深叹。画卷中隐藏着的海权与国家民族兴衰息息相关的历史真谛，值得我们进行认真地探寻和深刻地思索。

自 16 世纪开始，古老中华的文明由盛而衰，踏上了一条凄惨的没落暮途。历史之所以发生如此重大的转折，自然不乏复杂的政治、经济、社会结构和思想文化等诸多方面的原因，但明王朝统治阶级推行的以"禁海"为代表的闭关锁国、退居大陆的基本国策，使中国的海权意识泯灭，只见大陆，不见海洋，则是造成古老文明兴衰转折的重要原因之一。

19 世纪 40 年代以后，中国从鸦片战争的惨痛失败中认识了西方的海权。道光皇帝曾总结道，英军"恃其船坚炮利，横行海上，荼毒生灵"，而清军却"无巨舰水师与之接战，其来不可拒，其去不能追"。认识是直观的，算不上深刻，却是痛切的。此后，船坚炮利的西方列强一次次来自海上的征服、中华民族一次次由于海上藩篱尽失而造成的"创钜痛深"，使中国早期的近代化尝试别无选择地集中在发展近代海军上。这是一种历史的选择，因为当时摆在中国人民面前的当务之急，是建设一支能够抵御帝国主义侵略的强大的海军，也就是说，国家和民族的生存，系于强大的海军。为此，

漫画：列强正在尝试瓜分中国这张大饼，后面的清朝官员无力阻止

漫画："小"日本战胜了"大"中国（*Punch*，1894）

在林则徐、魏源以后的半个世纪中，无数志士仁人在探索中国海军近代化的道路上做了前仆后继的艰苦努力，希望以此为嚆矢实现中国的近代化，实现"自强"的理想，并在19世纪临近90年代时建成了一支亚洲首屈一指的海军。中国从此强盛了吗？不！甲午一战，北洋海军败给了东邻日本，海军一朝覆亡，国家从此沦落，很长一段时间再无振兴之机。

为什么中国发展近代海军得不到海权？为什么中国发展近代海军换不来国家的兴旺发达？因为，中国发展近代海军，从来都不是海权意识的产物，中国发展近代海军，从来都没有与发展海权相联系。

19世纪以后，世界已经进入了这样一个时代，每个国家，尤其是沿海国家的政治、经济、军事都无可选择地与海洋联系在一起，国家的兴衰荣辱也无可选择地与海军联系在一起。资本主义国家为贸易而向海外拓殖，为拓殖而发展海军，海洋和海军实际上已成为国家战略问题。拥有 18000 公里绵长海岸线的中国就这样被裹挟进这个世界大潮。但是中国发展近代海军并非因为认识到了这一不可抗拒的世界大趋势，而始终只是对列强炮舰政策的一种本能反应，是一种企图重新关上国门的军事防御对策。所以，其整个发展过程始终呈现一种海患紧则海军兴、海患缓则海军弛的被动、消极和短视的局面。这种低层次的国家战略，使中国近代海军的发展陷入三个不可解决的矛盾之中：

矛盾之一：中国发展近代海军缺乏资本主义经济之"源"。

从 18 世纪到鸦片战争的百年间，清政府的年财政收入大致徘徊在近 4000 万两白银的水平上，其中田赋占 70%—80%。百年经济发展的停滞实际上已等于负增长，加上鸦片贸易带来的巨额逆差，使清廷长期处于财政拮据、入不敷出的境况。因而鸦片战争时期，林则徐等人所进行的海防振兴事业，很少得到清廷经费上的支持，全靠自行筹集。到了李鸿章主持海军发展的时代，这一矛盾更加尖锐。1875 年，清政府决定从东南几省的关税和厘金中，每年抽取 400 万两为海军经费，但层层截留，从未满额，每年实际仅得 200 万两左右。由于经费紧张，不能平均使用力量，不得不集中先发展北洋海军。"现代的军舰不仅是现代大工业的产物，而且还是现代大工业的缩影，是一个浮在水上的工厂。"可见，一个没有资本原始积累的国家，一个没有资本主义经济运行机制和大工业经济结构支撑的落后国家，要发展近代海军是多么艰难。更何况，清廷顽固坚持闭关锁国政策，重农抑商，限制对外贸易，无情地扼杀了中国资本主义

福州船政局（John Thomson，1898）

的萌芽和商品经济的发展，致使中国始终没有也不可能有近代化海军发展所要求的资本主义经济之"源"。

矛盾之二：中国发展近代海军没有资本主义政治之"本"。

近代海军作为资本主义大工业的产物和先进科学技术的集中体现，其发展必须具备一定的条件，从根本上来说，就是需要资本主义的生产方式、经济结构，以及与之相适应的政治上层建筑和意识形态，如若没有，就要创造，这是不可抗拒的客观规律。发端于欧洲的工业革命促进了社会经济结构的变化，带来了资产阶级政治革命，带来了经济、政治、军事制度等一系列的近代化改革；而改革需求又进一步拉动了社会生产力的发展、科学技术的进步，进一步驱动了全球市场的形成，使西方资本主义先发国家有能力在世界范围内配置资源、索取资源、积累资本，并为此一定要优先发展近代化海军，用军事强力、炮舰政策逼迫落后国家开放市场、掠夺落后国家的财富、镇压落后国家的反抗……他们把贸易—殖民地—海军组成一个发展的链条，使"富"与"强"相辅相成、相互促进、并行不悖，这就是资本主义政治上层建筑的反作用，这就是资本主义政治之"本"的力量。中国当时是一个生产力和生产方式落后的国家，没有这样的社会政治条件。事实上，出于对外来侵略的本能反应，出于中国发展近代海军的强烈军事需求，中国开始从西方引进了大机器工业，采用了新的科学技术，培养了近代海军所必备的专门人才，使工业、科技、教育都加快了近代化的步伐，这同时也促使明末以来生长缓慢的资本主义萌芽得到较快发展，中国最初的官僚资产阶级和民族资产阶级逐渐形成，生产关系部分改变，成为新的经济结构产生的先导。

然而，中国此时的封建制度及意识形态虽然已经腐朽不堪，但体系结构仍然完备，清廷迫于形势拨出一定数量的库银发展近代化海军，但决不允许越封建生产关系的雷池一步，决不允许改变封建政治制度和意识形态，他们试图用贴着资本主义标签的西方科学技术和近代化的海军去阻挡西方国家的侵略，反过来维护、加固中国的封建主义经济基础、上层建筑和意识形态，这在根本上就是一个悖论，这也是中国近代海军悲剧性结局的政治原因所在。

矛盾之三：中国发展近代海军仅用之于"防"。

近代海军是应资本主义开拓世界市场的需求而生而长的，为了发展海外贸易和向海外扩张，他们需要与进行世界性贸易和开拓殖民地相适应的远洋舰队，需要与之相适应的战术和技术，需要与之

李鸿章创办的金陵制造局带有浓厚的官方色彩（1872）

相适应的进攻性的军事战略。因而在这一时期，几乎所有资本主义
海上强国对海权的运用都集中于海军战略上。这是以世界海洋为舞
台的海军战略，是为整个国家战略目标服务的海军战略。

　　处在这一时代的清政府，起步发展近代海军时却全然没有这样
的高瞻远瞩的国家战略。但说其完全没有国家战略意识也不确切，
它毕竟是为了保持国家政治、经济上的闭关自守而发展海军的，其

政治、经济和军事也有密不可分的联系，只不过从来没有从国家需要控制和利用海洋的高度将三者通盘筹划而去发展海军。中国发展近代海军的意识源于对海上侵略的被动反应，所以中国近代海军尚在母腹中孕育的时候就是为了防御。这与那个时代海军发展的本质要求也是相矛盾的。

中国近代海军的起步并不晚于日本，中国完全具有与日本同等的在亚洲崛起的机遇。可惜的是，中国没有海权意识，没有为争夺海权而发展海军的意识，而所谓的"自强"，是企图将一个产生于资本主义、服务于资本主义的军种纳入封建主义轨道，企图用体现资本主义先进生产力的坚船利炮去维护封建主义落后的生产关系，从而再次丧失了发展海权、振兴国家的大好机遇。"识时务者为俊杰"，中国对"时务"的认识，只限于表象而未及里，只学了皮毛而未及质。一言以蔽之，中国近代海军的失败，中国近代化的失败，是失之于海权，败之于海权。

1912 年 12 月，孙中山先生亲自任命的第一位民国海军总司令黄钟瑛逝世。孙中山先生写下了这样一副挽联："尽力民国最多，缔造艰难，回首思南都俦侣；屈指将才有几，老成凋谢，伤心问东亚海权。"有统计说，中国自鸦片战争后的百余年中，英、法、日、俄、美、德等帝国主义列强从海上入侵达 84 次，中国付出的战争赔款，仅两次鸦片战争、甲午战争和八国联军侵略战争就达 7.1 亿两白银。中国无海权则无国家之兴。中华民族为海权付出了高昂的学费、沉重的代价，令人伤心之至，教训深刻之极。

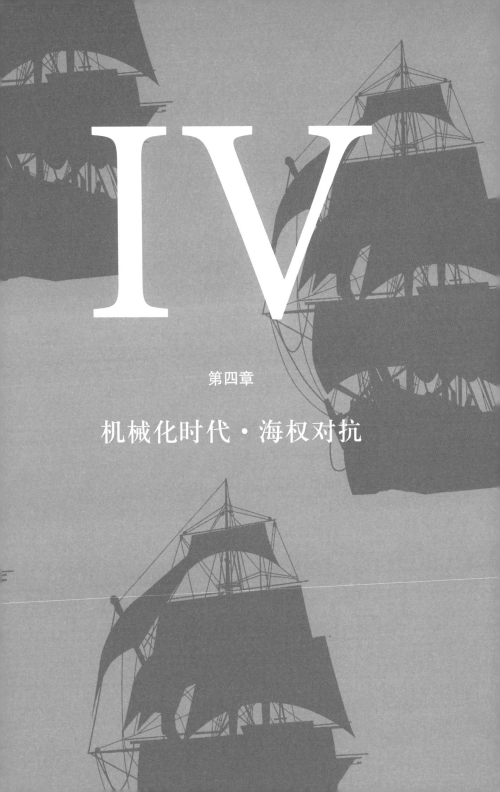

IV

第四章

机械化时代·海权对抗

进入 20 世纪，美、日、德等一批海洋国家崛起，加入重新瓜分世界的狂潮。在世界性战争需求的牵引下，新的科学技术抢先应用于海洋军事领域，一场超大规模的军备竞赛此起彼伏，造就了一个蔚为壮观的机械化时代、一个大舰巨炮横行海上的时代、一个战场拓展到三维空间的时代。

海权对抗登峰造极，海权充满血腥，海权走向了反面——成为惨绝人寰的两次世界大战的推手。

进入 20 世纪，西方列强重新瓜分世界的狂潮汹涌，在世界性战争背景之下，军事领域新科学技术的应用和竞争前所未有，造就了一个蔚为壮观的机械化时代。然而，大舰巨炮的巅峰对决、水下潜艇狼群般的出没、航空母舰的旷世大战，又把全球海洋变成了血与火的战场。海权对抗登峰造极，海权充满血腥，海权走向了反面——成为惨绝人寰的两次世界大战的推手。

大舰巨炮的对决

19 世纪末 20 世纪初，造船工业进一步发展，军舰的动力、武器装备和装甲提高到新的水平，尤其是大口径舰载巨炮的有效射程距离、带有瞬发引信的高爆炮弹的毁灭性与攻击力都达到了较高的水平。为了取得海权优势，诸列强竞相研制威力更大、射程更远、精度更高、操作更灵的超大口径舰炮，同时花血本建造能够携带更多巨型舰载火炮的更大吨位的战列舰，"大舰巨炮主义"迅即主宰了世界海洋，激烈的造船竞赛一浪高过一浪。引领这一波风潮的是——后起的德国和老牌的大英帝国。

德国后发优势
与西欧先后崛起的资本主义国家相比，德国的起步实在是太晚了。

德意志民族和国家来源于日耳曼人的东法兰克国家。公元919年建立的萨克森王朝标志着德意志国家正式形成。962年，教皇为萨克森国王奥托一世加冕，从此有了"德意志民族的神圣罗马帝国"。但帝国名不副实，封建割据极为严重，直至14世纪，德意志版图还是由200多个诸侯国和1000多个骑士领地拼成。到1618—1648年席卷整个欧洲的"三十年战争"结束，德意志仍是封建社会形态，分裂局面没有根本改观。但开始于16世纪初的德国宗教改革使教皇权力得到遏制，结束三十年战争的《威斯特伐利亚和约》对"主权国家"的认定，促进了生产力的解放和国家的发展。1763—1781年，德意志最主要的两个邦普鲁士和奥地利先后实行农业资本主义改革，由此脱颖而出。其中崇尚武力和王权专制的普鲁士，依靠战争扩张领土，王国的中心是军队，其军费高达全部国家收入的7/11和开支的4/5，军队中的官职几乎全部由土地贵族"容克"的子弟担任，成为德意志走向现代社会的独特的"普鲁士道路"印记。

1806年，奥地利退出德意志联盟。1849年和1859年，普鲁士两次试图领导实现德国统一，但都遭到失败。1850年，普鲁士王国进一步改革传统农业，并加快工业的发展。1856年，普鲁士的煤铁产量占到整个德意志的9/10，蒸汽机占2/3，纺织机占1/2，工业劳动力占2/3，整个德意志的工业机械化程度超过法国，铁路与其他工业国家相接。1862年，普鲁士国王威廉一世邀倡导"铁与血"政策的俾斯麦组阁，决心以武力实现国家统一。通过1864年对丹麦的战争、1866年对奥地利的战争和1870年的普法战争，普鲁士吞并了南欧四邦（巴伐利亚、符登堡、巴登、黑森—达姆斯塔得），从法国割取了阿尔萨斯和洛林，1871年德意志帝国成立并制定宪法，德国的统一大业最终完成。

普鲁士国王弗里德里希·威廉一世检阅波茨坦步兵团（Richard Knötel）

1871 年 1 月 18 日，德意志帝国在法国凡尔赛宫镜厅宣告成立（Anton von Werner，1885，弗里德里希斯鲁俾斯麦纪念馆藏）

德国西门子公司制造的第一台电力机车（1879）

　　德国的统一的确起步很晚，发展资本主义也只能算是一个后来者。但"晚"并不可怕，"晚"并不等于没有机遇。此时，德国从法国勒索了 50 亿金法郎的巨额赔款，从而有能力进行工业建设和加强军备。而阿尔萨斯全省和洛林的获取，使德国棉纺织工业产量提高 50% 以上，并使德国的钢铁、化学工业拥有了丰富的铁矿资源和钾盐矿藏。于是，德国建立了高效的科学技术教育体系，充分利用最新科学和技术成就，高起点地建立电气工业、光学工业和化学工业等现代化工业部门，充分发挥了后发优势。统一后 4 年内德国兴修的铁路、工厂、矿山等，比过去 25 年中建造的总和还要多。德国

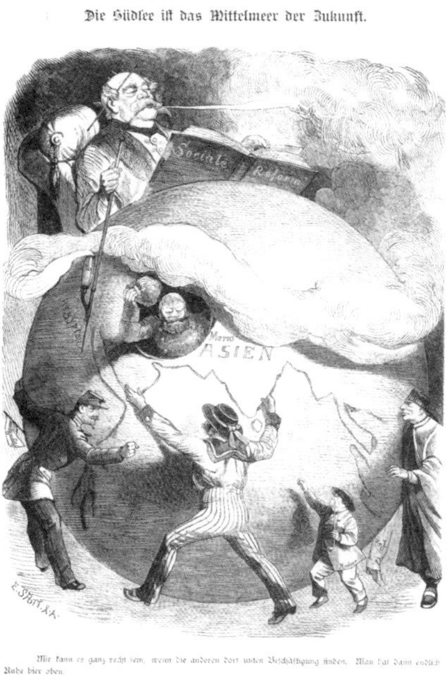
Die Südsee ist das Mittelmeer der Zukunft.
ASIEN
Mir kann es ganz recht sein, wenn die anderen dort unten Beschäftigung finden. Man hat dann endlich Ruhe hier oben.

曼画：奉行“大陆政策”的俾斯麦一直反对德国在海外扩张殖民地，对欧洲其他国家在殖民地问题上忙得不可开交感到高兴，认为正好可以借此巩固和扩张德国在欧洲大陆的势力（*Kladderadatsch*，1884）——然而，到了威廉二世时代，这一主张被看做过时了

的经济结构在悄然发生着变化，海外利益在德国国家利益中所占的地位越来越重要。从1880—1890年，德国商品输出额由30.9亿马克增至34亿马克，增加了近10%；在以后的10年内，输出额又增至46.1亿马克，增加了36%。

但是，与飞速发展的经济不相匹配的是，德国的海外市场很不稳固，德国占有的海外殖民地只有英国的1/9、法国的1/3。就军队而言，德国的陆军很强大，海军却没有得到充分的重视。1872年，德国海军曾经向国会提出一个十年海军扩充计划，拟在1882年前建成铁甲舰14艘、巡洋舰20艘，加上其他舰船共100艘，使德国成为海军强国，但这个计划未全部实现。到1890年，德国海军仅有72艘舰船，且多为2000—3000吨级的二等巡洋舰，总吨位约19万吨，力量远远落后于法、俄和意大利，居世界第六位；也没有设立海军部，海军没有独立的军种地位。原因很简单，这时德国实行的是“大陆政策”，主要精

力放在称霸欧洲大陆上，德国海军的主要任务只是防御本国的海岸和河口，因而缺乏强大的发展动力。

然而，进入 19 世纪中期以后，在近代工业革命的推动下，世界强国海军以"大舰巨炮主义"为指导的发展势不可挡。战列舰以往复式蒸汽机为动力，采用铸铁装甲，最大排水量已增至 10000—12000 吨，航速 16—17 节；主炮为螺旋线膛炮，口径由 200 毫米增至 300—350 毫米，由护板炮改为炮塔炮，因而当时又把战列舰称为"装甲舰""铁甲舰""钢甲舰""炮塔铁甲舰"等，加上不断发展的各型巡洋舰，特别是大型化的重型巡洋舰、战列巡洋舰成为各国公认的主力舰型，此时，德国海军的装备与之相比是太落后了。

1888 年，德皇威廉二世（1859—1941）登基。威廉二世对德国在世界上的地位很不满意，决心以"世界政策"取代"大陆政策"，大力发展海军，加入争夺世界霸权的行列。很自然，威廉二世成为马汉"海权论"的狂热信徒，他"狼吞虎咽似的"攻读马汉的著作，并且命令将马汉著作的译本放在德国海军的每一艘舰艇上。他要推动以"海军主义"为重心的新军事战略，认为"德意志帝国已成为世界帝国"，必须有一支能够发动攻势的舰队。他说：现在英国舰队可以不怕任何德意志联盟，因为德国实际上还没有舰队，但"等到 20 年以后，当舰队已建造完毕，那时我将用另一种语言讲话"。1892 年，威廉二世批准建立海军部，将只有首席陆军顾问才拥有的直接晋谒皇帝的特权，授予他的海军首脑。

1897 年，威廉二世任命激进的伯恩哈特·冯·毕洛夫（1849—1929）和阿尔弗雷德·冯·蒂尔皮茨（1849—1930）分别出任外交大臣和海军大臣，这二人成为他推行"世界政策"的得力助手。

外交大臣毕洛夫鼓吹"进入海洋"。他公开宣称："与我国

漫画：威廉二世目送俾斯麦退场
（John Tenniel，*Punch*，1890）

1894 年，威廉二世
（中）登上"秃鹰号"
轻巡洋舰

德国外交大臣伯恩哈特·冯·毕洛夫　　　　　德国海军大臣阿尔弗雷德·冯·蒂尔皮茨

历史上任何时候相比，海洋已成为国家生活中一个更加需要的因素……它已成为一条生死攸关的神经，如果我们不想让一个蒸蒸日上的、充满青春活力的民族变成一个老气横秋的衰朽民族，我们就不能允许这条神经被割断。"他还是一个极端的尚武者。他说："要是我们没有巨大的威力，没有一支强大的陆军和强大的海军，就不会得到幸福。""在即将到来的世纪中，德国人民不是当铁锤就是当铁砧。" 1900 年，毕洛夫成为德国首相，更加为推动扩建海军的计划不遗余力。

　　海军大臣蒂尔皮茨是一位信奉强权政治的人物。他以极强的思想和组织能力，建立了德国海军的战略战术理论体系和发展规划。

年轻的德国海军（1890年代）

他认为，德国应建立一支强大的海军，这支海军不仅仅是为了单纯防守海岸，更重要的是能够对外发动攻势，否则"德国就不可能发展世界贸易、世界工业以及在某种程度上的公海捕鱼、世界交往和殖民地"。即使在和平时期，一支强大舰队的存在，也能给外交谈判增加力量和作用。为此，他提出了著名的"风险论"：要建立强大的舰队意味着必须大力建造战列舰，战列舰的数量虽然不能与英国相等，但必须给英国以深刻印象才行，至少应与英国保持2∶3或10∶16的比例，以使英国感到同德国海军在北海进行交锋会带来"风险"。

世纪之交，德国扩充海军的计划就这样进入了实质推进的阶段，德国海军开始了真正的转型。

1898年，德国议会通过了扩建海军法案，即第一次海军法案：计划到1904年，德国海军应有战列舰19艘、装甲巡洋舰8艘、重型巡洋舰12艘和轻型巡洋舰30艘。蒂尔皮茨在为该法案辩护时说："自从帝国成立以来，德国的海上力量异乎寻常地增长了。对德国来说，保护这些海上利益已成为关系到德国生命的一个问题。""如果按拟订的计划建立起这样的海军，那么你们就是为国防建立了一支即使头等的海军强国都无力向它发动进攻的海军了。……无论你提政治问题、经济问题或者谈保卫德国臣民和海外商业利益，这一切只有在德国海军那里才能获得支持。"他还说，德国工业化和海外征服，"就像自然法则那样不可抗拒"。

1900 年，德国借口商船被英国海军扣留检查，通过了第二个扩建海军法案，即第二次海军法案。该法案中的战舰计划比 1898年的海军法案几乎翻了一番，其中战列舰达到 38 艘。德国人狂妄地声称："这种大海军的目的，是要使最强大的海权国家都不敢向它挑战，否则就有使自己优势遭到破坏的危险。"

如果说 1898 年的海军法案具有潜在反英性质，那么 1900 年的海军法案则已经在公开挑战大英帝国的海权权威了。为此，德皇威廉二世殚精竭虑地发展海军，他说："在我把我们的海军提高到我们的陆军所占据的地位以前，我是席不暇暖的。德国的殖民目的，只有在德国已经成为海上霸主的时候方能达到。"他断言："德国的未来在

身着海军服装的威廉二世（Adolp Behrens，20 世纪初）

海上。"

德国发展海军起步晚，但起点很高。这个起点，既包括科学技术，更包括海权思想理论，而后者显然更加重要。

英德造舰竞赛

德国扩充海军以及争夺海上霸权的野心震撼了英国。后来两度出任英国首相的温斯顿·丘吉尔对这段历史一针见血地指出："大陆上最大的军事强国决心同时成为至少占第二位的海军强国，这是世界事务中一个具有头等重大意义的事件。"的确，英国一向视海上霸权为帝国的生命，海军是民族荣誉和力量的象征，面对德国咄咄逼人之势，尽管已感力不从心，英国也必须起而应对。

首先，英国在外交政策上作了调整。1901 年 11 月，英国与美国签订第二个《海—庞斯福特条约》，以放弃在北美的海军优势为代价换取英美关系的改善；1902 年，英国同日本签订同盟条约，抛弃了长期奉行的"光荣孤立"政策，免除了在远东的后顾之忧；接着英国又与两个老对手法、俄交好，1904 年和 1907 年分别与法、俄签订结盟协约，从而集中力量对付德国。其次，英国加快了海军建设步伐。1902 年，英海军部发现德国"新的大海军"正在小心翼翼地建立，并且贯彻着针对英国作战的理念。于是，英国于 1903 年宣布在北海的罗赛斯建立一个新的海军基地并组建北海舰队。还提出将英国海军建设的"两强标准"（即英国海军实力［主要按战列舰数量衡量］必须超过排名其后的法、俄两个国家海军的总和）中的"两强"调整为法、德，"两强标准"的针对性更加集中于德国。

从 1904 年到 1910 年，严厉苛刻的海军上将约翰·费希尔勋爵

英国海军上将约翰·费希尔（1883）

统率着英国海军。这位强人对海军进行了雷厉风行、大刀阔斧的改革和建设，力图使皇家海军尽快实现现代化。费希尔的改革包括海军教育、行政、部署、舰船设计等各方面，其中主要有两项：调整海军舰队战略部署和建造大型战舰。

在调整战略部署方面，费希尔上将以纳尔逊"舰队和平时期的分布应是战争时期的最好战略部署"为指导思想，其原则是缩短战线，加强海峡和直布罗陀一带的海上力量，集中力量以针对德国。1904 年前，英国有 9 个舰队驻守在世界各地，此次调整战略部署，英国将澳大利亚、中国和东印度海军合并为东方舰队；将南大西洋、北美、西非一带的力量撤至好望角；大胆裁减实力最强的地中海舰队，在地中海加强同法国的合作；将原来分散的 3 支预备舰队统一合并为"本土舰队"，适当加强基地在多佛尔的海峡舰队，规定今后最新战列舰一律用于本土舰队和海峡舰队，并在直布罗陀新建大西洋舰队。

英国"无畏号"战列舰

    建造大型战列舰是费希尔上将最著名的业绩。1905 年，在费希尔主持下，一艘按照"英国海军理想战列舰"设想建造的巨型战列舰在朴利茅斯造船厂建成，1906 年 2 月下水试航，这就是世界海军装备发展史上具有划时代意义的"无畏号"战列舰。它是世界上第一艘采用蒸汽轮机驱动的战列舰，也是第一艘采用统一型号主炮的战列舰，舰艇长达 160 米，乘员 800 名。其主水线部分、司令塔和主炮敷设有 279 毫米厚度的装甲，排水量达 17900 吨（满载时超过 20000 吨），4 个螺旋桨推进器使其航速达到 21 节。更引人注目的是该舰的火力配置。当时大多数战列舰的火力配置是：主炮 4 门（双联装，两座炮塔），分别安装在舰首和舰尾；副炮多为各种型号的炮群，再加上对付鱼雷艇的连发炮。而"无畏号"战列舰则是按照"全部用大口径火炮"原则配置的。该舰安装 5 座 305 毫米双联装火炮，3 座排列在中线（前、中、后甲板各 1 座），2 座分别装在左右舷，再加上少量 12 磅速射炮和 4 个鱼雷发射管用来对付鱼雷艇和驱逐舰。"无畏号"战列舰的火力是其他战列舰的 2.5 倍，它的诞生使此前世界上所有的战舰都变得过时。它以令人生畏的强大威力将"大舰巨炮主义"时代的军备竞赛推到了顶峰。

英国"无畏号"（其后同款舰称作无畏级）战列舰的下水，刺痛了德国的神经，英德造舰竞赛进一步升级。

1906 年 5 月，德国议会通过蒂尔皮茨提出的升级新造主力舰法案，即第三个扩建海军法案，决定今后一切新造战列舰都必须是无畏级的，并决定建造比英国排水量更大的战列巡洋舰。1908 年，德国建成了与英国"无畏号"相匹敌的"拿骚号"战列舰，该级别的战列舰标准排水量 18873 吨，航速 19.5 节，采用 6 座双联 280 毫米主炮，主炮口径虽然小于英国"无畏号"，但射速却快得多，火力也强，不过在动力方面还是采用了老式的三缸往复式蒸汽机。该级别的战列舰共 4 艘，统称为拿骚级战列舰。不久，德国新建的战列巡洋舰也下水了。德国战舰的特点是注重防御，特别重视水密隔舱和装甲的建设，水线部分的装甲厚度达 300 毫米以上，司令塔等关键部分的装甲厚度达 400 毫米。

1908 年 4 月，德国议会通过了第四个扩建海军法案，其实质是

"一战"爆发前停泊在基尔港内的德国拿骚级无畏战列舰（右边一排）与其他的战舰中队

缩短主力舰的服役期限，保持和提高舰队现代化水平和战斗力。基本内容是在 1908—1917 年间应更换 17 艘战列舰和 6 艘战列巡洋舰。"无畏"成为这一类型战列舰级别的代称。1912 年，德国又通过了新的扩建海军的计划，决定增加 3 艘战列舰，并建立分舰队，由 8 艘军舰组成。1914 年 6 月，德国完成了一项重要设施：基尔运河改造后重新开放。这次改造使最大的战舰可以通行无阻，因而大大增强了德国海军的战斗力。到 1914 年第一次世界大战爆发时，德国公海舰队已经拥有 13 艘无畏级战舰、16 艘老式战舰和 5 艘战列巡洋舰，成为仅次于英国的第二海军强国。

　　独钟海权的英国人时刻警觉着德国人的造舰行动。1908 年，英国议会通过"两舰对一舰"方案，即德国每造一艘新无畏级战列舰，

德国公海舰队，前为不伦瑞克级护卫舰（1905—1916）

英国"伊丽莎白女王号"战列舰

海洋变局 5000 年

英国就建两艘，并大大追加海军费用。1912年，英国海军收缩战线，把海军力量进一步集中于北海。1912年3月，新上任的海军大臣丘吉尔宣布重新组织舰队，决定把直布罗陀的大西洋舰队撤回本土，地中海舰队移师直布罗陀。无畏级战列舰和战列巡洋舰一艘接一艘地从船台上滑下大海，1913年建成的装备有8门381毫米口径火炮的"伊丽莎白女王号"达到了当时战列舰的先进程度的顶点。到1914年，英国新造了约22艘无畏级战列舰，每舰排水量达到25000吨，大多装有10门343毫米口径的大炮；而英国的狮级战列巡洋舰排水量则达30000吨，航速高达28节。

至第一次世界大战前夕，英、德两国海军的作战舰艇编队都得到了极大的扩充，分别达到如下规模：

国别＼舰只类型	舰艇	战列舰	巡洋舰	驱逐舰、鱼雷艇	总计
英国	68	58	301	78	505
德国	40	7	144	28	219

老牌的海军强国毕竟高人一筹。英国海军不仅在作战舰艇总数上比德国海军多出一倍以上，而且在双方均视为赌注的巨型巡洋舰的数量上，英国海军也超出德国海军一倍多。英德海军军备竞赛愈演愈烈。

与大舰巨炮的发展一起前进的，还有海军作战理论。早在1891年，英国海军出身的菲利普·科洛姆和约翰·科洛姆两兄弟便提出了以"制海权"为中心的海军作战理论，将16世纪以来英国伊丽莎白女王时代传统的思想进一步理论化，认为在保护本土、海外属地和海上交通线的海军作战中，"最好的防御方法无论如何都是掌握制海权"。1911 年，英国人朱利安·科贝特的《海上战争的若干原则》和马汉的《海军战略》先后问世，进一步巩固了"制海权"理论并将其提高到海军战略的高度。科贝特说：制海权就是为了军事和民事目的，使海上交通线为己所用而不能为敌所用。而马汉说：掌握制海权，必须依靠强大的海军。

马汉海权理论解决了国家必须运用海上力量控制海洋的大战略问题，海军战略解决了海军如何帮助国家控制海洋的问题，亦即，建设强大的海军，运用优势的武器装备，掌握制海权，打赢海上战争！

为了这个"制海权"，几个大国群起争锋，大建海军，大赛军备，大舰巨炮比肩，世界大战就这样越走越近了。

日德兰海战

1914 年 6 月，奥地利皇太子在南斯拉夫的萨拉热窝遇刺身亡，由此引发了血流成河的第一次世界大战。英德两国分别位居世界第一、第二位的海军舰队在地中海、北美、西印度群岛、太平洋沿岸和北海等广大海域进行了旷日持久的海上较量。

由于英国海军在大战爆发后即以主力舰队对德国实施海上封锁，使德国陷入了困境之中。1916 年初，德国决定出击，以打破和摆脱英国海军远程封锁对德国形成的严重威胁和战争的胶着状态。于是，赖因哈德·舍尔海军上将指挥的德国海军公海舰队与英国海军上将约翰·杰科利勋爵统率的英国海军主力舰队，在日德兰半岛以西的斯卡格拉克海峡附近海域相遭遇，爆发了世界海战史上空前规模的战列舰队大会战，参战双方的作战阵容见下页表。

德国海军上将赖因哈德·舍尔　　　英国海军上将约翰·杰利科

日德兰海战英、德两国作战阵容

船只类型　　　所属舰队	英主力舰队	德公海舰队
无畏级战列舰	28	16
准无畏级战列舰	0	6
战列巡洋舰	9	5
装甲巡洋舰	8	0
轻型巡洋舰	26	11
驱逐舰和鱼雷艇	77	61
其他舰只	3	11
总　数	151	110
总吨位	1250000	660000
总兵员	60000	45000

1916 年 5 月 30 日，赖因哈德·舍尔上将派冯·希佩尔海军上将率领一支由清一色的无畏级和准无畏级战列巡洋舰组成的舰队（旗舰为"吕措夫号"），沿挪威海岸活动，企图诱歼英国海军主力舰队。然而，英国事先掌握了德国海军的通信密码，对德国海军的兵力调动一目了然，虽不知具体行动细节，但认为这是歼灭德国公海舰队的有利时机。富有戏剧性的是，英国制定的作战计划竟与德国异曲同工：派出一支诱敌舰队，佯败以诱敌深入伏击圈中，然后主力出重锤砸烂敌人。英国的诱敌舰队阵容更强，不单有第一、第二巡洋舰队，还有第五战列舰队作为支援，这支第五战列舰队由当时世界上最大的快速战列舰组成，它们是 4 艘刚下水的狮级战列巡洋舰，旗舰为该级别的首舰"狮号"，它们以压倒德国同类型战舰为目标进行了全新设计，又称为超无畏级战列舰，舰体长度超过200 米，每艘装有 8 门 343 毫米口径的大炮，能在 25000 米远的距离将敌舰炸成碎片。

　　两大海军的交锋已不可避免，就看谁先上钩了。

　　当夜，英国的诱敌舰队在戴维·贝蒂海军中将指挥下拔锚离开苏格兰港口罗赛斯。第一、第二战列巡洋舰队熄灭灯光先行，第五战列舰队相距 5 海里悄悄尾随。5 月 31 日拂晓，德国的诱敌舰队也在希佩尔将军率领下出发，驶往日德兰半岛西海岸。一路上，德国诱敌舰队不断拍发无线电报，故意向英国人暴露行踪；而英国诱敌舰队则截获了德国潜艇发现其行踪的电报，双方先展开了一轮情报战。5 月 31 日下午 14 时 15 分，英国诱敌舰队的"卡罗林号"轻型巡洋舰首先发现德国舰队，升起"发现敌舰"的信号旗，双方舰队节节逼近，参战总舰数多达 260 余艘，两国海军总兵力达 10 万余人。一场亘古未有的大海战，在面积为 1000 多平方千米的日德兰海域拉

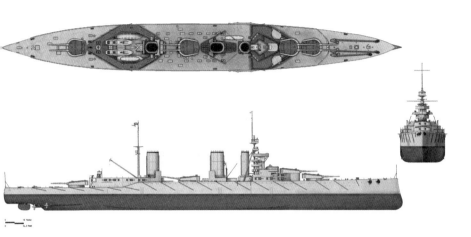

参加日德兰海战的英国"狮号"战列巡洋舰的配置

开了序幕。

　　15 时 40 分，英国第一、第二舰队汇合编成作战队形，根据英国海军传统，驶往东南上风方向。15 时 48 分，双方距离约 8 海里，进入彼此大炮射程。英舰首先开火，德舰发炮还击，大大小小的火炮都迸出火光，在军舰周围掀起冲天水柱。德诱饵舰队按照战前的既定方针，边打边撤。英舰队不知是计，紧追德舰队，航速最快的 6 艘战列巡洋舰冲在了最前面，而担任支援任务的第五战列舰队中吨位最大、火力最强的 4 艘新战列舰，由于担心德国潜艇攻击而故意走"Z"字形规避航线，故迟迟未能赶到战场。英第一、第二舰队指挥官贝蒂海军中将身在"狮号"旗舰，他显然低估了德国军舰的战斗力，认为自己的 6 艘新型战列巡洋舰与德国的 5 艘战列巡洋舰对阵胜算在握，却不知道当时的德国重型水面舰艇采用了新式的

英国"卡罗林号"轻型巡洋舰

全舰统一方位射击指挥系统，所有的火炮齐射时，弹着点散布小，
准确率非常高。果然，15 时 51 分，德舰几次齐射，就将贝蒂的旗
舰"狮号"的副炮塔炸得粉碎，随即其前甲板的两个主炮塔被打哑。
16 时，一发德国穿甲弹击穿了"狮号"的中部主炮塔，所有操炮官
兵非死即伤，炮塔内转眼间燃起了熊熊大火。幸亏炮塔指挥官哈维
少校在双腿被炸断的情况下奋力打开进水阀，放进海水把自己连同
炮塔一起淹掉，才避免了弹药大爆炸，保住了军舰和舰队指挥官贝

英国"狮号"战列巡洋舰

英"狮号"战列巡洋舰被德舰的火炮齐射击中后燃烧

蒂，否则，26000 吨的"狮号"肯定会被炸上半空。

　　与此同时，德舰的交叉火力击中了英国 19000 吨的战列巡洋舰"不倦号"，一枚德国穿甲弹击穿炮塔装甲，猛烈的爆炸引燃了乱堆的发射火药，火势蔓延及弹药仓，一声山崩地裂的大爆炸后，整个战舰顷刻间在海面上解体，1017 名船员全部葬身海底。几分钟后，英国人引以为自豪的狮级战列巡洋舰"玛丽王后号"也被击沉。这艘战舰排水量达 26350 吨，上面的大炮口径为 343 毫米，要比德国

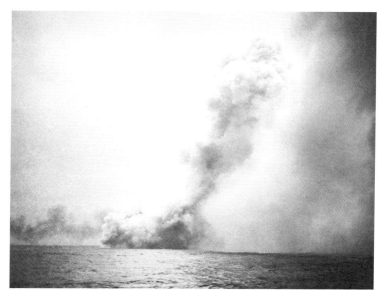

英国"玛丽王后号"战列巡洋舰被击沉

军舰火炮口径大 38—50 毫米，舰身的装甲为 230 毫米厚的钢板，但这些都没能挡住德国军舰上射来的穿甲弹，德军的一次齐射击中了它，1275 名船员中，仅有 9 名被救起生还。

英国军舰的受伤和沉没，使战争达到了白热化程度，受伤的英国军舰熊熊燃烧，映红了半个天际，海面上有血肉模糊的尸体，有挣扎求生的水兵，场面惨不忍睹。在这千钧一发的时刻，英国第五战列舰队的 4 艘最新无畏级战列舰赶到了战场，力挽危局，很快就将德国"塔恩号"的两座炮塔击毁，其水线下的舰体也被凿开一个大洞，失去了战斗能力；另一艘德国战列巡洋舰"塞德利茨号"也被打坏一座炮塔。

英国海军中将戴维·贝蒂（1916）

16 时 38 分，离旗舰"狮号"1.8 海里远的英国巡洋舰"南安普顿号"追踪到了德国公海舰队的位置，那是一支包括 32 艘新老式无畏级战列舰、10 艘轻巡洋舰和大批驱逐舰的庞大舰队。这让英海军一线指挥官贝蒂大吃一惊，但他很快镇定下来，冷静地命令舰队按原方向航行，待德国公海舰队全部出现在远方地平线时，令英舰队转向 180 度向北，同时呼叫主力舰队救援，力图继续引德国舰队进入杰利科海军上将设计的英国主力舰队伏击圈。

此刻，杰利科上将指挥的英国庞大的主力舰队正排成 6 列纵队在海上航行。由于天气恶劣、导航系统精确度不高、采用"Z"字航海术躲避德国潜艇等因素，主力舰队未能按时赶到战场。杰利科上将命令胡德海军少将指挥的第三战列巡洋舰队打前锋，抢先高速开赴战场投入炮战。18时15分，海面上已是暮霭沉沉，杰利科上将率主力舰队以每4艘战列舰排成纵列队形，以6个纵队并列队编入天昏地暗的交战海区。海战异常激烈，在仅10分钟的交火中，英国的第一装甲巡洋舰分舰队排水量14000吨的旗舰"防御号"就被击沉，舰上的900多名船员阵亡，其姊妹舰"勇士号"被打成重伤，另有3艘驱逐舰也被击沉；德国则损失了1艘轻型巡洋舰和2艘驱逐舰。但英国24艘战列舰排出约15海里的一字长蛇阵，与德舰在力量对比上有了明显优势，杰利科上将决心采用大胆的横穿战术，从敌舰队中央穿过，切断敌舰队，并选择敌旗舰作为突破点，以便一举摧毁敌舰队指挥中枢。这一战术是英国杰出的战术家纳尔逊在特拉法加海战中独创的。然而，德国舰队也不甘示弱，派出战舰冲向英国的长蛇阵，接连发射鱼雷，结果英舰不得不规避。英国舰队的横穿战术计划虽未能实现，但凭这一行动占据了有利位置，他们把成千上万发炮弹射向德国舰队，几艘担任侦察任务的德国轻型舰只甚至来不及发出警报信号就被英舰的强大炮火击沉，几艘战列巡洋舰上也燃起大火。

直到这时，德公海舰队总指挥官舍尔上将才知道自己的对手不是英国的几个分舰队，而是英国主力舰队。他深感敌众己寡，立即下达了边打边撤退的命令。在撤退中，德国公海舰队旗舰"吕措夫号"因负伤落在后面，成了英国舰炮的靶子，被打得像蜂窝一般。德国舰队也狠狠地报复了英国舰队，把17200吨排水量的"无敌号"打成两半，这条长约60米的军舰在几分钟内就连同1000余名官兵和胡德海军少将一同沉入海底。在黑暗中，双方仍旧酣战不止，英海军形成了包围态势，几乎所有的战列舰都加入了战斗，密集的炮

英舰"无敌号"爆炸后沉没

火使德国舰队陷入一片火海之中。希佩尔的旗舰"吕措夫号"遭到又一次打击后沉没，水兵四处逃生，巡洋舰"塞德利茨号"被打得千疮百孔失去作战能力，"德弗林格号"的主炮塔全部报废，甲板上横尸500余具，另外两艘战列舰也受到重创。夜幕降临，德国舰队全体转向向西遁去。

当晚，杰利科上将把英国主力舰队编成4个纵列的夜间巡航队形，在德国舰队可能经过的几条通道上巡逻，封锁水道，等到白天再进行决战。午夜前后，德国舰队的前锋与英国舰队遭遇，双方的驱逐舰、鱼雷艇大打出手，不时有舰艇被鱼雷击中，不少舰艇相互碰撞。德国的驱逐舰"埃尔平号"撞上了己方的战列舰"波森号"，英国的驱逐舰"喷火号"则撞上了德国战列舰"拿骚号"。德国舰队冒着纷飞的炮火和英国鱼雷的攻击，从英舰的封锁线上杀开一条血路，6月1日凌晨3时终于突破了英国的封锁线，向杰得河口和威廉港撤退。

英"喷火号"驱逐舰与德"拿骚号"战列巡洋舰碰撞后严重受损

　　杰得河口的赫尔戈兰湾一带是德国军舰的基地,为了防御英舰的袭击,德国海军早在开战前就在那里布下了密密麻麻犹如迷宫一般的水雷阵,只留下一条很窄的秘密通道。舍尔上将率领德国舰队一艘接一艘地驶过这条秘密水道,安全到达合恩礁。规模浩大的日德兰海战至此结束。

　　日德兰海战是第一次世界大战期间规模最大的海战,也是世界海战史上最后一次在目视距离内战列舰编队的平面交战,成为"大舰巨炮主义"主宰海洋历史的顶点。日德兰海面的硝烟散尽后,英德双方都不甘沉默地宣称自己是这场海战的胜利者。英国海军在这次海战中共损失 3 艘战列巡洋舰、3 艘巡洋舰和 8 艘驱逐舰,6 艘其他舰只受到重创,损失总吨位达 115025 吨,伤亡 6495 人;而德国海军损失 1 艘老式战列舰、1 艘战列巡洋舰、4 艘巡洋舰和 5 艘驱逐舰,其他 4 艘舰只受重创,损失总吨位 61180 吨,伤亡 3058 人,英

严重受损的德"塞德利茨号"战列巡洋舰独自返航

国的损失几乎是德方的两倍。英国人从战略着眼,认为自己是胜利者,因为其封锁围困德国公海舰队的目的已经达到了。德国则以其战术和战损率低而引以为自豪。在日德兰海战中,德国战舰的防火设计、水密结构设计、炮弹的穿透力和爆炸力均显示了优越性。"塞德利茨号"巡洋舰在这次海战中被 22 发大口径穿甲弹和 1 枚鱼雷命中,5 座主炮炮塔全部被击中,但是没有发生类似英国战舰的弹药爆炸。在与舰队失散的情况下,"塞德利茨号"拖着 24 处大破口和已灌进 5300 吨海水的躯体,独自蹒跚地返回了德国本土基地,赢得了"不沉战舰"之名。时人强烈地感到德国战舰的性能远远高于英舰,认识到在海战中注重生存力的战舰才能存活下来。从此以后,各国在建造军舰时都吸取了德国的水密结构设计和炮塔防护的优点,此后的新战舰被称为"后日德兰型"战舰。

1918 年,德国战败,根据停战协定,德国公海舰队集结到英国斯卡帕湾海军基地。1919年6月，在《凡尔赛和约》签字前夕，德国公海舰队的官兵为不让舰队落入敌人之手，将全部战舰凿沉，这就是著名的斯卡帕湾沉船事件。在日德兰海战中幸存下来的这些巨舰，最终没有摆脱覆灭的命运。而参加过日德兰海战的英国轻型巡洋舰"卡罗林号"，全今仍陈列在英国贝尔法斯特，成为人们追忆大舰巨炮时代空前绝后大海战的博物馆。

德"巴伐利亚号"战列舰在斯卡帕湾拒降自沉

崭露头角的潜艇

在整个第一次世界大战中，德国海军潜艇就已经显山露水，它们将作战空间延伸到水下，发挥了令水面舰艇包括巨大战列舰和巡洋舰胆寒的作用，人们开始瞩目海军舰艇家族中的这个新秀。潜艇巨大的作战潜能和优势，在其后的第二次世界大战中表现得更加充分，从隐蔽的"鳗鱼""海龟"，变成吞噬生命的"狼群"。

潜艇的诞生

正如远古的人类渴望能插上双翅

因沉船事件被英军射杀的德国士兵墓碑

科尼利斯·德雷布尔研制的潜艇（17 世纪）

飞上九重蓝天一样，深不可测的海底世界也是人类很早就想闯入的神秘王国。早在公元前 4 世纪，波斯帝国就出现了最早的职业潜水者，专事从破损的沉船中打捞财宝。稍后，古希腊人发明和使用了专门载人潜海的潜水钟，并用于海上作战的侦察活动。

　　1620 年，荷兰物理学家科尼利斯·德雷布尔在英国建成一艘木质框架外包牛皮的潜艇，用桨推进，可载 12 名水手。艇内装有很多羊皮囊，只要艇员们小心翼翼地打开皮囊让海水流入，艇身便可下潜，最多能下潜 5 米左右；一旦挤出皮囊内的海水，艇身便立即上浮到海面。这种羊皮囊，其作用原理就好比鱼腹里的鳔泡。遗憾的是，这种靠划动桨叶来驱动的潜艇并不具备海上作战的能力，时人称之为"隐蔽的鳗鱼"。但这条鳗鱼的意义在于证明了人类进行水

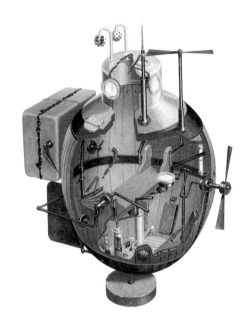

"海龟号"模型

下航行的可行性。

  1776 年，美国人戴维·布什内尔设计建成一艘单人驾驶的、以手摇螺旋桨为驱动力、通过脚踏阀门向水舱注水下潜的木壳潜艇"海龟号"。"海龟号"能在水下以 3 节的速度潜行半小时，最深下潜到 6 米，艇背上装有一个重约 68 公斤的水雷，可在下沉后放在敌舰艇底部。"海龟号"随即参加了独立战争美军对英国海军的作战行动，1776 年的一个仲夏之夜，它携带 150 磅的炸药桶悄悄驶到纽约外港，泊于英国海军舰队载有 64 门大炮的"鹰号"战舰的底部，试图用固定爆炸装置来袭击这艘英国战舰。这次行动未获成功，只是在返航途中用炸药桶袭击了前来追击的英军巡逻艇，但这是人力驱动潜艇袭击水面战舰的首次大胆尝试。

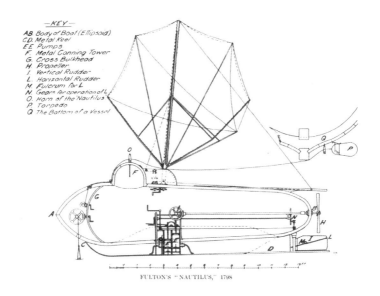

富尔顿"鹦鹉螺号"设计图

　　1800年，美国发明家富尔顿在法国建造了"鹦鹉螺号"潜艇，这是一艘装有两枚水雷铁骨架的铜壳潜艇，形似雪茄，艇长7米，最大直径3米，能下潜8—9米。潜艇在水下靠手摇螺旋桨、在水上靠桨帆行驶。1834年，根据工程师希尔德的设计，俄国建造了一艘最早装有潜望镜、撑杆水雷、燃烧火箭和爆破火箭的潜艇。

　　19世纪60年代的美国南北战争期间，蒸汽动力潜艇问世，为潜艇的水下作战行动提供了方便和可能。1863年10月5日夜，南军潜艇"大卫号"在查理士港外用长杆鱼雷击伤了北军"克伦威尔号"铁甲舰，成为用潜艇打击对手的首例行动。而潜艇击沉舰艇的首次记录则于次年的2月17日夜晚诞生了。这天夜晚9时许，南军的"亨利号"潜艇潜入查理士港，悄无声息地逼近了北军"休斯敦号"

世界海战史上第一艘击沉舰艇的小型潜艇——"亨利号"（Conrad Wise Chapman，1863，美国内战博物馆藏）

海洋变局 5000 年

巡洋舰，"轰隆"一声巨响，"休斯敦号"舰底被潜艇的外挂水雷炸裂，庞大的巡洋舰沉入了冰冷刺骨的海底。"亨利号"也被巨大的爆炸冲击波震坏失控，被涌向"休斯敦号"的海水吸附到舰底裂口处，潜艇及其艇员与北军巡洋舰同归于尽。在这个特殊的寒夜，长19.5米、形同雪茄的"亨利号"小型潜艇竟一举击沉了排水量达数千吨的巡洋舰，由此引起各海军强国的关注，促使他们争相加速对潜艇的研制和技术改进。潜艇的发展从此进入快车道。

1893年，第一艘蓄电池驱动潜艇在法国问世。4年后，美籍爱尔兰人约翰·霍兰在新泽西州造出了一艘以汽油机为水面航行驱动力和以蓄电池电动机为水下航行驱动力的双推进系统潜艇"霍兰号"。这艘著名的潜艇长15.84米，宽3.05米，排水量70吨，水面汽油机驱动功率50马力，并装有一具舰首鱼雷发射管，携有3枚鱼雷，首尾各置有一门机关炮，成为现代潜艇的鼻祖。另一位美国人西蒙·莱克也是与霍兰同时代的赫赫有名的潜艇设计大师，他不仅制造出第一艘双层艇壳的潜艇，而且用潜艇自身动力系统成功地完成了从诺福克至纽约的航行，开创了潜艇进行公海远航的首次记录。1906年初，德国的日耳曼尼亚造船厂为德国海军建造了第一艘以柴油机为动力的U型潜艇，被命名为"U-1号"艇。从此，一艘又一艘U型潜艇被推下大海，成为大西洋上最令人恐惧的武器装备和德国海军的象征。U型潜艇的诞生，标志着潜艇设计和制造技术的成熟，标志着潜艇具备了强有力的作战能力，成为世界海军强国常备武库中的重要成员。20世纪初，作战潜艇排水量通常为数百吨，水面航速达10节，水下航速6—8节，主要武器是舰炮、水雷和鱼雷。一时间，世界海军列强的潜艇订单雪片般的从各国海军部飞向建造潜艇的造船厂，到第一次世界大战前夕，各海军强国已经拥有了总

建造中的"霍兰号"

德国"U-1号"潜艇

共 260 多艘作战潜艇。

一代"蓝鲸"驰骋海上，它开辟了被称为"第二维"的水下战场，成为一支不可忽视的海上常备作战力量。

"无限制潜艇战"

1914 年 8 月爆发的第一次世界大战，成为潜艇这一作战兵力大显身手、建功立业的时机。

大战爆发后不久，德国陆军和英国陆军在比利时境内进行了较大规模的作战。当时的德国共有 20 艘可用的潜艇，鉴于英国海军和商船队不断从英伦三岛向比利时运送大批增援部队和大量作战物资给养，德国统帅部责成其海军出动潜艇赴英国沿海，对具有优势的英国水面舰艇和庞大运输船队进行袭击。

1914 年 9 月 5 日，德国"U-21 号"潜艇在福思湾附近海域用一枚鱼雷击沉英国军舰"开路者号"，使英舰 250 名官兵葬身海底，首战告捷。此后，"U-21 号"潜艇艇长奥托·赫尔辛成为"一战"中德国海军最出色的王牌艇长，他指挥"U-21 号"在 3 年作战中完成了 21 次战斗巡逻任务，击沉包括 2 艘战列舰和 2 艘巡洋舰在内的各类敌舰共计 36 艘。

半个月后，9 月 20 日，3 艘德国潜艇驶抵多佛尔海峡北口预定设伏区。其中，由魏迪赓上尉指挥的"U-9 号"潜艇由于罗经出了故障而偏离了设伏海域，但凑巧的是 3 艘英国老式巡洋舰正好自西北方向朝它驶来。"U-9 号"是一艘老式潜艇，排水量 600 多吨，水面航行时使用蒸汽轮机，潜航时使用电动机，装有 4 具 450 毫米鱼雷发射管；3 艘英国老式巡洋舰为"阿布基尔号""霍格号"和"克雷西号"，排水量均为 12000 吨，各配有 2 门 234 毫米主炮和 12 门

"u–21 号"潜艇击沉英国商船"琳达·布兰奇号"(Willy Stöwer, 1915)

152 毫米副炮及 2 具鱼雷发射管。两天后，3 艘巡洋舰列成相距 2 海里的一字横阵，以 10 节的航速驶抵了"U-9 号"潜伏的海域。当"阿布基尔号"驶入"U-9 号"的鱼雷有效射程内后，"U-9 号"潜艇对它进行了鱼雷攻击，被鱼雷击中的"阿布基尔号"未等前来救援的两艘邻舰到来，就从海面上消失了。"U-9 号"潜艇抓住战机扩大战果，很快又将另外两艘巡洋舰也一同送进了海底世界。于是，"U-9号"潜艇用前后不到 90 分钟的时间就击沉了大英皇家海军 3 艘12000 吨级的装甲巡洋舰，使舰上近 1500 名官兵葬身于鱼腹。"U-9

一战时期德国的宣传明信片，宣传了英国舰船被"u–9号"潜艇击沉的事迹，左上角为艇长奥托·爱德华·魏迪赓头像（1914，美国国会图书馆藏）

号"潜艇以其勇猛的攻击行动创造了潜艇作战史上最早的奇迹，成为海战史上以少胜多、出其不意的全胜战例，它强有力地宣告潜艇战登上了历史舞台。德国海军上将舍尔断言：潜艇未来将"在海战中居首要地位"。

可见，战争一开始，潜艇就在这场世界性战争中迅速成为进攻性武器装备，成为作战"新秀"，潜艇战与反潜战也成为一种新的作战样式，悄然无声地影响和改变着交战双方的战略战术。

1914年11月，英国人很明显地对德国采取了封锁战术。德国海军对英国采取大规模使用潜艇的反封锁战术，从而增大了赢得这场战争的可能。到了1914年底，德国潜艇共击沉8艘战舰和10艘商船，自损了5艘潜艇。1915年，英伦三岛周围海域被德国宣布成为交战海域，任何于2月18日后在这一海域经过的船只都可在未经

被德国潜艇击中的英国邮轮"路西塔尼亚号"在海水中沉没（Norman Wilkinson, *The Illustrated London News*，1915）

警告的情况下予以击沉，包括商船甚至客轮。不久，由于"U-21 号"潜艇发射的鱼雷击中排水量 30000 吨的"路西塔尼亚号"邮轮，导致 1198 人丧生，其中包括 128 名美国人，引起美国的强烈抗议，德国宣布潜艇不再攻击客轮，但仍旧频繁攻击协约国商船，并把战场扩大到地中海。到 1915 年末，德国潜艇击沉了 600 余艘协约国商船，被德国潜艇击沉的英国船只总吨位数甚至超过了船厂在建船只的总吨位数；到 1916 年和 1917 年，被击沉的商船总数已分别达 1100 艘和 2600 艘。其中英国的商船遭遇的厄运最深重，有统计说，仅 1917 年头 8 个月，总计近 300 万吨的英国商船被击沉，占往来英国商船的 1/4，致使英国经济运转难以为继，甚至一度陷入食品储备只能维持 6 周的窘境，几乎被置于战败之深渊。

1917 年，德国海军在环绕英伦三岛的大西洋战区和地中海战区海域刮起了时停时起的"无限制潜艇战"飓风。所谓"无限制潜艇战",就是无视任何国际法、海战法的限制(如关于战争开始时敌国商船地位、海战中限制行使捕获权等国际法规),事先不发出任何预告就使用潜艇作战,任意击沉敌国的商船和护航军舰。德国潜艇神出鬼没,张开血盆大口疯狂吞噬着敌国船舰,为提高攻击性能,德国人建造了一种称为潜艇巡洋舰的新型潜艇。这种潜艇除了鱼雷武器外还装备了105毫米或88毫米甲板炮,火力比以往的艇型更为强大,可以完成持续儿个月的远洋战斗巡逻任务。1917年5月,该型的"U-155号"潜艇离港,在105天里航行了9000海里,击沉19艘各类敌船并炮击了亚述尔群岛的岸上目标。

德国人被来自海底的捷报冲昏了头脑,竟然制定了横渡大西洋攻击美国的作战计划,将无限制潜艇战扩大到了美国东海岸,极不明智地挑战一个新崛起的海上巨人。由于德国人的愚蠢战略,得以稍稍喘息的英国政府立即在海军参谋部设置了反潜局,建立了极其严密的护航体制,对往返于英国的商船队进行护航。英美海军的护航与反潜行动很快奏效了,不断有击沉德国潜艇的消息传来。1917年至1918年,德国海军损失潜艇也多达132艘。最后,精疲力竭的德国招架不住这场四面为敌的浩大战争,不得不坐到战败和谈的席位上。

第一次世界大战是潜艇独领风骚的时期。其间,各参战国共建造了640余艘潜艇,仅德国就建造了300多艘。有统计说,德国潜艇击沉的商船总数达5906艘,总吨位超过1320万吨;潜艇击沉的各种战斗舰艇共192艘,其中有战列舰12艘、巡洋舰23艘、驱逐舰39艘、潜艇30艘。德国U型潜艇以其卓越的水下机动性和作战能力在海战中出尽了风头,也把制海权的概念扩大到了水下。

ONLY THE NAVY CAN STOP THIS

美国海军"一战"时期的征兵宣传画：一个人格化的德国，手持凶器在一片死亡之海中跋涉，脚下尸骨累累。画面上的标语为"只有海军才能制止此事"，意指德国任意攻击敌国民用船只的"无限制潜艇战"（W.A. Rogers, *New York Herald Cartoon*, 1917）

德意志"狼群"

　　"一战"结束后签订的《凡尔赛和约》规定德国不得建造潜艇，不得发动无限制潜艇战。但德国一方面在国内秘密研制新型潜艇，一方面又先后向国外订购了 8 艘潜艇。1933 年阿道夫·希特勒（1889—1945）上台后，加快了重建海军的步伐。1935 年 3 月 16 日，德国公然撕毁了《凡尔赛和约》。仅仅 3 个月之后，德国"一战"后制造的第一艘潜艇便下水了，它再次被命名为"U-1号"。到这年 9 月，德国共建造了 9 艘潜艇，新成立了一支以"魏

德国再次命名的"U-1号"潜艇（1935）

迪赉"命名的潜艇部队。到 1935 年底，德国潜艇部队已经拥有了
24 艘潜艇。

　　1939 年 9 月 1 日，纳粹德国装甲部队闪电般的攻入波兰境内。
9 月 3 日，英、法对德宣战，第二次世界大战开始。战争爆发时，
德国海军并没有做好战争准备，实力与英国海军相差悬殊，主要表
现在水面舰艇方面，特别是德国没有航空母舰，海军航空兵数量有
限，飞机航程短。但相比而言，英、德潜艇数量大致相同，英国略
占优势。这种实力上的差距，使德国海军起初拟订的以大型水面舰
艇控制制海权的作战设想显得不切实际。因此，当时的德国潜艇舰
队司令邓尼茨竭力主张以潜艇战作为主要作战形式，大力发展潜艇
并展开潜艇战再次进入德国战略决策者的视野。

　　"一战"时期德国 U 型潜艇为耐压艇壳构造，艇身为细长的钢
铁制造的圆筒，耐压艇壳外侧设有巴拉斯特槽，设有海水活门及空
气活门。将空气充到槽中，潜艇就会上浮；将海水冲入槽中，潜艇

邓尼茨"一战"期间服役于
"u-39号"潜艇时的照片

就可下潜。U型潜艇采用柴油机和电动机两种推进装置，双机共轴，双轴双（螺旋）桨，两台柴油机在水上航行时使用，最大水面航速15—18节；水下则使用由蓄电池带动的两台电动机，最大航速只有不到10节，一般4节左右。由于蓄电池需要上岸充电（后期改进型也需要浮出水面充电），水下作战持续时间有限，水面航速也不高，仅能追赶一些慢速商船，因而机动性不足成为U型潜艇的一个致命缺点。"一战"结束后，虽然德国潜艇的发展受到致命打击，但一直没有中止，军方一直致力于研究改进潜艇的性能。"二战"前成为德国潜艇舰队司令的邓尼茨就是其中的代表人物。

卡尔·邓尼茨（1891—1980）第一次世界大战期间就进入潜艇部队任职，5次在地中海和大西洋参加远航作战，屡建战功，1918年升任"U-68号"潜艇艇长，在袭击英国护航运输队的作战中曾经战败被俘，成为阶下囚。"二战"给了邓尼茨复仇的机会，他反对建造2000吨级的重型潜艇，主张建造排水量为500吨的Ⅶ型潜艇。

这种中型潜艇在艇首和艇尾共有 5 具鱼雷发射管，能携带 12—14 枚鱼雷，水面航速 16 节，活动半径 8700 海里，下潜时间只需 20 秒。他总结以往作战的经验教训，认为要取得潜艇战的胜利，关键在于必须集中多艘潜艇协同作战，认为德国最低限度必须配备 300 艘作战潜艇。由于后来的战绩，邓尼茨被称为"水下魔王"。

1939 年"二战"爆发后，德国两次宣布实施无限制潜艇战。9 月 14 日，德国潜艇"U-39 号"的鱼雷险些击中英国的"皇家方舟号"航空母舰；9 月 17 日，德国潜艇"U-29 号"在爱尔兰以西海域击沉了英国海军"勇敢号"航空母舰；10 月 14 日，德国潜艇"U-47 号"成功地潜入英国海军的斯卡帕湾基地，将排水量近 30000 吨的英国战列舰"皇家橡树号"击沉。德国潜艇初战告捷，从此开始在大西洋航线上出没，截至 1939 年底，在短短数月之中，德国潜艇已经击沉盟国和中立国船只 114 艘，总吨位达 42 万吨。

英国的致命弱点是其经济命脉过于依赖海上贸易，因此英国海军战略是坚决保障海上交通线安全，夺取制海权，并对敌方进行海上封锁。受马汉制海权理论的影响，英国在战前注重发展强大的水面舰队，对潜艇和海军航空兵的地位和作用估计不足，当然也忽视了空中反潜战术。在遭遇一开始的挫败后，英国政府开始实施严密的护航体制，派强大的护航舰队为商船护航。

1940 年 4—6 月，德军先后占领了挪威和法国，并在两个国家建立了潜艇基地，这意味着德国潜艇到达大西洋游猎区的航程缩短了一半。针对英国海军的护航行动，邓尼茨提出了潜艇作战史上最负盛名的"狼群"战术理论。所谓狼群战术，即若干潜艇编为一个战术群，在潜伏海域相对分散进行搜索。任何一艘潜艇一发现护航运输船队，不急于攻击，而是向陆基指挥部报告并跟踪航行；陆基

1939 年 10 月 1 日，德国"U–47 号"潜艇在击沉英国战列舰"皇家橡树号"后返回港口。背景中可以看到德国"沙恩霍斯特号"战列舰

邓尼茨巡视于 1941 年 6 月抵达法国圣纳泽尔港海军基地的"U–94 号"潜艇

指挥部实施指挥，电令其他潜艇向跟踪艇靠拢，一般在日落以后追上运输船队，然后潜艇集群利用夜幕的掩护一同对护航运输船队实施联合攻击行动，在袭击、驱散护航舰艇的同时，击沉运输舰队。7月，德国首次有效使用狼群战术击沉了英国的万吨客轮。10月初，这一战术又大获全胜，先是截击了从加拿大启航回国的英国 SC-7 护航运输船队，将 35 艘舰船中的 20 艘满载军用物资的运输船击沉。接着，又重创了尾随而来的英国 HX-79 护航运输船队，在这支由 49 艘运输船、2 艘驱逐舰、4 艘护卫舰和其他 6 艘武装舰船组成的船队中，有 12 艘运输船沉入海底。不久，狼群战术被正式列为德国海军潜艇的标准战术。一时间，大批的"狼群"神出鬼没于大西洋海上战场乃至美国西海岸，像幽灵一样在同盟国的一支支护航运输船队头上笼罩了一层厚重的死亡阴影。德国潜艇新击沉的船舶达到了令人惊异的数字：7 月 19.6 万吨，8 月 26.8 万吨，9 月 29.5 万吨，10 月上升到 35.2 万吨。邓尼茨的"德意志狼群"在德国空军的支援下，对大西洋运输船队发动的首次为期 4 个月的海上袭击战，造就了德国潜艇战的所谓"黄金时期"，对盟军海上交通运输线形成了致命的威胁。大西洋海上运输线上的潜艇作战和反潜作战进入了"白热化"。英国首相丘吉尔坦言："战争中唯独使我真正害怕的是德国潜艇的威胁。"

1941 年 12 月 7 日珍珠港事件发生后，德国对美国宣战。德国 5 艘潜艇长驱北美海域圣劳伦斯湾与哈特勒斯角湾之间，白天潜入水中，天黑以后浮出水面，对川流不息的商船进行恣意袭击，展开了"闪击战"。1942 年 1 月，德国潜艇共击沉商船 62 艘，达 32.7 万总吨位；2 月，击沉 17 艘船共 10.3 万吨；3 月，击沉 28 艘船共 15.9 万吨；4 月，仍有 23 艘船被击沉。这段时间成为德国潜艇"猎获美船

1941 年 10 月，一艘护卫大型舰队的英国驱逐舰上的军官通过望远镜观察远处的海面，警惕德国潜艇的出现

的季节"。

1942 年夏季，德国潜艇重回北大西洋，再次掀起了"狼群"作战的高潮。此时，德国潜艇已增加到 300 余艘，大量安装了搜索雷达和雷达波接收器，并开始用埃纳哥玛保密机进行通信联络，使潜艇群的相互联络更加快捷，狼群效应更加突出。1942 年，在盟国损失的 1664 艘船（779 万吨）中，有 1160 艘（626 万吨）是被潜艇"吃"掉的。德国潜艇制造以每月 30 艘的速度突飞猛进，虽然损失了 87 艘潜艇，但在年底总数仍上升到 393 艘。潜艇的性能不断提高，类型和职能也有了进一步的区分，如鱼雷攻击型潜艇、布雷潜艇、大型运输潜艇等。庞大的潜艇群使邓尼茨可以随心所欲运用狼群战术，无限制潜艇战达到了前所未有的疯狂程度。

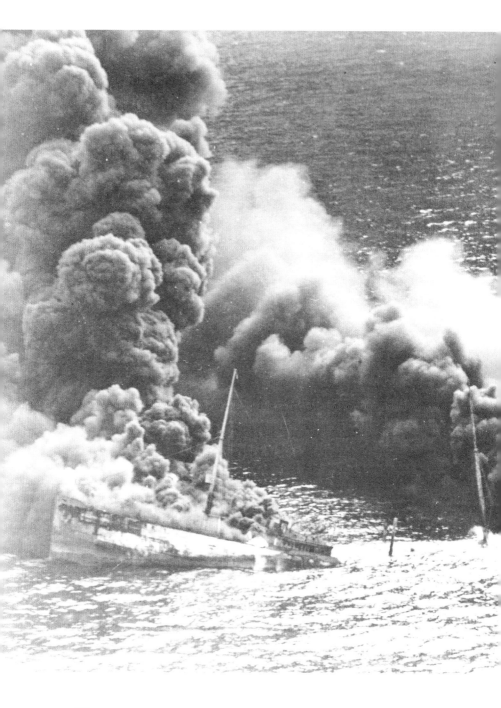

海洋变局 5000 年

盟军油轮"南方之箭号"被
德国"U–71 号"潜艇发射
的鱼雷击沉（1942）

德国潜艇"U–459 号"（一种 XIV 型补给潜艇）在遭到英国威灵顿式重型轰炸机攻击后下沉

英国"史塔林号"护卫舰投放深水炸弹。在 1943—1944 年间，该舰与其所隶属的第二护卫群的另外五艘同级舰总共击沉了 11 艘德国 U 型潜艇

　　1943 年年底以后，随着整个世界大战形势的变化和改观，英美得以抽调更多的海空军兵力投入大西洋的反潜保交作战。在拥有空中优势的以护航航空母舰为核心的盟军反潜兵力的有力打击下，德国海军潜艇部队遭受重大损失；而盟军对德国的战略轰炸行动，则重创了德国海军潜艇作战部队赖以为强劲后盾的潜艇制造工业。历时长达 5 年半之久的大西洋海上交通运输线之战终于以德军的失败而告终。

航空母舰的雄风

　　人类从陆地起步，开拓了海洋空间，接着又把人类遨游九重蓝天的古老梦想变成了现实。令人遗憾的是，科学技术的每一步发展，往往首先被用于军事，用于人类相互残杀的战争。在进入天空这个第三维活动空间之后，人们不仅在陆地战争中期待制空权，同时也在海上战争中把制海权的概念延伸到了空中。于是，成就了"二战"中航空母舰的一代雄风。

第三维作战空间问世

18 世纪 30 年代，热气球飞行试验在欧洲获得成功。法国大革命期间，热气球被革命政府用来进行军事侦察。在 1861—1865 年的美国南北战争中，它也发挥了同样的功能。19 世纪 70 年代初的普法战争中，被德国军队重重围困的巴黎守军用氢气球向城外单程运送出约 11 公斤的急件、164 名人员和 381 只信鸽。1900 年，德国人制造出第一艘硬壳动力飞艇，在后来的第一次世界大战中，德军曾用这种飞艇袭击伦敦并向非洲运送军用物资。1903 年，美国的莱特兄弟驾驶自制的第一架动力飞机完成了飞行试验，为人类征服第三维空间开辟了广阔前景。此后，用于完成侦察任务、轰炸地面目标、攻击空中敌机等各种专门用途的军用飞机相继研制、试飞成功，并在战争中显示了不凡的功效。

20 世纪初期，仅仅是飞机的空中侦察优势，就使年轻的美国海军首先看到了海军航空兵力的前途。1910 年 11 月，美国海军在"伯明翰号"轻型巡洋舰的舰首甲板上临时铺设了一条长 26 米、宽 7.3 米的木质跑道，成功地完成了飞机第一次在军舰上起飞的试验；两个月后，美国海军在"宾夕法尼亚号"重型巡洋舰上又成功地进行了第一次飞机降落于军舰的试验。这一起一落，为海军装备舰载机奠定了基础，而航空母舰的研制建造，也由此拉开了序幕。

美国南北战争期间，北军的侦察热气球在"乔治·华盛顿·帕克·卡斯蒂思号"驳船上着陆，这艘驳船在战争期间专门用来运载和升降北军侦察热气球，与后来航空母舰的功能相似

　　在新开辟的海军航空领域，海军列强们不甘示弱，纷纷投入了财力和物力。1917年，英国海军在"暴怒号"重型巡洋舰上铺设了起飞甲板和降落甲板，将之改建成为最早的一艘航空母舰；1918年，英国海军建成了由商船改建的"百眼巨人号"航空母舰，它首次采用全通型甲板和岛型舰桥，机库置于飞行甲板的下一层舱内，具备了现代航空母舰的雏形。1921年，美国海军将舰队运煤船"木星号"进行了改建，从而拥有了第一艘航空母舰"兰利号"。

　　此后，各国开始致力于专门设计的航空母舰的制造。英国"竞

1910 年 11 日，尤金·伊利驾驶飞机从"伯明翰号"轻型巡洋舰起飞

1911 年 1 月 18 日，尤金·伊利驾驶飞机在"宾夕法尼亚号"重型巡洋舰上降落

美国"兰利号"航空母舰（1927）

技神号"和日本"凤翔号"航空母舰几乎先后开工。1922年，日本的"凤翔号"先于英国"竞技神号"下水并编入了现役，该舰为全通式飞行甲板，虽然只长160米，排水量7000吨，航速25节，却可以携带21架飞机，成为世界上第一艘真正意义的航空母舰。

至20世纪30年代，英、美、日、法等海军强国都拥有了第一批航空母舰。这些早期的航空母舰多半由战列舰、巡洋舰或商船改建而成，排水量12000—40000吨，航速15—34节，续航力3000—12000海里，可配载飞机30—90架不等，还装有37—203毫米炮10—25门。截至1939年第二次世界大战前夕，各海军大国拥有航空母舰的情况见下页表。

日本"凤翔号"航空母舰

美、英、日、法、德拥有航空母舰数量

拥有情况 ＼ 国别	美国	英国	日本	法国	德国
已经服役	7	7	10	2	0
正在建造	8	5	5	6	2

　　然而，除了日本之外，当时世界各海军大国仍然墨守着传统的大舰巨炮主义观念，只是将航空母舰上的海军航空兵力视为海上作战的辅助力量。而日本却独树一帜，充分重视海军航空兵力的建设，其航空母舰不光数量首屈一指，并且已经能够完成侦察、防空、轰炸、鱼雷攻击等多种作战任务，为日本海军在"二战"中的作为奠

定了基础。

"二战"中，航空母舰按照排水量大小和担负任务不同分为3个类别：

重型航空母舰。排水量在30000吨以上，搭载舰载攻击机、战斗机（歼击机）100架左右，主要用于对水面、空中和陆上目标进行空袭；

轻型航空母舰，排水量15000吨，搭载各种舰载机50架，主要用于自己舰艇编队的对空防御和对敌方海上、陆上目标进行攻击；

护航航空母舰，排水量10000吨，搭载舰载机约30架，多用大型商船或军舰改装而成，主要为运输船队和舰艇编队护航。

"二战"中，各参战国建造的各型航空母舰达200艘，战损42艘。大战中，航空母舰大显身手，成为最令人震撼的装备、最耀眼的新星。

太平洋世纪战

1939年9月1日，德国法西斯军队向波兰发起"闪电战"进攻，引发了人类战争史上规模最大的第二次世界大战。1940年9月27日，德、意、日签订条约，组成了法西斯轴心国集团。为了摆脱在中国战场深陷泥潭的困境，日本决定趁欧洲战场激战之隙南下，南向东南亚和太平洋岛国进军。这一举动直接触犯了美国在亚洲太平洋地区的利益。1941年7月，日本占领印度支那半岛南部，引起美国强烈反应，美国随即冻结了日本在美国的资产，随后又下令禁止向日本出口石油，两国矛盾激化，战争已不可避免。日本海军联合舰队司令长官山本五十六海军大将主持制订了以航空母舰偷袭美国海军太平洋舰队基地珍珠港的作战计划，对美国不宣而战，太平洋战争

日本"赤城号"航空母舰 1927 年 6 月 17 日在伊予海岸进行试航，三个飞行甲板都可见

爆发。

1941 年 11 月 26 日，日本南云忠一海军中将指挥的机动部队，驶离日本悄悄地向珍珠港方向开进，总兵力共计航空母舰 6 艘、战列舰 2 艘、重巡洋舰 2 艘、轻巡洋舰 1 艘、驱逐舰 11 艘、潜艇 3 艘、油船 8 艘、舰载机约 400 架，旗舰为"赤城号"航空母舰。

12 月 7 日凌晨，这支庞大的舰队在美国人全然不知晓的情况下逼近了珍珠港，由 183 架飞机组成第一攻击波呼啸着扑向集泊于珍珠港的美国太平洋舰队，开始了剧烈空袭；随即，第二攻击波出动

日军袭击珍珠港时从飞机上拍摄的珍珠港基地内的战列舰阵群的照片：中心的爆炸点是被鱼雷袭击的"西弗吉尼亚号"航空母舰。画面上可以看到两架正在实施空袭的日本飞机：一架越过"尼奥绍号"战舰，另一架飞过海军造船厂

的 167 架飞机再次临空发起猛烈攻击。两个波次的空袭进行了不到两小时，共投掷鱼雷 40 枚、炸弹 556 枚，合计 144 吨，以损失飞机 29 架、潜艇 6 艘和伤亡 200 人的轻微代价，使美国太平洋舰队集泊在港内的全部 8 艘战列舰、10 余艘巡洋舰等舰船和 300 多架飞机全部损失殆尽，美军死伤近 3700 人，惨烈之至。幸好当时有 3 艘航空母舰出海执行任务而免遭袭击，否则美国海军的损失将更为惨重。迄今，夏威夷珍珠港还保留着当年被击沉的"亚利桑那号"斑驳的舰体。日本海军偷袭珍珠港的成功结果表明，航空母舰上的海军舰载航空兵力是一支威力巨大的海上突击力量。它可以为己方海军舰队赢得海上战区的空中优势，从而取得海上战场的胜利。

1942 年 5 月 5 日，日本"瑞鹤号"航空母舰上的检修人员在甲板上检修舰载飞机

　　1942 年初，日本控制东南亚之后，决定继续南进，夺取西南太平洋诸岛以切断美军与澳大利亚的海上交通线。4 月底，日本海军由 1 艘轻型航空母舰和 4 艘重型巡洋舰等舰只组成的护航编队、由 2 艘航空母舰和 2 艘重型巡洋舰等舰只组成的机动编队相继启航驶往珊瑚海方向。美军情报部门截获并破译了日本海军的密电，太平洋舰队新任司令切斯特·威廉·尼米兹海军上将迅速调集舰队迎战，以雪珍珠港之耻。5 月 7 日，美海军舰载机在 l0 分钟内击沉了日"祥凤号"轻型航空母舰。8 日上午，美日两支势均力敌的航空母舰编队驶向珊瑚海中央海域，双方各自拥有航空母舰 2 艘，舰载机 120 余架，护航舰近 l0 艘。在相距 200 海里时，双方的侦察机都发现了

敌方，随后，美、日两支舰队的舰载机先后起飞扑向对方的舰只，展开了一场史无前例的海空大拼杀。珊瑚海海战是海战史上航空母舰的首次对决，是一次超出目视距离的海战，美日双方舰队远程奔袭的舰载机向对方舰只实施猛烈攻击，美方被击沉航空母舰、大型油轮、驱逐舰各1艘，损伤航空母舰1艘，损失舰载机66架；日方的1艘轻型航空母舰、1艘驱逐舰和3艘小舰被击沉，1艘航空母舰受重创，损失舰载机77架。珊瑚海大战是日本自发动战争以来锋芒首次受挫，美军保住了与澳大利亚的交通线，太平洋战争由此进入了战略相持的阶段。英国首相丘吉尔说："就战略上而言，这是美国与日本交战以来第一次可喜的胜利。像这样的海战，从前是没有见过的，这是水面舰只没有互相开炮的第一次海战。"

这次海战，舰载航空兵的空中打击成为获取制海权的首要力量，标志着航空母舰作为海军舰队的支柱取代了传统的大舰巨炮。

珊瑚海受挫之后，日军转而夺取北太平洋的中途岛，企图将其海上防线推进到中太平洋，切断美军海上补给线以迫使美军退守夏威夷及本土西海岸，从而保障日本本土和日军南进翼侧安全。5月底，日军舰队由本土启航驶向中途岛。此次日本海军调集了包括8艘航空母舰在内的大中型作战舰只近200艘，分编为主力编队、第一机动编队、北方编队、攻占中途岛编队和先遣编队5个战术编队，由山本五十六大将亲自指挥。美军再度破译了日本海军的无线电密码。太平洋战区总司令尼米兹上将迅速调集3艘航空母舰和40多艘其他战舰，组成了航空母舰编队群，预先进至中途岛东北200海里海域，隐蔽待机击敌。6月4日凌晨，日军第一机动编队进至中途岛西北240海里海域，派出第1波飞机108架攻击中途岛。美军航空母舰编队群立即向其接近，在距敌150海里处，连续出动第一、

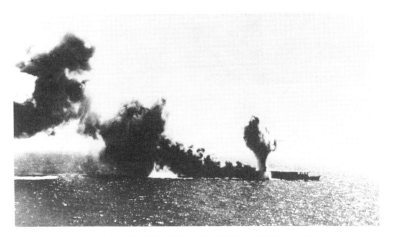

1942 年 5 月 7 日，日本"祥凤号"航空母舰被美国轰炸机和鱼雷炸毁

1942 年 5 月 8 日，美国"列克星敦号"航空母舰被鱼雷击中后爆炸，海面上升腾起蘑菇云

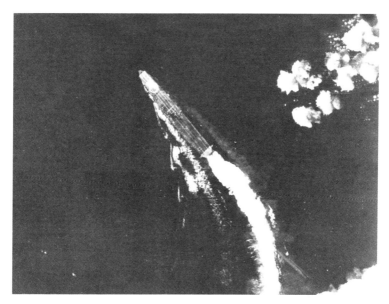

美国 B-17 轰炸机击中日本"飞龙号"航空母舰

第二波飞机 200 多架，乘着日航空母舰接受其第一波飞机返航归舰和第二波飞机由炸弹改挂鱼雷的一片混乱之机，对日航空母舰编队实施连续的猛烈攻击，一举击沉了日军的"赤城号""加贺号""苍龙号""飞龙号" 4 艘航空母舰，消灭舰载机 250 架，而美军"约克城号"航空母舰也被击毁。从此，美国军队开始掌握了太平洋战争的战略主动权。航空母舰再次有力地表明自己已经成为现代海战的主角。

从 1943 年开始，美、英等盟国军队在太平洋战场分两路对日军发起战略反击，尔后向菲律宾方向分进合击。1944 年 10 月 23 日至 26 日，美日在菲律宾以东海域再次进行了世界海战史上规模最大的

美国"约克城号"航空母舰被击中

海、空大战——莱特湾海战。日军计有 4 艘航空母舰、9 艘战列舰、
19 艘巡洋舰、33 艘驱逐舰和 700 余架飞机参战，美军计有 12 艘航
空母舰、18 艘护航航空母舰、12 艘战列舰、20 艘巡洋舰、104 艘驱
逐舰和 1280 架舰载机参战，双方庞大的海军兵力都抱有决一死战的
决心，在莱特湾一带的锡布延海、苏里高海峡、英加诺角和萨马岛
等相距数百海里的几个海域进行了多次激烈的海空拼杀，结果，日
本海军损失航空母舰 4 艘、战列舰 3 艘、巡洋舰 10 艘、驱逐舰 9 艘，
累计吨位高达 30.6 万吨；美国海军损失轻型航空母舰 1 艘、护航航
空母舰 2 艘、驱逐舰 2 艘、护卫舰 1 艘，累计仅达 3.2 万吨。美国
海军强大的航空母舰作战编队再度显示了巨大的威力，日本海军从

日本"瑞鹤号"航空母舰在莱特湾海战中被炸弹 7 次击中，严重受损、行将沉没，在舰长发布降下舰旗的命令后，全体船员向降落的舰旗致敬，然后撤离

此一蹶不振。

　　1945 年 4 月初，美军在冲绳岛登陆，日本守军困守待援，局势严重。4 月 6 日，日本海军动用了最后一张王牌——排水量 73000 吨、装有 3 座 3 联装 460 毫米主炮的超级巨型战列舰"大和号"，与 9 艘巡洋舰和驱逐舰组成作战编队，乘夜冲入冲绳海域的美舰集结区，孤注一掷地发起攻击。但是，美航空母舰上的舰载机编队立即对日军舰队实施了空中攻击，12 枚鱼雷和 7 枚炸弹命中"大和号"，这艘空前绝后的超级战列巨舰永远地从大海的波涛中消失了。日军从此不堪再战，最终无条件投降。

日本巨型战列舰"大和号"（1941）

　　在这场蔚为壮观的太平洋世纪战中，航空母舰及其舰载航空兵力是主力。在太平洋战场，航空母舰对阵拼杀，一展威力和雄风；在大西洋战场，盟军护航航空母舰为反潜战提供空中优势，成为海上运输线的保护神；在北非、地中海等各个战场上的大规模登陆作战行动中，航空母舰及其舰载航空兵提供了两栖攻击的空中支援。航空母舰，从此成为强国海军舰队的核心力量，成为海洋世界的新主宰！它使各国海军摒弃了大舰巨炮制胜的传统观念，也将久盛不衰的"大舰巨炮"主义送入了历史博物馆。战争大大推进了世界海军的现代化。而现代海军，也清晰地区分为水面舰艇、潜艇和航空兵三大兵种。

海权"是"与"非"

以国家为主体的海权本质上是排他的、对抗的。由于海权的产生和发展源于国家保护海上贸易的安全需求，它自然而然地与国家利益联系在一起，国家利益的排他性决定了海权的排他性。千百年来，伴随海权发展的始终是对抗、是战争，海洋大国海权意识的成长集中于发展优势的海军、夺取制海权，实现海洋控制和海洋霸权。于是，海权发展的历史，便成为一部大国间海上对抗和海战的历史、一部海上军备发展和竞赛的历史。

如前所述，在人类历史的长河中，海权的诞生是人类利用海洋连通性发展海上贸易的结果，是商品经济内在规律作用的结果，特别是随着"地理大发现"的世界性海洋大潮，海权历史地成为资本主义发展的助推力。资本主义是优于封建主义的社会形态，它以工业革命带来的科学技术发展为动力，推进了资本主义经济结构、上层建筑的变革，支持了先发国家的崛起，形成了这个时期特定的"海权对历史的影响"。从人类社会发展的角度看，这种影响无疑是进步的。

在资本主义发生和发展的阶段，英国是第一个成功者，第一个获得海权"红利"的国家。它最先进行了资产阶级革命，最先进行了工业革命，获得了大于本土面积100多倍的殖民地，获得了现代化的充分动力。它号称日不落帝国，成为第一个名副其实的世界霸主。英国之后，美国、俄国、法国、德国、日本等急起直追，纷纷走上现代化的道路，国力逐步强大，甚至后来居上，为什么？规律使然，得海权者国家兴。

近代中国提供了一个反面例证。相对于美、俄、德、日，中国在近代起步学习西方科学技术、建设海军不算晚，但中国只是学习西方科学技术以维护当时落后的制度，因而没有学到海权真经，所以失败了。甲午战后不久，中国一些军政要臣不断提出重建海军和海防的建议。湖广总督张之洞说："今日御敌大端，惟以海军为第一要务……无论如何艰难，总宜复设海军。"戊戌变法的代表人物康有为说："吾中国无海军，即无海境。"光绪皇帝也再度提出："国家讲求武备，非添设海军，筹造兵轮，无以为自强之计。"从1895年起，清朝统治者向英、德等国订购大小军舰43艘，其中从英国购进的4300吨的"海圻号"巡洋舰吨位最大、武备最好。1911年4月，"海圻"舰在舰队司令程璧光率领下，出使英国参加国王乔治五世的加冕庆典，并出访美国和古巴。这是中国海军舰艇第一次正式出访，前后近120天的航程。泱泱大国不甘心落后，想重整海军旗鼓的还是大有人在。

1912年1月1日，中华民国临时政府宣告成立。临时大总统孙中山在当天就发布命令："以红旗右角镶青天白日，日有十二芒为海军旗。"两天后，孙中山任命黄钟瑛为海军总长、汤芗铭为海军次长。孙中山建立的中华民国临时政府一共只设有9个部，海军部便是其中之一，可见其对海权的重视。他在回复陈其美的一封信函中说："中国之海军，合全国之大小战舰不能过百只，设不幸有外侮，则中国危矣。何也？我国之兵船不如外国之坚利也，枪炮不如外国之精锐也，兵工厂不如外国设备齐完也。故今日中国欲富强，非厉行扩张新军备建设不可。同志谓中国国防不有相当武备建设，此中国不富强之原因，诚是也。故中国欲勤修军备，然后可保障国家独立，民族生存也。"他还认为："何谓太平洋问题？即世界海权问题

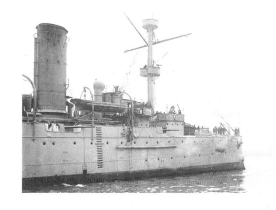

"海圻号" 1911 年 9 月
11 日抵达纽约（1911，
美国国会图书馆藏）

"海圻号" 的水手列队游
行，所有人均剪去了辫
子（1911，美国国会图
书馆藏）

清末民初的海军将领合
影，中间左数第五人为
程璧光，第六人为黄钟
瑛（1911）

　　　　　　　　　　　海洋变局 5000 年

也……惟今后之太平洋问题，则实关乎我中华民族之生存，中华国家之运命者也。""盖太平洋之重心，则中国也。争太平洋之海权，即争中国之门户权耳。谁握此门户，则有此堂奥，有此宝藏也。人方以为我争，我岂能付之不知不问乎？"他主张将琼州（今海南省）改设行省，因为琼州"东瞰小吕宋，西连东京湾，南接安南，北倚雷州半岛"，"为大西洋舰队所必经之路，南洋之门户也"，战略地位非常重要，并且是"贸易船舶之所辐辏，商贾货物之所云集，山海物产之所鳞屯"的要地，是国家"海疆之要区，南方之屏障也"；四面港口，又有榆林"为天然之海军根据地"，必须致力于建设以巩固海防。他说："自世界大势变迁，国力之盛衰强弱，常在海而不在陆，其海上权力优胜者，其国力常占优胜。"他以德、英、美、日、俄等国海军争先恐后发展、皆有长足进步警醒中国，呼吁建立琼州省，建设榆林港，发展海军，以扼守这一"大西洋舰队所必经之路，南洋之门户"。可惜的是，孙中山振兴中华海权的宏图伟业尚未开始，大权就很快旁落到袁世凯之手。中华民国首任海军总长、海军总司令黄钟瑛英年早逝，规模有限的海军力量全部落入袁世凯的掌握之中而难有作为。第一次世界大战后，孙中山在他著名的《实业计划》中，主张在中国的北部、中部及南部沿海各修建一个世界水平的大海港（北方大港、东方大港、南方大港），以发展对外经济贸易，但这些美好的设想终究都成为泡影。孙中山以后，仍有不少中国人致力于中国海军的振兴：1915 年，中国便有裁撤旧军舰、发展第一次世界大战中崭露头角的海军航空兵和潜艇兵力的建议；l918 年，陈绍宽到欧洲考察了美、英、法、意等国后，撰写了大量报告，力陈飞机、潜艇的巨大作用。中国人历尽劫难，前赴后继，试图建立一支强大的海军以抗击帝国主义，拯救中国，求强求富，但所有这些努力都相继失败。为什么？失海权者国家衰。

历史就这样走过了资本主义海权突飞猛进发展的 200 年，走进了 20 世纪。然而，在 20 世纪初的世界大舞台上，海权循着其自身的规律，开始走向了反面，可谓物极必反。

海权与生俱来就有两面性。它伴随西方殖民主义和资本主义的发展而发展，它所力助、力挺的殖民主义和资本主义，是以追求财富为唯一目标的，为此而寻找市场、寻找财富、寻找廉价劳动力。在资本原始积累阶段，这是一个血淋淋的、不择手段的过程：美洲金银产地的发现，伴随着土著居民几乎被灭绝；非洲的殖民地，变成商业性地猎获黑人的场所；荷兰人的商业繁荣进入鼎盛，爪哇的居民人口只剩原来的 1/10……海权一方面支撑起资本主义的大厦，另一方面把殖民地的人民踩在脚下；一方面为自己国家做着贡献，另一方面也进行着对另一个国家的征服、杀戮，直至战争，海权这把双刃剑，在资本主义发展的进程中，越来越锋利，越来越暴力，变成了战争的代名词。19 世纪末 20 世纪初，资本主义发展到帝国主义阶段。什么是帝国主义，帝国主义就是所有大国都想争夺霸权，为此发展强大的军备，无限制地发展和运用海军，为此进行武力拼杀，血流成河……"帝国主义就是战争"，终于，资本主义残忍的一面发展到了极致，酿成两次世界大战的浩劫。

帝国主义时代的海权对抗，以争夺制海权为目标，军备竞赛登峰造极。大舰，从 10000 吨级发展到 30000 吨级；大炮，从几十毫米口径发展到几百毫米口径；潜艇，从单打独斗发展到"狼群"出没；航母，将战争扩大到海洋上空……第一次世界大战有 30 多个国家、15 亿人口卷入其中，大约有 6500 万人参战，1000 万人失去了生命，2000 万人受伤。战争中，四大强国用于建造新舰的费用总计

漫画：美国、德国、英国、法国和日本正进行"无极限"的海军军备竞赛游戏（*Puck*，1909）

约 2.27 亿英镑。

四大强国用于建造新舰的费用（单位：英镑）

年份 \ 国别	英国	法国	俄国	德国
1909	11076551	4517766	1758487	10177060
1910	14755289	4977682	1424013	11392851
1911	15148171	5876659	3215396	11701899
1912	16132558	7114878	6897580	11491187
1913	16883875	8093064	12082516	11010883
1914	18876080	11772862	13098613	10316200

人们开始反省无限制地发展海权的副作用，军备控制思想发展起来。"一战"结束时缔结的《凡尔赛和约》规定，战败的德国只能保持拥有 6 艘战列舰、6 艘轻型巡洋舰和 12 艘驱逐舰的军事规模，不允许发展潜艇。然而，疯狂的战争思维仍在继续，尤其是太平洋西北部的日本，坚持要建造和维持一个拥有 8 艘战列舰和 8 艘巡洋舰的舰队，其 1921 年至 1922 年海军拨款竟高达世界海军拨款总和的三分之一。美国人也宣称要建立一支在世界上"首屈一指的海军"，大英帝国更不甘被别国超越其头号海军强国的地位，而战败的德国也耿耿于怀，想重振海军雄风。为了限制再次抬头的造舰计划，美、英、日、法、意五大国经过一番讨价还价，于 1922 年 2 月 6 日在华盛顿签订了《限制海军军备条约》，即《华盛顿海军协定》，在"致力一般和平之维持"和"减轻军备竞争之负担"的名义下，协定英、美、日、法、意五国海军主力战舰吨位的比例为

1922 年 2 月 6 日，英、美、日、法、意五国签署《华盛顿海军协定》

5：5：3：1.75：1.75，英国和美国各为 52.5 万吨，日本为 31.5 万吨，法国和意大利各为 17.5 万吨；又对各类主力战舰作了专门限制：战列舰为 3.5 万吨，装备 406 毫米大炮；巡洋舰 1 万吨，装备 203 毫米大炮；航空母舰 2.7 万吨，装备 203 毫米大炮。

　　《华盛顿海军协定》结束了英国独占世界海军力量鳌头的统治地位，美国开始与之平起平坐。然而，协定仍旧难以遏制海军军备竞赛，超级战列舰的发展在秘密进行。1934 年，日本宣布退出《华盛顿海军协定》，着手建造当时世界上最大的战列舰"大和号"和"武藏号"。该型战列舰满载排水量近 7.3 万吨，推进功率 15 万马力，

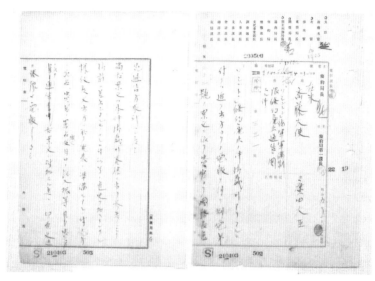

日本于 1934 年 12 月 29 日发布退出《华盛顿海军协定》的通告

航速高达 27 节，配备 460 毫米口径主炮 9 门，能发射 1460 公斤的炮弹至 41 公里，另配有 155 毫米口径副炮 12 门，127 毫米口径高炮 12 门，弹射起飞的水上飞机 6 架。该型舰甲板以上的上层建筑有 13 层之多，舷部敷有 5 层防护钢甲，最厚处达 410 毫米，成为世界海军造舰史上空前绝后的超级战列巨舰。在同一时期，"乔治五世号"（英国）、"俾斯麦号"（德国）等一大批战列巨舰问世，大洋上再度笼罩着战争的阴影。

随即到来的第二次世界大战更加血腥，战火蔓延到亚、欧、非三大洲、四大洋，参战国家 61 个，卷入战争的人口达 17 亿，动员的武装力量总人数超过 1.1 亿。参战国军队伤亡总数达 5000 万人以上，再加上平民，伤亡总数达 9000 万人。参战国军费消耗总额为

1.35 亿美元，再加上财政消耗和物资损失，损失总数达 40000 亿美元。"二战"的海战场上交战空前激烈，重装备占据大半，惨重的经济损失也大半集中于此。帝国主义海权就这样走到了它的尽头，显示出了反人类的一面。

中国也被卷入这次惨绝人寰的世界大战中。一个半殖民地半封建的国家，一个海权羸弱的国家，拿什么抵御这场浩劫？ 1937 年抗日战争爆发前夕，中国海军总计有大小舰艇 120 余艘，总吨位仅68200 吨，尚不足日本海军总吨位的 1/30。国民党政府认为这支弱势海军既无力同日本海军在海上驰战，也无力扼守海口以阻挡敌方海军内驶进犯，遂决定将海军主要舰艇和其他船只沉于长江下游的江阴航道，借以阻滞日军的进攻行动。1937 年 8 月 11 日至 9 月 25 日，时任海军部长的陈绍宽亲自指挥，先后将 228 艘舰船沉入江阴航道的最窄处，这位本应驰战海洋的统帅却成了沉船塞江的首领。主力舰船损失之后，中国海军继续在长江和两广的内河进行阻敌水上行动的水雷战，尽管奋战英勇，血洒长江，却无法阻止日寇的节节进逼，日军直驱武汉、宜昌。最后，包括中山舰在内，中国海军的舰船都被日军飞机炸沉在长江中，中华民国海军几乎全军覆没，结果自然是国破山河碎。蒋介石在《中国之命运》中曾说："自外国军舰自由行驶停泊于中国沿海及内河后，中国不复有海防存在，而通都大邑无不在帝国主义'炮舰政策'威胁之下"，因此，"中国只好听他们'予取予求'"。为什么？他曾在抗日战争胜利后做过这样一段解释："甲午之战，我海军全部被日本覆灭，成为 50 年来国势积弱的主因。抗战期间，日本企图以海制陆，对我发动大规模侵略，我国无强大海军，不能在海面上围敌聚歼，于是日本在上海登陆，然后长驱直入……"中国在抗日战争中付出了巨大的代价，中国军

中华民国"应瑞号"巡洋舰，1937 年 10 月 23 日在安徽采石矶卸炮时被日本飞机炸沉

"中山号"军舰，曾经历"护国讨袁运动""护法运动""东征平叛""孙中山蒙难""中山舰事件"等重大历史事件，1938 年 10 月武汉保卫战中被日军击沉于今天的武汉市江夏区金口水域

　　　　　　　　　　　海洋变局 5000 年

民伤亡共 3500 多万人，直接经济损失 1000 亿美元，加上战争消耗共达 5600 亿美元。

"二战"后，人们痛定思痛，旨在维护国际和平与安全的联合国建立，拟定并通过了《联合国宪章》。宪章规定，联合国的宗旨是"维持国际和平与安全""发展国际间以尊重各国人民平等权利及自决原则为基础的友好关系"和"促成国际合作"等。宪章还规定联合国及其会员国应遵循所有会员国主权平等、各会员国应以和平方式解决其国际争端、各会员国在它们的国际关系上不得对其他国家进行武力威胁或使用武力，以及不得干涉各国内政等原则。《联合国宪章》表达了使人类不再遭受战祸的决心，并且为防止战争、维持和平建立起一套完整、可行的运作机制。

人类历史从此开创了一个新纪元，海权从此会有变化吗？答案是肯定的。

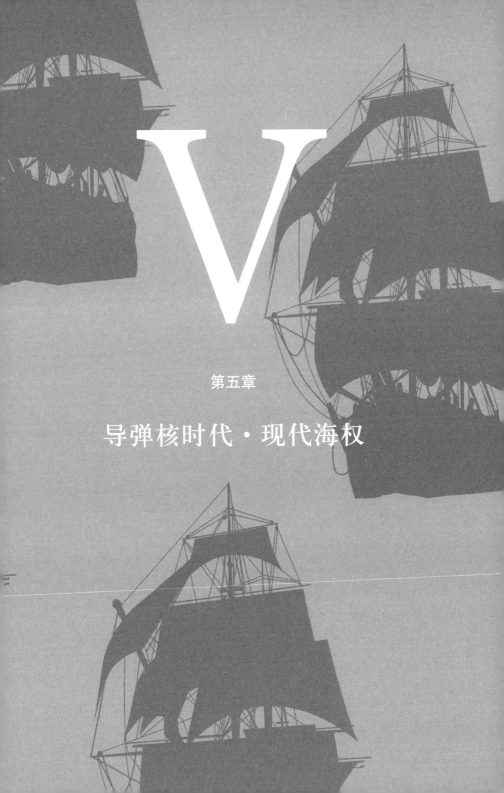

V

第五章

导弹核时代·现代海权

两颗原子弹结束了"二战"，但《联合国宪章》开启的世界和平愿景并没有如期到来，两个超级大国的冷战替代了传统的热战。

　　精确制导和核技术在军事领域中得到广泛应用，将海军舰船及武器装备引入一个导弹核时代，带来新一轮的海上军备竞赛。与此同时，人类对海洋的认识和利用深化，海洋权益新概念伴随《联合国海洋法公约》的诞生而推展，受到世界濒海国家的特别关注。

　　现代海权的主题由此延伸。

1945 年 8 月 6 日，东京时间 8 时 16 分，一个重 5 吨、高 3 米，周长 7.2 米的"小男孩"从天而降，在离日本广岛地面 600 米处发出剧烈的白光，紧接着是威力相当于 1.7 万吨 TNT 炸药的大爆炸。瞬间，6000℃的高温将地面上的一切都化为焦土、灰烬，一朵巨大的蘑菇状烟云扶摇直上，冲向云霄……这个冷酷的"小男孩"当场夺去了 10 万日本人的生命。这就是世界上第一颗原子弹，也是核武器的第一次使用，它来自美国。8 月 9 日，第二颗原子弹"胖子"又坠落在日本的另一座城市长崎，同样造成了巨大的人员伤亡和财产损失。两颗原子弹结束了"二战"，也标志着一个新的核时代到来。从此，大国"冷战"取代了传统的"热战"，现代海权的主题由此延伸。

海上冷战

　　从热战到冷战，是一种战争形式的转变，也体现着战略思想的转变。而这些转变的物质基础，是"二战"后核技术和电子计算机技术，包括由此延伸的火箭和精确制导技术在军事领域中的应用。各种舰载导弹、核动力以及现代电子设备的发展，将海军舰船及武器装备引入了一个新时代，也带来了新一轮的海上军备竞赛、新主题的海权对峙。

1945 年 8 月，广岛和长崎两地原子弹爆炸后天空中升腾起巨大的蘑菇云（左为广岛、右为长崎）

海上核军备竞赛

美国和苏联是这一时代的主角。

美国是在两次世界大战中崛起的，战争经济是美国起飞的重要助推力。战争中，美国机械化海军大发展，迅速晋级为世界首席。1944 年，美国海军拥有各类航空母舰 125 艘、战列舰 23 艘、巡洋舰 67 艘、驱逐舰和护卫舰共 879 艘、猎潜艇近 900 艘、潜艇 351 艘；1945 年"二战"结束时，美国海军已拥有 10 个作战舰队，各类舰艇 10000 余艘，飞机 40000 余架，总兵力 300 余万人。苏联虽在反

雅尔塔会议上的美苏两国首脑：罗斯福、斯大林

法西斯战争中付出了巨大的人力物力代价，但同时也显示出令人惊叹的战争潜力并赢得了世界大国的声誉。二战后的"雅尔塔"体制，确立了以美苏两极的制衡、均势为支柱的国际秩序，为两个超级大国的同台竞争奠定了基础。

超级大国的实力，首先表现在它们掌握了世界上最先进的科学技术并用于军事领域，一场新的军备竞赛就这样展开了。

首先是核技术。据说，在 1945 年 7 月的波茨坦会议上，杜鲁门抑制不住内心的高兴向斯大林炫耀说，美国已经拥有了原子弹。不到一个月，两颗原子弹"小男孩"和"胖子"果然就落在了日本的广岛和长崎。美国拥有原子弹而苏联没有，斯大林震怒了，马上下令成立直属于国防委员会的原子弹研制委员会，几十个研究所、上千名专家投入研制原子弹的工作。4 年后，苏联的第一颗原子弹"南

苏联第一颗原子弹"南瓜"

美国第一颗氢弹"迈克"

瓜"试验成功，打破了美国的核垄断。1952 年 11 月，美国研制出
的第一颗氢弹"迈克"试爆成功，其爆炸威力达到 1000 万吨 TNT
当量，相当于广岛原子弹的近 600 倍；在仅仅 9 个月后的 1953 年 8
月，苏联也试爆氢弹成功。尤其是苏联在 1961 年 11 月引爆的"大
伊万"氢弹（又称"沙皇炸弹"），重量仅相当于"迈克"的三分

苏联"大伊万"氢弹爆炸时的蘑菇云

之一，但爆炸威力却达到了 5000 万吨 TNT 当量，是"迈克"的 5 倍，震惊了世界。

其次是电子计算机技术。1949 年，美国制造出世界上第一台"电子离散变量自动计算机"，1952 年研制出 IBM701 机，1954 年研制成功 IBM650 机，形成第一代电子计算机。电子计算机技术应用于军事领域，使传统的武器装备发生了革命性改变，首先是推动了以电子计算机技术为核心、以自动控制技术为基础的导弹武器的发展，紧接着又推动了火箭运载工具的发展，走向装备技术的前沿。

导弹是在现代火箭基础上发展起来的。直接与导弹技术相关联的火箭技术，曾在二战中用于火箭弹的发展，成为有相当威力的长程武器，但由于其射出后不再进行控制，命中目标的准确性差。为了提高命中精度，一种在火箭上装上控制设备控制其飞行状态的武器应运而生，这就是导弹。最先研制和拥有导弹的是德国，著名的导弹型号有 V1 型和 V2 型，但二战后发展最快的还是美国和苏联。导弹通常由战斗部、弹体结构、动力装置和制导系统组成：战斗部

德国 V2 型导弹

又叫弹头，既可以是常规弹头，又可以是核弹头，甚至可以携带生化弹头；弹体结构是把导弹各部分连接起来的支承结构；动力装置推动导弹飞行，有火箭发动机、喷气发动机等；制导系统用于控制导弹的飞行，引导导弹快速准确地飞向目标。"二战"以后，这种能够用陆地、舰载、机载火炮发射，能够自动控制弹头的飞行方向、飞行速度、飞行距离，甚至可以加载核弹头的新型武器迅速风靡世界。

由于早期的一些导弹是用火箭发动机来推进的，一些人会把它与火箭混为一谈。事实上，火箭和导弹在发展中，尤其是在军事领域武器装备的发展中有很多关联性，但在概念上有很大差别。如上所述，导弹是指依靠自身的动力装置（火箭发动机、喷气发动机等）推进，由控制系统控制其飞行并导向目标的一种武器；火箭则是一种依靠火箭发动机产生的反作用力推进的飞行器。20 世纪 50 年代后，随着火箭技术的进一步发展，现代火箭成为洲际导弹、核弹头

苏联 1967 年发行的邮票，描绘了苏联"斯普特尼克 1 号"人造卫星绕地球运行、地球绕太阳公转和太阳绕银河系中心运行的场景

和卫星、飞船等航天器的运载工具，该技术的战略意义愈加凸显，由此也成为美苏两个超级大国竞争的重要领域。在这一领域，苏联曾经一度领先于美国。1949 年，苏联就发射了 35 吨推力、射程 645 公里的火箭，1950 完成了 1600 公里射程火箭的研制。美国则在 1953 年才发射了一枚射程 800 公里的火箭。1957 年 6 月，苏联率先成功发射了洲际弹道式火箭。同年 10 月，苏联将人类第一颗人造卫星送上天。美国为了追赶和压倒苏联在导弹和火箭技术方面的优势，从 1957 年开始加紧发展中程和洲际导弹，迅速弥补了差距。1958 年 1 月，美国的第一颗人造卫星也上了天。

两个超级大国争先恐后，你追我赶，寻找制胜之道，培植和建立自己的优势。其中，海军成为一个重要的争夺领域，因为海军有无以伦比的海上导弹发射平台：一是水面舰艇，尤其是包括航空母舰在内的大型舰艇平台；二是潜艇，特别是核动力潜艇；三是大型固定翼舰载飞机。自 20 世纪 50 年代后，美苏海军都致力于核动力技术的应用，使大型水面舰艇和潜艇具备更长的续航力、更快的速度；将火箭及自动控制技术应用于改进武器系统，发展射程更远、命中精度更高的导弹。

美国在"二战"时就确立了航母大国的地位。"二战"后，虽然杜鲁门政府一度强调优先发展空军，但几经周折，美国还是坚持了航空母舰中心论。为了保持海军优势以实现全球战略目标，美国淘汰一批老旧航母，封存或报废大部分战列舰，同时着手设计建造适应现代海战需要的超大型航母，于20世纪50年代相继建成了"福莱斯特号""萨拉托加号""突击者号"和"独立号"等大型常规动力航母。与此同时，美国也开始致力于解决大型水面舰艇和潜艇的核动力问题，研制建造大型核动力航空母舰，并很快解决了航母搭载可投掷核弹的大型舰载飞机问题。

1961年，世界上第一艘核动力航空母舰"企业号"服役。"企业号"航空母舰标准排水量75700吨，装有8个压水反应堆，最大航速35节，有85架舰载机。航空母舰上的超音速全天候舰载飞机采用了新技术、新材料，作战半径大大提高，可以从远离苏联海岸的地方对付苏联的远程侦察机、水面舰艇和潜艇。1964年以后美国海军不再建造常规动力航空母舰，而是全部建造核动力航空母舰，并开始研制更大、更先进的核动力航空母舰。

由于潜艇在"一战""二战"中的突出表现，战后所有国家都认识到发展潜艇的重要性。美苏海上核军备竞赛在潜艇领域表现得尤其突出。

美国在"一战""二战"时期是一个没有潜艇优势的国家，起步晚但起点高。"二战"后，美国开始研制核动力潜艇，1955年1月，研制成功了世界上第一艘核动力潜艇"鹦鹉螺号"。核动力使潜艇

美国"企业号"核动力航空母舰（1967）

1955 年 1 月 20 日,"鹦鹉螺号"核动力潜艇进行首次海上试航

可以长时间、大范围地在水下隐蔽机动,使潜艇兵力的优势进一步
增强。到 1957 年后,美国海军新建潜艇全部采用核动力,基本不再
建造常规动力潜艇。

　　1956 年,美国开始研制潜射导弹武器系统,把核潜艇与洲际弹道
导弹的发展结合在一起,发展弹道导弹核潜艇。1959 年年底,美国海
军建成了第一艘弹道导弹核潜艇"乔治·华盛顿号",该艇艇长 116.3
米,携带 16 枚北极星 AI 型弹道导弹,弹头当量为 100 万吨,射程
约 2200 公里。1960 年 7 月,"乔治·华盛顿号"第一次成功地从水
下发射了该型弹道导弹,标志着美国具有了对苏联的海上战略核打
击能力,构成全球性战略威慑力量。这是美国的第一代弹道导弹核
潜艇,先后共建造了 5 艘,统称为乔治·华盛顿级。由于传统的常
规潜艇主要执行攻击性任务,而弹道导弹核潜艇能远距离地发射携
带核弹头的洲际导弹,具有战略核威慑功能,因而也被称为战略导

"乔治·华盛顿号"弹道导弹核潜艇的启动仪式（1959）

1970 年代的乔治·华盛顿级核潜艇

1960 年代初，美国第一夫人杰奎琳·肯尼迪为新生的"拉斐特号"核潜艇"洗礼"（1962，美国国会图书馆藏）

弹核潜艇，由于它续航力强，具有隐蔽、安全、机动性强、作战威力大等特点，迅速成为潜艇家族中极为重要的新成员。

几乎与此同时，美国还研制了第二代弹道导弹核潜艇，首艇为"伊桑·艾伦号"，于 1961 年正式服役，先后共下水 5 艘，后称为伊桑·艾伦级。该艇排水量比乔治·华盛顿级大 1000 吨，携带性能更高、射程更远的北极星 AII 型弹道导弹，在美国战略核潜艇家族中起到承前启后的作用。

1962 年，另一艘新型的战略核潜艇"拉斐特号"下水，携带北极星 AII 型弹道导弹，射程达 2800 公里，采用水滴型艇体设计，艇首圆钝，艇身呈流线型，长 129.5 米，水下排水量 8200 吨，成为美国第三代弹道导弹核潜艇。至 1965 年，拉斐特级潜艇共下水 31 艘，统称为拉斐特级，也叫海神级，后 23 艘携带的北极星 AIII 型弹道导弹（亦称为海神 C3 型）射程为 4600 公里。

美国研制成功潜射弹道导弹武器系统后，逐渐把战略核力量移向海洋，弹道导弹核潜艇成为其"三位一体"战略核力量的主力。因为陆基和空基核武器都存在易被摧毁的可能性，而深海中隐藏的移动的潜射导弹武器系统，能够无限期地在海底航行，具有从公海上瞄准敌国全境发射导弹而不给本国领土带来危险的优点，比陆基洲际导弹的突袭能力和生存能力强得多。战略导弹核潜艇不管平时还是战时、不分白天还是黑夜，都可以在深海水下潜藏等待发射命令，成为海底的导弹基地。20 世纪 50—60 年代，美国在制订战略进攻力量建设计划的时候，放弃了优先发展战略空军的原则，把战略导弹核潜艇作为"唯一实际上攻不破的武器系统"加以重点发展，将海上核按钮攥在了手心里。至 1960 年代中期，美国共拥有 41 艘弹道导弹核潜艇（乔治·华盛顿级 5 艘、伊桑·艾伦级 5 艘、拉斐特级 31 艘），可携带 656 枚核弹头，形成当时世界上最强的战略核威慑力量。

这一时期，赫鲁晓夫领导的苏联，尽管导弹核战略发展重点不在海上，但由于苏联海军面向大洋的基地和港口大部分都位于严寒地带，冰封期漫长，舰队难以在冰封期跨越广阔的冰海；而非严寒地带的出海口基本全部是敌国监视和控制的狭窄水道，战争时期必然会遭到敌国的围追堵截。鉴于这种形势，苏联海军也把发展核动力潜艇作为首要选择，以克服自身所面临的不利地缘战略态势，平时把核潜艇作为导弹、核弹的发射平台，抗击美国的航母，实施战略核威慑；一旦战争爆发，可以前出大洋战区反制美国和北约海军，甚至打击敌国本土，完成战略攻击的任务。

行进中的"拉菲特号"核潜艇

海洋变局 5000 年

苏联第一艘 627 型攻击核潜艇"列宁共青团号"

　　1955 年 9 月，苏联第一艘 627 型攻击核潜艇开工建造，北约称之为 N 级。该型艇为核动力常规潜艇，长 109 米，排水量 3000 吨，水下最大航速 30 节，装有 8 具 533 毫米鱼雷发射管，可携带鱼雷 38 发。首艇为"K-3 艇"，1957 年 8 月下水，1958 年 7 月 1 日正式服役，后被命名为"列宁共青团号"。627 型攻击核潜艇先后共建造 13 艘，构成苏联最初的水下进攻性作战力量。

　　苏联发展核潜艇很急迫，也很大胆，他们几乎同时展开多型号的研制，并在建造过程中不断改进，如 627A 型、645 型攻击核潜艇，611 型和 629 型弹道导弹潜艇，658 型弹道导弹核潜艇，659 型巡航导弹核潜艇等，其研制工作都在同一时期秘密进行。

　　苏联最初的 611 型和 629 型弹道导弹潜艇是常规动力的，北约

苏联 658 型弹道导弹核潜艇

分别称之为 Z 级和 G 级，于 20 世纪 50 年代中期至 50 年代末期服役，填补了苏联弹道导弹潜艇的空白。Z 级潜艇水下排水量 2600 吨，航速 15 节，首艇装载 2 枚陆基"斯柯达"导弹，射程仅 150 公里，1958 年后改装 SS-N-4"萨克"导弹。G 级常规动力弹道导弹潜艇 1958 年服役，装载 3 枚 SS-N-4 导弹，同级 9 艘。

苏联第一代弹道导弹核潜艇是 658 型，北约称为 H 级，1958年开始建造，1962 年服役，首艇为"K-19 号"。该型潜艇共建造 8艘，水下排水量 5500 吨，航速 22 节，自给力 60 昼夜，装载 3 枚射程 1200 公里的 SS-N-5"塞尔布"导弹，弹头当量 60 万吨。这些核潜艇均采用双壳体结构，有较大的储备浮力；均以导弹为主要武器。但当时该动力装置的工作效能并不高，在服役初期实际上还不具备作战能力，事故不断。如"K-19号"艇就多次发生重大事故，美国基于这些事故专门拍摄了一部《K-19：寡妇制造者》的电影，由著名影星哈里森·福特主演，影响颇大。并且，作为一个独立的作战单位，658型潜艇携带3枚弹道导弹的作战能力远远落后于美国携带16枚北极星导弹的乔治·华盛顿级潜艇。截至1962年，美国所拥有的战略导弹核潜艇携带弹道导弹总量已经达到约300枚，其潜艇的性能和攻击能力都是苏联不可匹敌的。也正是因此，虽然苏联在1960年代以前建造了一大批潜艇，却在古巴导弹危机中没有一艘可以派到大西洋去执行任务的攻击型核潜艇，更没有具有威慑力的水面舰艇，从而受到羞辱。

事实上，进入1960年代，苏联海军"潜艇为中心"的基本方向已经非常清晰，即"拼不过航母拼潜艇"。特别是苏联感到无法在美国性能先进的潜艇进入自己导弹发射区之前发现并消灭它，便开始了第二代攻击核潜艇的研制。与此同时，针对美国潜艇的发展，苏联不发展航母的观念也开始改变，将反潜直升机航母的建设提上日程，以建立包括潜艇、水面反潜舰、岸基和舰载航空兵在内的反潜防御体系，增强反潜能力。

美苏两个超级大国的核军备竞赛把世界带入了核时代，也把以海军装备发展为中心的海权对抗带入了冷战中的核阴云之下。

古巴导弹危机

1962年10月22日晚7点整，美国总统肯尼迪在白宫向全世界发表广播电视演说，谴责苏联在古巴建立进攻性导弹发射场，宣布美国对古巴实施隔离行动以阻止进攻性武器运入，要求赫鲁晓夫从古巴撤走导弹及一切进攻性武器装备。

1962 年 10 月 22 日，美国加利福尼亚州一家百货商店内，人们观看约翰·肯尼迪总统对古巴实施封锁的电视讲话

　　10 月 24 日上午，美国部署在加勒比海域的 180 艘舰只摆出一个从佛罗里达至波多黎各距古巴 500 海里的宽大阵型，拦截和检查一切前往古巴的船只，形成一道弧形"铁壁铜墙"。在佛罗里达的数百架战略轰炸机携带核弹头待命升空，海外军事基地和潜艇上的导弹进入戒备状态，卫星密切监视着古巴陆海空域的一切军事行动。

　　苏联一开始对美国的行动做出强硬反应，宣称苏联船只不会理会美国海军的封锁，不会停航和接受检查，美国的行动是"史无前例的侵略"和走向"世界热核战争"的行为，"苏联将进行最强烈的回击"。苏联和华沙条约组织的武装力量，包括战略火箭部队，取消一切休假，进入战备状态。

加勒比海危机爆发，美苏两国剑拔弩张，世界濒临核大战的边缘。

古巴与美国隔海相望，近在咫尺，被称为"美国的后院"。1959年1月，菲德尔·卡斯特罗领导古巴人民推翻了亲美的巴蒂斯塔独裁政权，成立了古巴共和国，建立了社会主义制度，摆脱了美国长达60年的控制，美古关系因此恶化。为了抗击美国对古巴的颠覆活动和频繁的空中侦察，增强自身防卫能力，古巴求助于苏联。苏联从地缘政治角度考虑，认为古巴局势的发展直接关系苏联在拉丁美洲的影响力，甚至关系到美苏的全球战略平衡，双方关系密切，达成了在古巴部署导弹的秘密协议。1962年10月14日，两架美国U-2高空侦察机发现苏联正在古巴首都哈瓦那西南的圣克利斯托瓦尔修建基地，部署中短程导弹和可携带核武器的伊尔-28型轰炸机。接到这份情报的当天，肯尼迪立即召集了高层紧急会议，决定对古巴实行海上封锁，军事和外交双管齐下，迫使苏联让步。于是便有了以上的一幕。

海上隔离行动开始仅几分钟，美国由航空母舰、巡洋舰、驱逐舰、潜艇及空军组成的庞大封锁部队就与苏联两艘货船"加加林号"和"科米莱斯号"在海上相遇。苏联一艘潜艇插到两艘货船之间，美军一艘巡洋舰和一艘航空母舰前往拦截，携带反潜艇设备的直升机实施空中支援，双方在海上形成对峙，形势十分危险。

10月25日，时任联合国秘书长的吴丹出面斡旋，赫鲁晓夫表示愿意缓和关系，停止向古巴运送武器。26日和27日，赫鲁晓夫两次致信肯尼迪，表示苏联可以从古巴撤走导弹，但美国应保证不入侵古巴，还提出了美国从土耳其撤走导弹基地的要求。尽管美国的强硬派主张以武力回敬苏联，但肯尼迪还是决定以承诺不入侵古

MRBM FIELD LAUNCH SITE
SAN CRISTOBAL NO 1
14 OCTOBER 1962

美国 U−2 侦察机拍摄到的古巴在建导弹基地的图像

巴的代价换取苏联从古巴撤走导弹。28 日，苏联电台发布消息，表示苏联已停止古巴导弹基地的施工，已下令撤除这些武器并包装运回苏联，同意联合国代表前往核实拆除工作。11 月中旬，苏联宣布从 11 月 20 日开始 30 天之内将武器装备全部撤出。随后，美国宣布海上封锁取消，加勒比海危机结束。

　　事后，美国人评价说，苏联人在一个不熟悉的地区进行活动，严重缺乏可供使用的兵力，既不能从空中支持其在古巴的地位，水面舰艇也没有任何可能与实力比它强大得多的美国相对抗，派赴古巴水域活动的五六艘潜艇在质量上也不高，很容易受到美国反潜飞

1962 年 11 月，一架美国 P2V 海王星巡逻机近距离掠过一艘苏联货轮

机的跟踪和摧毁。因此，海军实力欠缺是苏联在古巴导弹危机事件中遭受羞辱和挫折的主要原因之一。

"古巴导弹危机"事件也成为苏联海军战略从防御到进攻的转折点。1966 年，苏联海军总司令戈尔什科夫公开宣布："要结束……由传统的海军列强完全控制海洋的局面"，决心开辟"建成一支可以完成进攻性战略任务的远洋潜艇和火箭导弹舰队的新途径"，苏联建设远洋海军的步伐明显加快。

1968 年，苏联新一代的 671 型攻击核潜艇（北约称 V 级）的首艇服役，此后不断改进，共生产了 48 艘，成为苏联乃至后来俄罗斯攻击型核潜艇的主力。改进后的该型潜艇长 107 米，宽 10.6 米，水

苏联 671 型攻击核潜艇

下排水量 6000 吨，动力装置为 2 座核反应堆，水下最大航速 30 节。
671 型攻击核潜艇的主要使命是反潜作战，其先进的电子设备、水
下高航速以及全艇的低噪水平等特点，都使该型核潜艇具有了与美
国潜艇兵力相抗衡的能力。

1968 年，苏联新一代的 667 型弹道导弹核潜艇也建成服役。该
型潜艇经过多次改进后，水下排水量近 10000 吨，最大航速 27 节，
装载 16 枚 SS-N-6 "索弗莱" 导弹，在攻击能力、探测能力和自动
化水平方面都上了一个台阶。667 型弹道导弹核潜艇的后续型号和
改进部分众多，性能不断提高，北约将其区分为苏联的第二和第三
代战略核潜艇：1967—1972 年建成服役的 34 艘称为扬基级，简称 Y

级；1972—1992 年建成的 43 艘称德尔塔级，简称 D 级。

与美国和其他核潜艇国家不同的是，苏联还率先发展了 659 型巡航导弹核潜艇，北约简称 E 级，它以反舰导弹为打击手段，主要攻击敌方水面舰艇，是航母的克星。659 型巡航导弹核潜艇于 20 世纪 60 年代初开始服役，共建造 5 艘；其改进型 1963 年开始服役，共建造 29 艘。1967 年，苏联又建成了 670 型第二代巡航导弹核潜艇，北约称之为 C 级，至 1972 年共建造了 11 艘，装载更为先进的反舰、反潜巡航导弹。该型潜艇首次具有了水下发射巡航导弹的能力，因而具有更大的隐蔽性和更强的攻击性。

按照美国人的说法，苏联海军在 1968 年已弥合了与美国的差距，而且已显露出在战略实力上领先的端倪。据统计，1960—1975年，苏联的弹道导弹核潜艇增加了 13 倍，达 52 艘，攻击型核潜艇增加了 12 倍，达 74 艘。仅 1968 年，在苏联造船厂里就有 456 艘新军舰正在建造。1970 年，苏联的作战舰艇总数已超过美国，为 1575艘。1962 年以前苏联海军很少在远洋活动，而 1964 年苏联海军进入地中海，1967 年成立地中海舰队，苏共总书记勃列日涅夫毫不掩饰地公开宣称：“现在已是要求美国第六舰队完全撤出地中海的时候了。”苏联的军舰和电子情报拖网渔船几乎到处追随美国、英国的军舰，间谍船经常在肯尼迪角、霍利湾、罗塔港、普吉特海湾、诺福克、珍珠港和其他一些重要的美国军事基地外缘设监视哨，并经常跟踪监视美国及其北约盟国的军事演习。苏联海军驰骋于世界各大洋，在美国视为战略要地的加勒比海、中东、亚太地区以及地中海、印度洋等海域巡弋，并建立军事基地，培植势力范围，成为执行国家政策的有力工具。

当然，就大型水面舰艇来说，苏联虽然建造了两艘直升机航

苏联 670 型巡航导弹核潜艇

艺术家笔下的尼米兹级航空母舰（*U.S. Navy All Hands Magazine*，1968）

母，但相比美国差距甚远。1967 年，美国开始建造世界上最大、最先进的尼米兹级核动力航空母舰，该级舰标准排水量达到 94000 吨，核反应堆由 8 个减至 2 个，却可以保持与"企业号"相同的总功率。尼米兹级航母首舰于 1972 年编入现役，第二艘和第三艘该级舰也接连登上建造船坞。

一个国家海军的发展，必须适应自己的国情。美国信奉"航母中心论"，认为发展航母足以支持美国的海上霸权；苏联则另辟蹊径寻求潜艇优势，实践证明这一选择有效。苏联海军只用了不到 10 年时间便开始向美国展示威力了。客观地说，这一时期，越南战争拖累了美国海军的造舰计划，而苏联海军趁机发展，终于成为一支拥有核动力潜艇、大型巡洋舰和航空母舰等先进装备的远洋海军，形成了美苏抗衡争夺海权的新局面。

戈尔什科夫海权新论

1956 年，踌躇满志的谢尔盖·戈尔什科夫（1910—1988）被

苏联海军总司令戈尔什科夫

擢任为苏联海军总司令。这位 17 岁献身于海军事业、31 岁晋升为将军、"二战"中战功卓著的区舰队司令有极其丰富的海军经历。不过，上任之初他并不得意，因为赏识他的苏联最高领导人赫鲁晓夫并不赏识海军。赫鲁晓夫一度过分强调导弹核武器的作用，大力发展战略火箭军，而认为核时代海军将无所作为，核导弹，"不是要被削减，是要被代替"。对此戈尔什科夫不以为然，他认为苏联应当科学地设置海军的结构和数量，使之按比例均衡发展，从而提高其作战效能。6 年后，1962 年古巴导弹危机使赫鲁晓夫身败名裂，也使新的苏联领导人改变了军事战略思想，戈尔什科夫获得了大展宏图的机遇。

戈尔什科夫担任苏联海军总司令长达 30 年，他的海权新思想主要包括以下几个方面：

优先发展潜艇。戈尔什科夫认为，苏联海军应走自己的道路，不能与西方竞争水面舰艇，那样势必会花费大量资金，却未必能取得优势。发展潜艇可以在最短的时间内花费较少

苏联 667 型弹道导弹核潜艇

的资金便取得成效，对广大海区造成威胁。尤其是弹道导弹核潜艇，可以扩大海军在大洋上的活动范围，扩大海军的打击范围，对敌方领土纵深构成威胁，完成战略任务，并在未来与美国保持核打击力量上的均衡。为此，苏联海军决定发展 667 型第二代弹道导弹核潜艇。如上所述，667 型潜舰是苏联第二代弹道导弹核潜艇，它的改进型性能更高，北约分别称为第二代 Y 级和第三代 D 级，两级弹道导弹核潜艇共 77 艘，组成了苏联强大的海基战略核打击力量，其每艘超过万吨的排水量，27 节的航速，16 枚弹道导弹的携带数量，可与美国乔治·华盛顿级弹道导弹核潜艇媲美。

相应发展水面舰艇。戈尔什科夫既反对把水面舰艇提升到不适

苏联"列宁格勒号"直升机航母

当的地位，但也反对水面舰艇在核战争时代无所作为的观点，认为
水面舰艇仍然是苏联海军重要的组成部分，主张根据海军多用途的
特点，根据不同的需要发展水面舰艇的各舰种。为此，苏联海军采
取了重视发展航空母舰、大量发展导弹巡洋舰和导弹驱逐舰、注意
发展登陆舰艇、相应发展后勤辅助舰船的方针。1967 年，苏联海军
第一艘 25000 吨级的轻型航空母舰"莫斯科号"开始服役，标志着
苏联海军舰载航空兵诞生。"莫斯科号"是一艘直升机母舰，主要
用于反潜，苏联称之为反潜巡洋舰。1968 年，另一艘同级别的直升
机航母"列宁格勒号"也完工下水。导弹巡洋舰是苏联海军的主要
突击力量，也是重点发展的大型水面舰艇。到 1968 年，其新服役

苏联 1144 型核动力导弹巡洋舰

的 1134 型导弹巡洋舰和之前的 58 型巡洋舰（北约分别称之为克列斯塔级和肯达级）已能携带巡航式地对地导弹，具有初始高空轨道和低空接近目标的性能。苏联海军的驱逐舰则一共发展了 6 个型号，逐步向导弹化、大型化发展。70 年代后期又规划建设了 1155 型（北约称无畏级）和 956 型（北约称现代级）常规动力驱逐舰，其满载排水量分别达到 8200 吨和 7300 吨。这两级舰艇象征着苏联海军驱逐舰大型化的趋势。而 80 年代初下水服役的 1144 型核动力导弹巡洋舰（北约称基洛夫级）的满载排水量创纪录地达到 25000 吨，装载导弹达到 400 枚。这是苏联导弹巡洋舰建设发展的巅峰之作，也是苏联与美国海权竞争达到顶峰的一个标志性舰种。

发展海军航空兵。戈尔什科夫时期的苏联海军航空兵仍以岸基为主，但随着直升机母舰的诞生，海军航空兵的地位和作用开始发

卡 –25A、卡 –27 直升机和雅克 –38 垂直起降战斗机停放在苏联 "基辅号" 航母的甲板上（1988）

生变化，尤其是在反潜战斗中具有突出地位。

到 70 年代中期，苏联海军发生了质的飞跃。以 667 改进型（D级）为代表的第三代战略导弹核潜艇开始服役，形成强大的水下核威慑力量。与此同时，第二代航母 "基辅号" 开始服役，满载排水量 40000 余吨，最大航速 32.5 节，可携带 33 架舰载机，其中包括 12 架雅克 -38 短距 / 垂直起降战斗机和 19 架卡 -25A 或卡 -27 直升机等，能够配挂 AA-8、AS-17 等空战和对地 / 海攻击武器，可以夺取局部制空权，同时具有强大的反潜作战能力。

装备的发展使苏联与美国冷战的底气更足，戈尔什科夫多次宣布，苏联海军具有在全世界任何地方 "保卫苏联的国家利益不受帝国主义侵犯的坚定决心"，并公然向美国发出警告："我们的舰队不仅能粉碎入侵者的进攻，并且能在远洋和深入敌人领土地区给予毁灭性地打击。"显然，随着实力的增长，苏联海军已经展开了以美国为对手的全球攻势战略，致力于美苏抗衡、华约与北约抗衡。

1970年，苏联海军进行了"海洋Ⅰ号"演习，200艘军舰参演；1975年，苏联海军进行"海洋Ⅱ号"演习，120艘军舰参演。这两次全球性海上军事演习，苏联在大西洋、太平洋、印度洋、黑海、地中海、波罗的海和北冰洋的舰队采取了协调一致的行动，以美国为主要作战对象进行反潜、反航母、封锁、护航和两栖登陆等科目的兵力对抗，演习的指挥者都是海军元帅戈尔什科夫。

苏联海军的巨大成就、苏联海军的对抗能力，震撼了大洋彼岸的美国人，他们惊呼："苏联海军现在是由一位有进攻意识的海军将领指挥的。这个人决心要建立一支能胜任任何海上任务的海军。"的确，苏联海军的发展不仅使苏联增强了与美国进行海权对抗的能力，也对国际战略格局产生了重大影响。

1976年，当戈尔什科夫担任苏联海军总司令满20年的时候，一本轰动世界的著作——《国家海上威力》——问世。如果说，20世纪初美国的兴盛得益于马汉的海权理论，那么苏联的崛起则与戈尔什科夫的"海权新论"有着密切的关系。

什么是国家海上威力？戈尔什科夫说："开发海洋的手段与保护国家利益的手段，这两者在合理结合的情况下的总和，便是一个国家的海上威力。它决定着一个国家为着自身目的而利用海洋的军事与经济的能力。"国家海上威力，一是与国家开发海洋手段相联系的经济因素，包括运输、捕鱼、科学考察的船队，保障研究与开发海洋财富的能力；二是与保护国家利益的手段相联系的军事因素，即海军。

第二次世界大战期间，一只美国商船队在飞机和护航舰艇的保护下驶往开普敦

戈尔什科夫认为，海洋蕴藏着极其丰富的工业原料资源，拥有巨大的潜在能源；海洋上有各国间交往最重要的、最经济的交通线；海洋是一个巨大的宝库。苏联既是一个大陆国家，也是一个濒海大国，海洋对苏联具有十分重大的经济意义。除了海洋资源的开发外，海洋运输对苏联的经济发展也是休戚相关的。苏联在北大西洋和北冰洋都有其交通运输线，尤其是北冰洋的运输线、濒临北冰洋的沿

苏联"库兹涅佐夫号"航空母舰

海地区对苏联都具有极重大的经济意义。为了捍卫苏联的海洋利益，必须加强国家的海上威力。

戈尔什科夫认为，随着科学技术的飞速发展，随着弹道导弹潜艇和攻击性航空母舰加入战斗序列，尤其是核能在海军中的应用，海军武器装备得到了改善，海上方向的威胁范围、海军的作战范围都大大增加，从而使海上防御纵深和海军进攻的范围也大大拓展了。海洋已经成为各种军事科学技术应用的场所，成为各种武器尤其是导弹武器的发射场。因此，苏联海军战略构想的基点就是重视海战场在战争中的作用，充分发挥弹道导弹潜艇的巨大威力和独特的行动方式，利用水层作掩护，使这种潜艇在作战中具有明显的机动性、隐蔽性。而在发展航母方面，苏联政府内部仍旧多有争论，直至80年代初，才决定建立一艘规模更大的常规动力航母，也就是后来的"库兹涅佐夫号"航空母舰。

苏联 941 型弹道导弹核潜艇

就作战理论而言，戈尔什科夫的突出贡献是：改变了传统的
"海军对海军作战"方式，提出了苏联海军"对岸为主"的战略方
针，就是以潜射弹道导弹从海上对美国的岸上目标进行突然性核打
击，也包括登陆、舰炮对岸、舰载航空兵等对岸攻击。他认为，可
以携带核弹头的导弹的出现，使过去那种大规模海军对海军的海上
兵力决战已不具有决定意义，起决定作用的是导弹武器对敌国领土
的突击。潜射弹道导弹的对岸核突击，能够摧毁对方政治、经济、
军事中心和战略兵力、兵器的集结地域，破坏其战争潜力。1977年，
针对美国俄亥俄级战略核潜艇的开工建造，苏联也开始建造 941 型
第四代（北约称台风级）弹道导弹核潜艇，首艇 1981 年 12 月服役，
共建造 6 艘。该级艇全长 172.8 米，宽 23.3 米，水下航速 26 节，水
下排水量 26500 吨，堪称世界潜艇巨无霸，成为苏联海军"对岸为
主"战略方针的重要支柱。戈尔什科夫的理论，颇有独树一帜的震

慑力，它不仅是核时代苏联海军的作战思想，也是一种战略思想，是现代条件下具有苏联特色的海权理论。

显然，核时代的美苏海上争霸仍旧表现出传统海权的实质，只不过更多地表现为以核威慑为核心的冷战。为什么是冷战而不是热战？主要是因为核武器的杀伤力太强，尤其是当双方基本实现了核均势，每一方都拥有消灭另一方绰绰有余的核力量时，任何一方都不敢首先诉诸核热战，因为后果不堪设想，无可挽回。按照一般传统，国家军事实力越强，军事威力越大，安全就越有保障。但此时，尽管美苏都有把对方（甚至全球）摧毁几十次的核实力，却都发现自己并没有安全保障。

立足核威慑的海权争夺陷入了窘境。

美国全球海上战略

1981 年，年仅 38 岁的小约翰·莱曼成为美国海军史上最年轻的海军部长。他毕业于宾夕法尼亚大学，获得国际关系的博士学位，是里根政府"重振军备"、对苏联进行全面遏制强硬对外路线的积极推行者。他使美国海军重新获得了对苏联的全球海上优势，也把马汉的海权理论推进到一个新阶段。

重申海洋控制权

莱曼登上历史舞台时，美国还没有从越南战争的创伤中恢复过来，在与苏联争霸中的优势正在不断下降。

的确，谁也没有想到，美国这样一个泱泱超级大国，竟然输给了一个小小的越南，而且输得极惨。更令美国人难以容忍的是，这

美国海军部长小约翰·莱曼

美军从西贡撤离后，"企业号"航空母舰从西贡外海返回美国。甲板的前端停放着许多
CH-53 运输直升机

给了苏联趁机崛起和全球扩张的机会。这一时期，苏联海军进入大西洋，长驱太平洋，布局印度洋，在西非、中东、东南亚、拉美等各地谋求建立军事基地，在美国的心尖上插刀。1979年底，苏联又出兵占领阿富汗。这头傲慢的"北极熊"不断展示肌肉，其步步为营之势令"山姆大叔"恐慌。1981年，里根上台执政，决心重振军备，把实力威慑、前沿防御和盟国团结作为美国军事战略的三大支柱，并把海军建设放在最优先的地位，以遏制苏联的全球扩张。莱曼就是在这样的背景下被擢升为新一任美国海军部长的。

这当然不是凭空擢将。早在1969年，26岁的莱曼就提出并参与了在印度洋迪戈加西亚岛上建立军事基地的计划。这一行动不仅在当时是遏制苏联扩张的重要一步，且随着时间的推移，其战略意义日益显现，海湾战争、印度洋海啸救灾、控制马六甲海峡，以及美国海军全球航行的停靠补给，迪戈加西亚基地都有不可替代的重要作用，足见年轻的莱曼见识过人。

莱曼当然不会辜负上司对他的信任和期待。1982年，也就是升职的第二年，莱曼就为美国海军推出了咄咄逼人的《海上战略》。他不是在一般意义上谈一个海军的军种战略，他的"海军战略"是国家的"海上战略"。

"海军战略"与"海上战略"，一字之差，内涵决然不同。没有连篇累牍的长篇大论，莱曼仅以8项原则概括了他的海上战略：

1. 海上战略来源于而且从属于总统所规定的国家安全总战略；

2. 海上任务是：控制各种国际危机，发挥在威慑战中的作用，威慑失败时阻止敌人利用海洋对我实施攻击，保证美国及其盟国畅通无阻地利用海洋，利用海洋把战场推向敌人一方并在对我方有利的条件下结束战争；

"塔拉瓦号"两栖直升机突击舰上的美国海军陆战队第 15 远征部队使用通用登陆艇和 CH–53E 运输直升机登陆科威特（2003）

 3.海上任务要求海上优势。必须有能力拥有一支能从军事上挫败敌人的海军和海军陆战队；

 4.海上优势要求有一个严谨的海上战略；

 5.海上战略必须以对威胁的现实评估为基础；

 6.海上战略必须是一种全球性理论；

 7.海上战略必须把美国和自由世界各国的兵力完全结合成一个整体；

 8.海上战略必须是前沿战略。

 这是一个纲领，核心是"海上优势"。美国人喜欢创造新概念，喜欢把一个看似非常普通的说法寓以深刻内涵，成为一个理论。这里，"海上优势"就是这样一个新概念。所谓海上优势，很简单，就是美国海军必须具有相对于世界任何国家海军的绝对优势。这个绝对优势，当然主要针对与其势均力敌的苏联，莱曼要与戈尔什科夫"PK"，这个"PK"不仅发生在实践领域，而且发生在理论领域，他要以"海上优势"理论"PK"戈尔什科夫的"国家海上威力"理论，为美国重新夺取海洋控制权做好理论准备。

为此莱曼向国会游说："美国必须拥有艾尔弗雷德·马汉所坚持的作为海洋国家生存所必不可少的海权。"他认为，20世纪70年代以来，美国已处于潜在敌对性的海洋环境之中。苏联的导弹核潜艇可以在距美国不远的大洋深处游弋，美国境内生活在距海岸240公里范围内的居民随时都可能受到苏联导弹核潜艇的攻击。因此，美国必须"拨正航向，重建美国海洋战略"，美国"必须握有确信无疑的海上优势。我们必须有能力——而且让人看到有能力牢牢控制那些通往重大利益地区的通路。这不是一个可以争论的战略问题，而是一个国家目标，即一个绝对必须的安全问题"。

为此，莱曼请里根总统出席在长滩海军基地举行的"新泽西号"战列舰重新服役仪式，并为总统准备了这样的演讲稿："苏联历来是一个陆上强国，事实上，在矿产和能源方面，它都拥有自给自足的能力。它的疆土连接欧、亚大陆，但它却建立了一支强大的远洋海军。没有任何理由证明，这是一种正当的防务需要。这支海军将用于进攻战，旨在切断自由世界的补给线，使西方各盟国不能从海上获得支援……美国应是一个海洋强国，它在很大程度上依赖海洋为其进口极为重要的战略物资。我们和其他各大陆之间的贸易有90%以上是用船只运输的。能否自由利用海洋是关系到我们国家命运的大事。因此，我们海军必须确保美国在各大洋的航线畅通无

里根总统在"新泽西号"战列舰重新服役仪式上发表讲话

阻。它要比关闭战略要道上的那些海上航线的任务来得更为艰巨。海上优势对于我们来说是必不可少的。我们必须有能力在紧急情况下以有效的方式对空中、水面和水下区域实施控制，以确保我们能够利用世界各大洋。"

莱曼的理论很有意思。苏联是一个陆上大国，建立强大的远洋海军不正当；美国是一个海洋国家，理所当然地要控制海洋，做海上霸主。

莱曼很聪明，他将自己"海上优势"的思想变成了总统的思想。于是，"海军战略"真正成为国家的"海上战略"，马汉的海权思想在新形势下得到了真正的弘扬和发展。

随即，莱曼麾下的美国海军便以遏制苏联扩张为第一要义。他着手加强印度洋北部迪戈加西亚岛上的军事基地的建设，以便对波斯湾可能的事变快速支援；他派美国海军陆战队进驻黎巴嫩首都贝鲁特，阻止苏联进一步向中东渗透；他镇压加勒比海小岛国格林纳达的亲苏力量联合古巴的军事政变，间接打击苏联和古巴；他要保证美国海军在世界海洋上自由航行的权利，保证美国海军能够安全地实施全球机动，成为美国军事战略的"三大支柱"之一。

显然，莱曼的海上战略，充分利用了海洋的流动性和海军兵力的机动性，不仅大大提高了海军兵力运用在军事战略中的地位，也成为被越南战争重挫后的美军重整旗鼓的"五色石"，为美国振兴全球性海权、重新获取海上控制权和世界霸权产生了重要的作用。

600 艘舰艇计划

莱曼的《海上战略》是理论，理论是必当引导实践的。莱曼作为美国海军部长，其主要职责是规划并领导海军建设发展，由此，"600艘现役使用舰艇的计划"（以下简称"600艘舰艇计划"）应运而生。

20世纪60—70年代，为了打赢艰难的越南战争，美国付出了巨大的人力物力代价，甚至放慢了海军发展的步伐。80年代初，美国海军只有470多艘舰艇，还有近10%的编制人员缺额，致使不少舰艇无法部署。莱曼认为：美国若实施前沿进攻的海上战略，至少需要600艘舰艇；而若不实施前沿进攻海上战略，则需要比600艘多得多的舰艇，才能达到相同的战略目标。所以说，600艘舰艇是争取海上优势的最低兵力数量。它包括15个航母战斗群、4个战列舰水面作战群、100艘攻击潜艇、30余艘弹道导弹核潜艇、足够数量的运输突击梯队等。他还具体计算了美国4个舰队所需要的海军兵力（见下表）。莱曼是实施前沿进攻海上战略的提出者，也是推行这一战略的不遗余力者，他决心到80年代末、90年代初实现这

美国海军需要的兵力计算

舰队名称	兵力单位	平时海上战略要求的兵力	战时海上战略要求的兵力
第 6 舰队	航空母舰战斗群（CVBG）	1.3 个	4 个
	战列舰水面作战群（BBSAG）	0.3 个	1 个
	海上运输舰群（URG）	1 个	2 个
第 2 舰队	航空母舰战斗群（CVBG）	6.7 个	4 个
	战列舰水面作战群（BBSAG）	1.7 个	1 个
	海上运输舰群（URG）	4 个	3 个
第 7 舰队	航空母舰战斗群（CVBG）	2 个	5 个
	战列舰水面作战群（BBSAG）	0.5 个	2 个
	海上运输舰群（URG）	1 个	4 个
第 3 舰队	航空母舰战斗群（CVBG）	5 个	2 个
	战列舰水面作战群（BBSAG）	1.5 个	—
	海上运输舰群（URG）	4 个	1 个

美国军方发布的俄亥俄级核潜艇发射战斧巡航导弹的构想性图片（2003）

一构想，从而取得对苏联的较大海上优势，掌控战争的结局。

这一时期，美国海军获得了长足的发展。

在数量上，80 年代中后期，海军现役兵力由 1982 年的 55.3 万人增至 59.3 万人，各类人员达到了 100% 满编；海军军费由 1979 年的约 379 亿美元猛增到 1988 年的 1002 亿美元；舰艇数量由 1980 年的 479 艘增至 1988 年的 570 艘，航母由 13 艘（含核动力 3 艘）增至 14 艘（含核动力 5 艘），并完成了其中 3 艘航母的"延长服役期计划"改装和 2 艘航母的大修，3 艘"二战"后封存的战列舰经过现代化改装后投入现役。

海军在质量上的提高更令人瞩目。

1982 年 3 月，美国海军淘汰了所有的搭载北极星型弹道导弹战略核潜艇，包括乔治·华盛顿级和艾伦级；1983 年，完成了在麦迪逊级、富兰克林级以及早期的俄亥俄级核潜艇上部署三叉戟 I 型导弹；同时，开始建造搭载三叉戟 II 型弹道导弹的新型俄亥俄级核潜

AV-8B 垂直短距起降战斗机

艇，共新建了 7 艘。俄亥俄级核潜艇是美国第四代战略核潜艇，由美国通用动力公司制造，共建造了 18 艘。每艘俄亥俄级核潜艇拥有 24 个垂直导弹发射管，可发射 24 枚三叉戟 II 型导弹。该型导弹的最大射程在 1.2 万公里以上，命中精度 90 米，每枚导弹最多携载 12 颗弹头。1988 年，美国已经有 37 艘战略导弹核潜艇，携带的弹道导弹由 1980 年的 416 枚增至 528 枚，加之战略导弹核潜艇具有生存能力强、拥有第二次打击能力等特点，在美"三位一体"战略武器中的地位不断提高。

1981—1985 年，美国海军航空兵的战备能力提高了 42%，舰载航空兵换装了 F-14 战机和具有空战、攻击双重能力的 F/A-18 型战机，SH-60 新型反潜直升机投产并交付使用。为提高电子战水平，各舰载机联队均配备了 E-2C 和 EA-6B 等型机，航空母舰的电子战装备也都实现了更新换代。海军陆战队的部分飞机中队也换装了 F/A-18 攻击机和新型 AV-8B 垂直短距起降战斗机。

被称为海上武器系统三大技术革命的宙斯盾防空系统、战斧巡航导弹和导弹垂直发射系统开始普遍装备于美海军的水面作战舰艇和攻击潜艇。据当时的副国务卿塔夫特称，美海军宙斯盾巡洋舰的能力比以往的巡洋舰提高了4倍以上；新型反潜直升机及拖曳式声呐基阵的大批量部署使用，使水面舰艇的反潜能力增加了10倍以上；攻击潜艇的综合作战能力提高了1倍多；携带巡航导弹的新型作战飞机以及水下监视系统的作战能力提高了50%。此外，美海军的战时海运能力也提高了30%以上，在若干敏感海域还预先部署了13艘预置舰。

在600艘舰艇计划中，美国海军提出了两个"优化形式"，即对航空母舰编队和核动力攻击潜艇实施优化。理由是：航空母舰编队集水面舰艇、支援潜艇和舰载航空兵为一个协同整体，任何其他形式的舰队所具有的作战能力都无法与之相比拟，是最适于美国海军实施远洋前沿进攻作战的一种"优化形式"；核动力攻击潜艇具有隐蔽性好、机动性强、活动时间长、作战用途广泛等许多优点，既可以进行消耗战、制海战和封锁战，又是对付敌潜艇最好武器，装上战斧导弹后还有核攻击能力，构成水下舰队的主体，与航空母舰的水面编队相辅相成，是另一种"优化形式"。为了取得两个"优化形式"，美国海军大力发展尼米兹级核动力航空母舰和海狼级核动力攻击潜艇。到1989年尼米兹级核动力航空母舰已有5艘下水服役；海狼级核动力攻击潜艇于90年代服役，与洛杉矶级潜艇共同构成强大的水下舰队。

美国海军还致力于建设一支"突击兵力"，即陆战远征部队。美国海军认为：陆战远征部队是除航母编队以外的另一支重要的远洋进攻力量。它历来是美国对外侵略、扩张和干涉的先锋。它拥有

美国海狼级核动力攻击潜艇

2005年9月12日，美国海军陆战队第13远征部队的队员们登陆埃及参加"光明之星"（Bright Star）联合军事演习

航空母舰等其他海军兵力难以具备的"陆上最终解决战斗"的能力，特别是在低强度战争中往往被用于关键的时刻和地点，成为最重要的"突击兵力"。

经过 10 年努力，美国海军基本实现了 600 艘舰艇计划，实力达到第二次世界大战以来最高水平，实现了拥有较大"海上优势"的目标。其 15 艘航空母舰虽然包含了老型号，但理论上可搭载近 900 架携带核武器的飞机，常规动力的小鹰级和核动力的尼米兹级的满载排水量都达到 90000 吨级左右，最大航速达到 25—30 节，令世界瞠目。其中，尼米兹级航母满载排水量 94000 吨，载机 90 余架，包括攻击机 3 个中队，共 36 架；战斗机 2 个中队，共 24 架；反潜机 1 个中队，10 架；预警机、电子战飞机和加油机各 1 个中队，共 12 架，堪称世界上最大的超级核动力航空母舰，成为美国海军海上编队的中坚。它们无与伦比的前沿存在、快速反应、远距离投送以及强大的海上进攻和核威慑能力，越来越博得美国总统们的依赖和钟情，以至于每当危机发生的时候，历届总统都会习惯性地问："我们的航母在哪里？"

600 艘舰艇计划，加上 90 年代初苏联解体及其海军衰落，使美国海军终于重新稳稳坐上世界海上霸主的地位。

全球海上部署

80 年代后，根据莱曼的海上战略，美国海军以苏联海军为假想敌，不断调整海上部署，实施海军的全球海上军事存在。以 15 个航空母舰战斗群、4 个战列舰水面作战群和 100 艘攻击型潜艇为主要兵力进行编组、训练，在战时准备控制的海域进行平时部署。其中最重要的战略海区是"两洋"——大西洋和太平洋，主要兵力是大

美国大西洋舰队第 6 舰队的主要战舰以特殊的编队巡航地中海中部水域（1958）

西洋舰队和太平洋舰队。

　　大西洋舰队司令部设在美国东海岸诺福克，辖区包括了自北极到南极的整个大西洋海域、地中海、加勒比海海域以及中东的部分海域，主要任务是控制这些海域及其所有重要海上交通线。大西洋舰队的辖区覆盖欧洲大部，而欧洲是冷战时期美国主要的战略部署地区，因而大西洋舰队同时是配属北约盟军司令部的海上作战力量，其主要作战兵力为两个特混舰队——第 6 舰队和第 2 舰队。

　　第 6 舰队部署在地中海，是北约南欧司令部的主要作战兵力，具有为整个北约南翼提供打击和防空优势、反潜和近距离空中支援的能力，也是美国支援中东盟友和盟国的主要海上力量。冷战时期，美国认为中东受到苏联的很大威胁，苏联在黑海有一个舰队，在地中海部署了一个中队，战时将从那里出动海军攻击机、航母、大量常规潜艇和核潜艇、远程攻击巡洋舰、驱逐舰以及其他一些小型舰艇。为对付这种威胁，美国海军第 6 舰队要求平时在地中海部署 1 个航母战斗群，战时将有 3 个或 4 个航母战斗群的兵力，还将拥有战列舰水面作战群和 2 个海上运输舰群。从历史上看，第 6 舰队曾经参加过 1958 年美国入侵黎巴嫩的行动、1986 年空袭利比亚的"草原烈火"行动、1991 年的海湾战争、1999 年的科索沃战争。

第 2 舰队是北约在大西洋上的主力，担负着北大西洋、东大西洋、冰岛和挪威海的作战任务，负责对北约整个北翼包括北海和波罗的海咽喉点在内的防御任务，同时还担负着在加勒比海、南大西洋以及西非的许多交通线的各种海上任务。战时，第 2 舰队要求配置 4—5 个航母战斗群、1 个战列舰水面作战群和 3 个海上运输舰群。这些舰艇的火力理论上相当于第二次世界大战时期 40 艘航母的威力，也相当于 800 架 B-17 轰炸机的威力。从历史上看，第 2 舰队曾经参加过 1962 年美国对古巴的海上封锁、1989 年对巴拿马的入侵、1990 年对哥伦比亚的海上封锁、1993 年海地危机等。

"二战"后，太平洋舰队一直是美国部署东亚太平洋地区以保持前沿军事存在的主要军事力量。冷战时期，美国针对苏联在这一地区建立了以双边军事同盟为支柱的安全体系，形成一个沿太平洋西岸的弧形（又称新月形）海上部署，当然同时具有针对中国等社会主义国家的指向性。20 世纪 80 年代后，随着亚太地区成为全球经济新的增长点，特别是中国改革开放后的高速发展，美国地缘经济政治利益更加突出。太平洋舰队司令部设置在夏威夷珍珠港，辖

2008 年 7 月 24 日，美国海军第 2 舰队主力舰"西奥多·罗斯福号"航空母舰准备在暴风雨天气下启航，参加大西洋海岸附近的代号为"硫黄行动"的联合特遣部队军事演习

区自太平洋西海岸至印度洋一线，海域广大。其主要作战兵力为两个特混舰队——第 7 舰队和第 3 舰队，以及中央指挥部的中东部队。90 年代后成立独立指挥的中央司令部及第五舰队，太平洋舰队的平时任务领域进一步集中于亚太地区。

第 7 舰队是美国在西太平洋地区的前沿舰队，司令部设在日本横须贺，主要活动范围包括日本、韩国、菲律宾、澳大利亚、新西兰、泰国、东南亚的重要海峡，以及印度洋。平时，美国在西太平洋为第七舰队配署 1 个航母战斗群；战时，第 7 舰队将有 5 个航母战斗群、2 个战列舰水面作战群和 4 个海上运输舰群。在中东地区，平时，美国中央指挥部的中东部队与第 7 舰队的兵力共同在这些海

美国海军第 7 舰队旗舰"蓝岭号"两栖指挥舰

域活动;战时,美国则计划将第 7 舰队的两个航母战斗群、1 个战列舰水面作战群和 1 个海上运输舰群部署在印度洋、西南非、波斯湾以及东南亚等海域。

第 3 舰队最早建于"二战"时期,参与了对东京、吴港和北海道的作战行动,曾以著名的"密苏里号"战列舰为旗舰。"二战"结束后被改编进入预备舰队。1973 年重组,司令部设在两栖舰上,母港为太平洋东岸的圣迭戈。第 3 舰队的主要活动范围在东太平洋和北太平洋,白令海、阿拉斯加、阿留申群岛一线和北极部分地区是其重要防区。在这片广阔海域中执行任务,至少要有 2 个航母战斗群和 1 个海上运输舰群的兵力。战时,第 3 舰队与第 7 舰队的活动区有相当一部分是重叠的,有时两舰队防区互换,有时两舰队相互支援。

全球海上部署的目的，有利于美国海军执行任务，实施海上控制、兵力投送和应付危机。

海洋与陆地不同，不能被占领，更难以画地为牢。自从马汉提出控制海洋、夺取制海权的观点以来，美国海军一直奉为金科玉律。但对如何控制海洋、夺取制海权，不同时代有不同的认识。马汉强调通过海军舰对舰的水面决战取得海洋控制和制海权；第一次世界大战期间潜艇的出现，使人们认识到控制海洋和夺取制海权不仅要控制水面、还要控制水下；第二次世界大战中航空母舰的大量运用使人们进一步认识到，没有制空权便没有制海权。战后，美国海军一直以其强大的海上作战力量优势独霸世界海洋，1970年代后，美国的海上霸权受到了苏联的挑战，发现控制海洋并不那么简单，由此逐步强化了控制海峡水道、保证自由航行的观念。美国虽然是索取更多海洋权益的肇始者，却一直没有加入《联合国海洋法公约》。1979年和1983年，在《联合国海洋法公约》通过前后，为了防止其扩大沿海国的海洋权益，美国总统两次发表海洋政策声明，宣示航行自由是美国必须维护的国家利益。1979年，美国开始制定"自由航行计划"（FON），争取全球海洋军事利用权利的最大化；1983年里根政府在其"总统声明"中说，"美国将行使和维护他在世界范围内航海、航空的自由和权利"，"不会默认其他国家企图限制国际社会航海、航空及其他利用公海权利和自由的单方面行为"。基于这一政策，1986年美国海军进一步提出控制世界上16个海上咽喉航道。这16个航道北起格陵兰—冰岛—英吉利海峡，南至非洲以南航道，近起佛罗里达海峡和巴拿马运河，远至东南亚的望加锡，包括巴拿马运河、朝鲜海峡、巽他海峡、马六甲海峡、直布罗陀海峡、苏伊士运河等，遍及太平洋、大西洋、印度洋和北冰洋，都是世界上最有战略价值的海上通道。这些航道不但是环球贸易航道，也是军事补给通道和由海向陆的战略要道。美国海军认为，只要使用少量的兵力在盟国海军的配合下控制几个重要海峡，就可以有效地达成控制海洋的目的。

1988年12月，美国正式推出"自由航行计划"，明确指出："美国的利益从地理上和经济上涉及世界的各个海洋。美国国家的安全和商业主要依赖于国际上认可的合法权利和自由的航海和空中飞行"，并再次重申国家政策："美国将致力于保护和扩大国际法向每个国家所保证的航海和空中飞行的权利和自由。美国保护这些海上权利的其中一条途径就是通过美国的自由航行计划。此项计划包括外交行动和军事行动声明。后者通过行使我们的航海和空中飞行的权利来挫败那些违背国际法的国家声明，并以此表明美国保护航行自由的决心。国务院和国防部将携手负责此项计划的实施。"其中，国防部负责的军事行动由美国海军具体实施，称为"航行自由行动"，美国政府通过这些行动宣示其不承认沿海国"过分海洋主张"的立场。为了最大限度地索取海洋权益，美国迄今没有加入《联合国海洋法公约》。

进入21世纪，美国的这一政策和理念支持其海军在世界各地的活动，不断与各沿海国发生摩擦。其中，与中国的摩擦十分突出，如2001年的中美南海撞机事件、2001年和2002年美"博尔迪奇号"侦察船事件、2009年美国"无瑕号"和"胜利号"侦察船事件等，事件集中于中国的专属经济区，双方在专属经济区军事利用的国际法适用方面分歧严重。中国认为，根据《联合国海洋法公约》，专属经济区不是公海，美国海军在中国专属经济区内进行危害中国国

2003 年 11 月 30 日，美国海军"乔治·华盛顿号"航母编队在大西洋中航行

家安全的海空侦察活动，违反了"海洋只用于和平目的"等国际海洋法基本原则，中国为维护国家海上安全，将毫不犹豫地根据国际法和国内法进行干预并使其离开；美国则辩称《联合国海洋法公约》赋予专属经济区的权益是有限的，美国在专属经济区及其上空享有与公海同样的航行自由权利，符合国际法和习惯法，并且美国在世界上 100 多个国家都进行这样的例行性侦察活动，中国也不能例外。显然，"航行自由"是美国的国家海洋政策，包含了美国的基本价值观和霸权理念，它是国际政治范畴的问题，是地缘政治博弈，本质上不是法律问题。因此，对于海上航行自由的强调、对关键海峡和海上战略通道进行控制，都是美国海军根据其国家政策所坚守的基本原则，绝不可能有任何退让。

再说得明白一点，美国绝不可能相让的是海权，即当今的海洋控制权。

悄然变化的海权

海权具有时代性。进入核时代，美苏的核军备竞赛带来了核军备控制的副产品，一大批发展中国家在海洋开发利用过程中也产生了新的矛盾和竞争，所有这些，都显现了现代海权悄然变化的历史进程。

从海上对抗到"海上协定"

冷战前期，美苏展开了激烈的核军备竞赛，其竞赛的根本目的当然不仅是威慑，而是为了摧毁对方。经过了大约20年竭尽全力的你追我赶，双方都有了丰厚的核武库，海上核力量的发展也足以置对方于死地。这时，蓦然回首，美苏双方都发现这些庞大的核力量只能用来威慑，谁也不敢轻言使用，因为后果不堪设想。而在海上，新的核动力武备和核打击能力不但未能完全扼制对方，反而使海上对抗的风险和代价更大。

1962年古巴导弹危机使苏联蒙羞，苏联奋发图强，致力于弥合与美国海军的差距。很快，苏联在作战舰艇方面已经有了明显的舰龄优势。日益强大的苏联海军舰艇开始与美国海军一样在公海跟踪监视对手，"互相挑战和威胁"，展开激烈的对抗。

1966年，美日在日本海进行反潜联合军事演习，苏联海军进入演习海域挑战美国海权。美国驱逐舰"沃尔克号"两次被苏联舰艇擦伤，苏联的轰炸机多次在100海里距离以内企图接近美国航母特

1967 年 5 月 10 日，美国驱逐舰"沃尔克号"与苏联军舰又一次在日本海发生挤撞

混编队，而美国则在 200 海里以外拦截苏联飞机，追踪苏联的舰艇编队。惊心动魄的海上对抗，危险程度是不言而喻的。

　　1968 年北约在东大西洋进行代号为"银塔"的军事演习，苏联出动 10 多艘舰艇跟踪；1969 年北约进行代号为"黎明"的演习，苏联出动 69 艘舰艇；1972 年北约进行"特别快车"演习，苏联派出 50 余艘舰艇，其中 12 艘是潜艇。同样，苏联的舰艇只要驶出其领海以外，就是美国及北约海军跟踪监视的对象。由此引起了一系列海上危险事件，如挤撞、阻拦、近距离机动，用枪炮、导弹模拟攻击对方舰船和飞机，以及在舰艇上空做低空近距离飞行等。两个超级大国的海上冷战无疑在向着热战发展，而未来的热战会不会引发核战，是全世界共同的担忧。

　　从 1968 年 4 月开始，美国率先放下身段，主动邀请苏联讨论一

1964 年 1 月 6 日，美国海军驱逐舰"卡朋特号"和一架反潜直升机跟踪、驱逐一艘闯入美军在日本海进行军事演习的海域的苏联 W 级潜艇

个"旨在结束两国海军经常而又很严重的海上事件协定"。苏联政府接受了这个建议。然而，在以后的 4 年中，谈判迟迟达不成协议。美苏一方面进行磋商，另一方面又在海上继续进行互不相让的激烈对抗，双方都有增加谈判筹码的企图。

1972 年 3 月、4 月间，美国驻地中海第 6 舰队的两艘驱逐舰奉命进入突尼斯海岸外的一个锚地，探明停泊在那里的苏联新型潜艇的位置并与之保持"接触"。此后，美国的两艘驱逐舰紧紧跟踪苏联潜艇，苏联潜艇先后下潜 7 次，使用种种规避动作企图摆脱美舰的跟踪。其间，多达 7 艘苏联水面作战舰艇不时加入进来，挤撞、阻拦美国的两艘驱逐舰，最近距离不足 14 米。双方在海上的斗争持续了整整 11 天，直到直布罗陀海峡附近才脱离了接触。美国方面把此次事件的主要过程录制了下来，制成了录像片，在紧接着的美苏谈判会议上使用，以说明在海上这种方式"接触"是何等危险。双方在地中海事件中当事的海军军官、美国国务院官员和苏联外交部官员都参加了这次谈判。这次事件促成了协定的达成。

1972 年 5 月 25 日，苏联海军总司令谢尔盖·戈尔什科夫与美国海军部长约翰·沃纳共同签署了现代国际社会第一个有关海上安全问题的协定:《美利坚合众国政府与苏维埃社会主义共和国联盟政府关于防止公海及其上空意外事件的协定》。该协定以保证双方海上军用舰船和飞机在公海以及公海上空的航行安全为宗旨，分别建立了舰船和飞机避免海空意外事件的基本规则:规定了军用舰机在行驶中相互接近、相互监视，在互见距离内机动、在潜艇操演时的行为规则和应采取的安全措施:不得用枪炮、导弹发射器、鱼雷发射管或其他武器瞄准他方船舶，不得进行模拟进攻，不得向另一方船舷发射其他物体，不得用探照灯或其他强光照射船舶驾驶台，各方船舶在互见距离内活动时要发出其开始降落或起飞意图的信号;各方飞机不允许对对方船舶和飞机模拟使用武器，进行模拟进攻，或在船舶上空进行各种特技飞行，或向船舶附近投掷各种物体;夜晚在公海上空飞行的飞机要打开航行灯。双方还建立了相互通报制度和通信方式，并建立了两国海军武官直接沟通的渠道和对"1972年协定"的年度检查制度。

一艘行驶于地中海上、正在下潜的苏联潜艇上的水手朝一架在空中跟踪的美国海王星侦察机挥舞拳头（1973）

　　然而，美苏海上对抗并非一个协议就可以解决。协定实施后，双方新的海上摩擦不断出现，主要集中在两个问题上：一是美国反对苏联以直线基线法（即以海湾入口处的岬角为基点画直线）确立领海基线，认为苏联此举扩大了其领海范围；二是美国军用舰机奉行全球海洋航行自由原则，反对苏联的必须经其批准才能实施领海无害通过的规定。于是，美国军舰不理会苏联的主张和一再警告，经常在苏联视为领海的海域自由巡弋。

　　1982 年 5 月初，美国驱逐舰"洛克伍德号"在日本海活动，进入了苏联宣布为内水而美国视为公海的彼得大帝湾。苏联方面通知"洛克伍德号"离开苏联领海，而"洛克伍德号"回答说它在国际海域进行例行活动，并起飞了 SH-2 型舰载反潜直升机。苏联随即

起飞伊尔 -38 型反潜巡逻机迫降美国飞机，并派出舰艇近距离纠缠"洛克伍德号"，同时发出信号声称如果美国舰机继续侵犯苏联领海，将击毁其反潜直升机。后来"洛克伍德号"驱逐舰保持在距苏联所主张领海海域远一些的位置活动，事件暂时得以平息。在接着举行的"1972 年协定"年度检查会议上，双方提交了事件发生时详细的海图及表示舰位、航向、航速、船舶运动、信号等的草图甚至照片，相互指责，均不承认自身有错误。

1986 年 3 月，美国"约克城号"导弹巡洋舰和"卡伦号"驱逐舰在黑海侵入苏联领海，在距离苏联克里米亚南部海岸仅 6 海里的海域活动。这一事件使有关领海无害通过问题的争论再次进入了当年年度检查会议的议题，但问题并没有解决。据当时任苏联海军总司令的弗拉基米尔·切尔纳温回忆，为了"制止这种粗暴的挑衅行动"，在其后苏联召开的一个国防会议上，他提出"挤撞"入侵者的意见，并得到苏共总书记米哈伊尔·戈尔巴乔夫的首肯。戈尔巴乔夫甩出一句话："挑结实一点的军舰挤撞它。"

都是超级大国的海军，谁怕谁！

1988 年 2 月初，美国"约克城号"导弹巡洋舰和"卡伦号"驱逐舰再次进入黑海，很快被苏联"米尔卡号"护卫舰严密跟踪监视，警告其即将进入苏联领海，要求其改变航线。但美国两艘军舰仍旧我行我素，驶入克里米亚沿岸的苏联领海。于是，苏军舰艇公开发出"我舰奉命撞击你舰"的信号，以舰首毫不犹豫地撞上美"约克城号"导弹巡洋舰左舷，造成"约克城号"首部及尾部导弹发射架受损，"米尔卡号"护卫舰也受到损伤。这一招果然有用，美国军舰立即掉转航向，驶出苏联领水。事后，苏联就这一入侵事件向美国提出抗议，美国则说，根据国际习惯法苏联侵犯了美国军舰的无

苏联"米尔卡号"护卫舰挤撞美国"约克城号"导弹巡洋舰（1988）

害通过权。

核时代的美苏海上对抗，使用起了冷兵器时代的战术，苏联海军真的很有创意。

1988年4月到1989年8月，美国国务院和苏联外交部主持召开了一系列有海军参加的海洋法讨论会，从双方在海洋法方面的分歧中寻找产生海上碰撞事件的根源，分歧和争论当然不可能弥合。但由此产生了另一个重要协定。1989年6月，美国参谋长联席会议主席小威廉·克劳海军上将和苏联武装力量总参谋长米哈伊尔·莫伊谢耶夫元帅在莫斯科签署了《美利坚合众国政府与苏维埃社会主义共和国联盟政府关于预防危险军事活动的协定》，扩展了"1972年协定"的适用范围，充实了新内容，增加了改善关系和加深相互理解的基调。"1989 年协定"实现了两国武装力量之间的全方位通信，并制定了《与进入领土有关的意外事件的处理程序》。1989 年 9 月，美国国务卿詹姆斯·贝克与苏联外长爱德华·谢瓦尔德纳泽又专门签署了《与〈美苏关于预防危险军事活动的协定〉相关的共同声明》。声明强调坚持自由航行权利和军舰无害通过权利，给人以美国方面占上风的感觉。然而事实上，协定签署后，美国方面也尽可能远离苏联主张的领海。而对于有争议的海域，双方以建立"特别谨慎区"的方式解决。

美苏"1972 年协定"是国际社会第一个具有合作性质的海上协定，它是在两个超级大国以核威慑为核心的冷战进入死胡同转而谋求核军备控制的背景下，尤其是在海上直接对抗发展到即将发生冲突的情况下诞生的，在海上军事安全领域具有重要意义。"1989 年协定"则是在美苏关系缓和的背景下诞生的。两个协定使双方发生海上事件的概率显著减少，对于保障国际航线上的安全航行和加强海洋国际法制起了积极的作用，国际社会对这一成果也都肯定有加，认为其示范作用影响深远。

更重要的是，它标志着现代海权的变化，一个国家除了以武力对抗手段实现海权外，还有另外的手段，那就是合作。当然，合作也是一种斗争形式，但可以最大限度地获取和平红利。

低强度海上局部战争

20 世纪 70 年代前后，美苏两个超级大国形成了超饱和的核均势。在冷战的背景下，在世界性全面战争缺乏动力和可能但武装冲突和局部战争又经常发生的情况下，美苏的战争思维和战争理论都在不断发生着变化，苏联诞生了"和平时期海军战略使用"的新思想，美国也陆续出现了一些新概念，如"有限战争""低强度冲突""小规模行动""特种作战""和平行动"等等。冷战中，美苏两个超级大国运用军事实力维护国家安全，其"战"的本质并没有改变，但避"热"取"冷"，军事力量运用的形式有了很大改变，显示了各方在战争行动以外强化军队职能的时代特点。进入 20 世纪 80 年代，一个颇为流行的低强度"局部战争"理论出现了。

低强度"局部战争"，主要指地区性武装冲突或战争，其特点是"激烈程度与战斗水平低于大规模常规战争"，其中也包括了反恐怖作战、反叛乱、小规模武装入侵与反入侵、平息种族冲突与宗教争斗等，是美国用战争手段干涉别国内政的一种新理论——就是使用小规模的兵力迅速达成目标。

低强度"局部战争"理论带来了低强度的海上局部战争。80 年代，美国海军在海上局部战争中大显身手，在国家政治、外交和军事斗争中发挥了重要作用。

1983 年，位于加勒比海小安德列斯群岛最南端的格林纳达发生武装政变，亲苏联、古巴的军方接管了政府。对于这样一个总人口仅有 11 万的小岛国，美国却大动干戈，因为格林纳达在美国后院，因为新政权亲苏、亲古，被认为危及了美国国家安全利益。10 月 20 日，在格林纳达军政府上台的当天，正在驶向黎巴嫩航途中的一支美国海军特遣舰队奉命改道，3 天后到达加勒比海海域对岛国实施海上封锁，代号为"暴怒行动"的入侵计划随即获得总统批准。美军共 20000 人参战，地面部队 7200 人，海军则投入 11 艘舰船，包括航空母舰、两栖直升机母舰、巡洋舰、导弹护卫舰、两栖输送船各 1 艘，驱逐舰 3 艘，坦克登陆舰 2 艘。25 日拂晓前，从"独立号"

1983 年 10 月，一架从"独立号"航母起飞的 A–7E 攻击机飞往格林纳达萨林斯国际机场

航母上起飞的突击直升机群载着陆战队的空降突击分队扑向格林纳达珍珠机场，仅两小时，包括珍珠机场在内的该岛国东北地区全部落入美军手中。与此同时，从"独立号"航母出动的舰载攻击机突袭西南方向的另一个机场，随后实施空降，格林纳达守军虽顽强抵抗，但无济于事。28 日美军结束主要战斗，11 月 1 日终结军事打击行动，转入军事占领。

1986 年美国海军对利比亚的"草原烈火"和"黄金峡谷"行动，也是两次低强度的海上局部战争。

利比亚地处北非，盛产石油，是地中海南翼的屏障和欧洲进入非洲的要道，可扼制经地中海驶向大西洋或苏伊士运河的海上交通线。1969 年卡扎菲策动军事政变上台后推行反美亲苏的政策，1973 年卡扎菲强硬地宣布利比亚领海宽度为 200 海里，并声称锡德拉湾为其领海，由此成为美国人的一颗眼中钉。1986 年初，美国以卡扎菲组织反美恐怖活动为由，对利比亚实行全面制裁，并冻结其在美

1986 年 3 月 24 日，一架 FA-18A 黄蜂式战斗攻击机降落于美国"珊瑚海号"航空母舰上

国全部资产；1 月底，卡扎菲宣布北纬 32° 30′ 为"死亡线"，利比亚将"反击"超过该线的美国军舰或飞机。双方剑拔弩张。3 月 23 日，美国海军"珊瑚海号""美国号"等 3 个航空母舰战斗群驶入距利比亚海岸 180 海里的海域，举行代号为"自由通航"的海空联合演习，出动舰载机袭击卡扎菲宣布的"死亡线"，诱使利比亚先行开火，然后展开了"草原烈火"行动。4 天内，美国海军舰艇飞机在"死亡线"停留达 75 小时，共击沉击伤利比亚导弹舰艇 5 艘，摧毁其防空导弹阵地的雷达站等重要设施，美军无一伤亡。

1986 年 4 月初，驻西柏林的一名美军士兵死于一次恐怖活动，另有 44 名美国人受伤。美国情报机构查明系利比亚人所为。4 月 9 日，美再次制订了针对利比亚的"黄金峡谷"作战计划。14 日 19 时进攻开始。驻英国的美军 28 架空中加油机、24 架 F-111 轰炸机和 5 架

1986 年 4 月 14 日，一架 F-111 轰炸机从英国莱肯希思空军基地起飞，参加对利比亚的空中打击

电子干扰机相继升空，绕道大西洋实施洲际奔袭，直扑利比亚方向。部署在地中海的美国海军航空母舰各种舰载机也起飞与其汇合，随即按照作战预案兵分两路，分 4 个波次扑向利比亚的 5 个军事目标。15 日 1 时 54 分"黄金峡谷"攻击行动打响，2 时 12 分结束，前后只持续了 18 分钟，而其中对主要目标的攻击仅仅用了 11 分钟。美军机群投掷的 150 多吨炸弹，不仅摧毁了 5 个预定军事目标，而且击毁击伤利比亚飞机数十架和防空雷达站 5 座，卡扎菲本人侥幸逃生。利比亚空军甚至未来得及升空迎战，战斗已经结束。美军的干扰机群使利比亚发射的全部地对空导弹无一命中目标，而美军只有一架战斗攻击机被利比亚防空火炮击落，两名飞行员丧命，损失甚微。这次迅雷不及掩耳的行动被称为外科手术式的打击。

美国海军对利比亚的上述两次海空突袭，已经表现出现代高技术战争的特点。美国以绝对优势的海空兵力，在洲际范围内实施凶猛而有效的进攻战，以低强度的局部战争和外科手术式打击的高效率，实现其政府的既定目的。从中可以看出，美国这样奉行传统全球进攻型战略的国家，获得现代海权的作战方式正在发生改变。

新的海洋权益之争

从公元前4—5世纪开始，有书文记载的国家海权斗争大都是以武力杀戮、强权征服为主线，以争夺陆地为目的，关注点是通过制海而制陆。如前所述，地理大发现的两个创始国葡萄牙和西班牙，曾在1493年以所谓"教皇子午线"为据瓜分了大西洋及其相应的陆地；1529年，又以新的条约形式重新划分了太平洋、印度洋及其相应的陆地，作为其各自殖民地的范围。在海权争夺中，国际法渐渐登上历史舞台，人们期望借助国际法建立共同的、公平的国际秩序，以维护国家利益。

1609年，海上强国荷兰的一位著名法学家、"国际法之父"格劳秀斯推出了著名的"海洋自由论"，主张海洋在本质上是自由的，是不受任何国家主权控制的"公有物"。另一个海上新兴大国英国的法学家塞尔顿则截然相反地抛出了"海洋闭锁论"，宣称海洋"同土地一样可以成为私有的领地或财产"，对英国以外的海洋持"无主物"观点，用意不言自明。对海洋本身的权利索求，越来越多地进入国家视野。

1702年，另一位荷兰法学家宾刻舒克从防止敌人由海上入侵的角度推出了"海上主权论"。宾刻舒克将海洋区分为"从陆地到权力所及的地方"和公海两大部分，前者属于沿海国家的主权管辖范围，后者则是不属于任何国家的公有物。他提出了一个著名的主张：

荷兰法学家宾刻舒克

"陆地上的控制权，终止在武器力量终止之处。"以当时威力最大的大炮为标准，大炮能打多远，炮弹射程内的沿海海域即受该国主权管辖。1782年，意大利法学家加利安尼基于宾刻舒克的理论，鉴于当时大炮的平均射程，正式提议沿海国所属海域（领海）宽度以3海里为限。这一建议获得各国普遍赞同，因为它既维护了沿海各国陆上的安全利益和一定范围内海洋利用和控制的权利，同时又不妨碍各国在3海里以外的海洋自由活动。从此，世界海洋分割为领海和公海两个部分，各国以划定领海的形式获得利用和控制海洋的权利，领海也便具有了海洋国土的性质。

大炮的射程很快就远远超出了3海里，但3海里领海权却持续了相当一段时间。1896年，荷兰提议6海里领海主权，不少国家赞同，但英国竭力反对。荷兰驻英国公使私下劝说英国外相："你英国海岸线特别长，渔业规模很大，应该扩大领海范围。"英国外相答

1875 年 6 月，英国"挑战者号"考察船经过南太平洋的胡安·费尔南德斯群岛

道："这样一来我们就不能到你们近海去捕鱼了。要知道，无论我们的领海有多宽，我们还是要到你们近海那里去捕鱼的。"

可见，3 海里领海的划定，确立了相应的海上国际行为准则，但也隐藏着日趋生长并激化的矛盾。

19 世纪以后，产业革命带来了世界性的海洋科学技术的大发展，蒸汽动力普遍应用于轮船，为世界性的海洋科学研究活动提供了基础。1872—1876 年间，英国"挑战者号"大型海洋考察船历时 3 年半，航行近 7 万海里，对环球海洋进行了大规模的科学考察，进行了 492 次海洋深度调查，完成了 362 组沿水深方向各点海水温度的测量，采集了 133 个海底土样，发现了 4700 多种海洋生物的新品种。其获得的资料经过 20 年的分析整理被编纂成一部 50 卷的海洋学巨著。"挑战者号"的成就轰动了世界，从此掀起了一个海洋科学探险热。19 世纪末，美国在加利福尼亚州的沿海钻探出石油。人们开始注目于海洋本身资源的发现和利用，越来越多的沿海国家开始认真地考虑自己国家面前的这片蓝色的"土地"，争相宣布了 3 海里的领海权。

20 世纪初，人类对海洋的探险活动分别到达了北极和南极的极点，人类的足迹踏遍了地球表面的所有海洋。这些海洋考察活动，是大规模开发利用海洋的先声。与此同时，人类以海洋为通道、以重新瓜分世界为目的的大厮杀达到了顶峰，这就是两次世界大战。

第二次世界大战后，国际舞台上出现了联合国这个处理国际事务的机构。从《雅尔塔协定》到《联合国宪章》，主权国家平等、严禁侵略别国领土等国际法条款的制定，表明世界各国的领土范围已基本形成定局，世界性的瓜分大陆的时代结束。

旧时代的终结意味着新时代的到来。战后，由于世界性的市场逐步形成，国际贸易进一步发展，各国的经济联系日趋紧密，对海洋运输的依赖性进一步增强，海洋的通道作用仍在前所未有地被应用。另一方面，伴随着人类征服海洋的脚步，人类对海洋的认识产生了一个新的飞跃，表现在人们对海洋作用的关注从其作为商品流通的桥梁而转向其本身的资源价值及经济价值。这一飞跃成为新一轮"蓝色圈地运动"的先导。它的标志是 1945 年美国总统杜鲁门的《大陆架公告》。

美国从 1793 年规定其领海宽度为 3 海里以来，一直与英国站在一起，企图将 3 海里领海定为国际法准则，力图将别国领海限制在尽可能小的范围内，以满足自己建立海洋霸权的需要。杜鲁门的《大陆架公告》宣布"处于公海下，但毗连美国海岸的大陆架底土和海床的自然资源属于美国，受美国的管辖和控制"。就其本意来

美国与加拿大两国的海岸警卫队的船只一起进行北极海底测绘并收集数据，以帮助定义该地区大陆架的外部界限（2009）

说，并不在于延伸领海，而在于对连接美国本土的大约250海里海底自然资源的法定占有。不料这一对大陆架的圈定却引起一系列连锁反应：从拉美一些国家开始，相继蔓延到亚洲、欧洲的许多国家，纷纷对大陆架提出主权要求。截至1958年第一次联合国海洋法会议召开时，已有35个国家宣布了自己的大陆架。更有甚者，一些国家干脆宣布将自己领海范围扩大到200海里。可见，美国总统圈定大陆架的举动，在某种意义上违背了他的初衷，成为其全球霸权主义的制约因素。

　　由于世界各国大陆架的宽度从不足1海里到800海里不等，因而各国从各自的利益出发，根据本国大陆架的特点，对大陆架的宽度、大陆架权利的内容和性质提出了不同的主张。大陆架宽的国家强调大陆架"是沿海国家陆地的延伸",如获得承认,最多的可得到 800 海里宽的大陆架。而大陆架狭窄的国家有的则坚决反对以此界定海洋底土,提出"大陆架是全世界公有财产,任何国家都有开发利用的权利"等主张。1958 年 2 月和 1960 年 3 月,联合国在日内瓦两次召开海洋法会议,经过各国无休止的"舌战",通过了《领海与毗连区公约》《公海公约》《捕鱼与养护公海生物资源公约》与《大陆架公约》,但对领海的宽度和渔区的范围问题仍未达成协议。

20 世纪 60 年代以后,飞速发展的科学技术给人类插上认识海洋的翅膀。而世界人口的剧增、陆地资源的减少、生存环境的恶化,也迫使人们向这片占地球表面积 70.8% 的蓝色空间加速进军。1960年,法国总统戴高乐在国会专门阐述了海洋开发的重要性,1967 年法国设置了国家海洋开发中心,翌年制订了法国第一个国家海洋开发的基本规划。1961 年,美国总统发表了关于天然资源的特别咨文,将海洋开发列入了仅次于宇宙开发的国家计划;1966 年,美国制定了《海洋资源与技术开发法》,70 年代设置美国国家海洋和大气管理局,健全了国家海洋开发促进体制。紧随美、法之后,苏联、英国、联邦德国、日本、意大利、印度以及拉美一些国家,都在 60 年代相继宣布了本国发展海洋经济的总体设想和规划。70 年代,在联合国大会把 1971—1980 年定为世界海洋科学年以后,全世界掀起一股巨大的海洋热,人类进入了对海洋本身的实际利用和大规模开发阶段。据估计,海洋的鱼类足以满足 300 亿人口的全部蛋白质需求。海洋中的铜的储量达 50 亿吨,可供人类使用 700 年;镍的储量为 90 亿吨,钴的含量为 58 亿吨,锰结核储量达 300 亿吨,都够人类开发数万年之久。海水淡化、潮汐能都是取之不尽的资源。而储量丰富的海洋石油、天然气的开采已经使人类获益巨大。海洋为人类生存展示了广阔而美好的前景，被称作人类生存的第二空间。

海洋问题成为与现代国家利益攸关的问题，一个新的概念呼之而出，这就是国家的"海洋权益"。海洋权益，顾名思义包括两个方面：一是海洋主权和权利，属于政治范畴；二是海洋利益，属于经济范畴。实质上，海洋问题已成为国家战略的重大问题之一，任何沿海国家的兴盛都不能离开对海洋政治、经济权益的统一筹划。

1973 年，联合国主持召开了旨在建立国际海洋新秩序的第三次海洋法会议。150 个国家和地区的代表参加了会议。此后，先后举行了 11 期共 15 次会议，各国你争我论，斗争异常激烈，会议延宕 10 年之久，终于在 1982 年 4 月 3 日通过了《联合国海洋法公约》。这个公约突破了传统的领海和公海制度，明确规定领海宽度不能超过 12 海里；明确肯定沿海国的大陆架是其领海以外陆地领土的全部自然延伸，确定了划分方法，明确了沿海国可以依法拥有 200 海里专属经济区等一系列海洋制度，并将公海的概念定为"不包括在国家的专属经济区、领海或内水或群岛国的群岛水域内的全部海域"，《公约》还就不同性质的海域确立了沿海所享有的权利和义务。这次以国际组织立法形式出现的"蓝色圈地运动"，将地球表面积 36% 的公海变成了沿海各国的专属经济区，世界公海的面积由此缩小了 1.3 亿平方千米。

联合国第三次海洋法会议产生的《公约》具有重要意义，被称为"海洋宪法"。它坚持和平、平等、合作等《联合国宪章》的基本原则，以国际法形式在一定程度上公平确立了新的世界海洋秩序。一方面，它广泛吸取了传统海洋法的一些规则和原则；另一方面，它提出了许多海洋法的新概念、新制度，成为国际法发展过程中的一个里程碑。比如，它使世界各沿海国都拥有了向海洋方向延伸领海、大陆架、专属经济区等海洋国土的平等权利，宣布了世界海洋65%以上的深海大洋底土即国际海底及其资源是"全人类共同继承的财产"，"任何国家和个人，不论自然人或法人，均不得以任何方式将该地域据为己有"，并且宣布国际海底及其资源的探测和开发，"应由行将建立的国际制度和根据该制度建立的国际机构管理"，体现了各缔约国特别是发展中国家的共同利益，对促进海洋和平利用、海洋资源公平有效开发、海洋生物养护、海洋环境保护、海域疆界划定、海洋争端解决等提供了现代海洋法的基本依据。

中国在第三次海洋法会议上，积极参与和推动《公约》的制定和通过，尤其是支持通过 12 海里领海制度，打破了海洋大国对领海宽度 3 海里的限制；支持拉美等地区发展中国家带头提出的 200 海里海洋权的主张，使《公约》最终建立了专属经济区制度；支持国际海底区域及其资源是人类共同继承财产的主张。《公约》建立的国际海底开发制度和管理机构，成为发展中国家与海洋大国进行斗争的有力武器。1996 年，中国正式批准《联合国海洋法公约》。

然而，《联合国海洋法公约》是一个各国各方面利益调和折中的产物，虽然在全世界普遍关注的许多海洋法问题上达成了"微妙的平衡"，但其中的公平还只能是相对的，一些规定并不完善，甚至有严重缺陷。例如，《联合国海洋法公约》为大陆架规定的自然延伸原则和 200 海里距离的原则，以 200 海里的宽度为大陆架的基本标准，而自然延伸的大陆架，最宽可以达到 350 海里；同时公约规定沿海各国可以拥有自领海基线量起的不超过 200 海里的专属经济区。按照这一原则，美国、法国、印度尼西亚、新西兰、澳大利亚、苏联和日本可分别获得 350 海里的专属经济区。美国受惠最大，总共可获 970 万平方千米的海洋管辖权；而大陆架短的国家，最多只能扩展到 200 海里。而相邻或隔海相望的国家专属经济区交叉的话，就不可能划足 200 海里，并由此必然会产生国家管辖海域划界争端。

岛屿也由于新的海洋制度的诞生被重新认识。因为岛屿可以像陆地领土一样拥有自己的领海、毗连区、专属经济区和大陆架。如果按照这一条划定海域，一个岛屿便可获取 1500 平方千米海域。如此吸引力使沿海国更加重视、利用和争夺可能属于自己的海上岛屿。日本之所以在远离其国土的冲鸟礁上以重金加固和扩大礁盘，将冲鸟礁称之为冲鸟岛，目的也是为了利用岛屿制度获得大于其国土面积的海洋。

如此这般，20 世纪 70 年代以来，沿海的大国小国争相划定管辖海域的做法蔚然成风，使全世界 370 处海域处于国家间的划界纠纷之中。现代国际社会海洋权益的争夺，成为大小国家发展现代海权的重要动因之一。

这一轮浮出水面的海洋权益之争非常复杂，既有发展中国家间的利益之争，更有与美国为代表的传统海洋大国霸权思维的斗争。在第三次海洋法会议期间，与会国家经过艰苦的谈判协商最后达成全面谅解和妥协。但是，在 1982 年《公约》通过之时，美国仍旧投了反对票，直接原因是反对《公约》确立的国际海底区域制度及资源开发管理机制，认为这一制度和机制不能确保美国在"区域"事项决策中发挥足够影响，"不符合美国的目标"。当然，分歧不仅仅在于此。1983 年，里根总统发表"美国海洋政策声明"，再次强调：第一，美国打算接受并按照传统习惯中使用海洋的利益均衡原则行事，例如航行权和航空权。第二，美国将在全球海域依据《公约》反映出来的利益均衡原则行使和坚持其航行和飞越自由和权

从空中俯拍的冲鸟礁概貌（2009）

利。1986 年，美国宣布对阿拉斯加湾、马六甲海峡、苏伊士运河等全世界 16 个海上咽喉要道进行控制。美国还制定了"航行自由计划"，不断派出军舰和军用飞机实施这一"计划"，伸张其海洋霸权。这也是美国长期拒绝批准加入《公约》的原因之一。可见，由于经济全球化的发展，由于世界自然资源分布的不均衡，尤其是能源等战略资源的需求大量增加，海洋的战略通道意义更加突出。它不但成为现代海洋权益斗争的重要内容，更反映了传统海权斗争的延续。

也是在 1982 年，英阿马岛战争爆发，它以一场前所未有的海上局部战争的形式，诠释了现代海权的主题。

1982 年 4 月，一支由"无敌号"和"竞技神号"两艘航空母

参加马岛战争的英国"无敌号"航空母舰

1982 年马岛战争期间，英国"大刀号"护卫舰与"竞技神号"航空
母舰并排行驶

舰和核潜艇以及其他类型舰只组成的英国特遣舰队驶离朴利茅斯军
港，118 艘舰艇浩浩荡荡奔赴远在南大西洋海域的马尔维纳斯群岛
（又名福克兰群岛，以下简称马岛）。英国人为何如此兴师动众？原
因有三：其一，阿根廷军队攻占了马岛，这是英国在海外已经所剩
无几的几块领土之一；其二，马岛地处南大西洋和南太平洋的航道
要冲，一旦巴拿马运河发生不测，它将是扼制两大洋航线的重要咽
喉；其三，岛屿决定专属经济区海域，那片海域据说发现了丰富的
油气资源。为此，"铁娘子"撒切尔夫人当即作出决定，4 天完成战
争动员和出击准备，20 天便长驱 13000 公里到达马岛海域。

沉没中的阿根廷"贝尔格拉诺将军号"巡洋舰

　　英国舰队迅速对马岛实施封锁。这是铁桶一般的环形立体封锁：天上有从航空母舰上起飞的战斗机群，海面舰影重重，水下是悄然卧底的核潜艇。阿根廷海军不敢驶出自己的海域，其"5月25日号"航空母舰只能锚泊在军港之中，阿军据守的马岛成为一座失去外援的孤岛。随即，双方展开对决。英军舰载航空兵对岛上阿军阵地和机场实施空袭，夺取局部制空权；切断阿军海上补给线，并使用"征服者号"攻击型核潜艇击沉了阿军满载排水量12000万吨的"贝尔格拉诺将军号"巡洋舰；最后实施了登陆作战。20天后，英国夺回了马岛，战争以海军特遣舰队劳师远征的彻底胜利而告终。英国

"谢菲尔德号"驱逐舰被导弹击中后着火

也付出了惨重代价，其"谢菲尔德号"驱逐舰也被阿根廷发射的飞鱼导弹击沉。

马汉海权理论诞生 100 多年以来，海权作为一种社会客观存在，为越来越多的国家所认识，所运用。随着时代的变化，海权的内涵也在发生着变化。现代海权不但以新的方式继续着原有的任务，同时增加了争夺海洋权益的新的主题。这一斗争根源于经济，体现于政治，从而也就难以避免武装冲突乃至局部战争。因此，海军作为现代海权主要支柱的角色也不可能改变。

英阿马岛战争采取了海上局部战争的形式说明了这一道理。当然，战争不是唯一的形式，但道理就是这么个道理。

结语

本书似乎不该有一个结语。

因为，还有一个信息化时代尚未提及。

20世纪80年代，世界新技术革命浪潮空前高涨，计算机、生物、材料、能源、海洋等工程技术的发展突飞猛进，尤其是计算机技术，已经渗透到其他所有科学技术、工程技术之中。到1980年，全世界微型计算机已经达到一亿台，人类社会就这样走进了信息时代。

信息时代，这一边是科学技术迅猛发展，那一边是国际关系深刻变革。接近20世纪90年代，苏联轰然解体，冷战戛然结束，两大对抗集团土崩瓦解，整个世界格局天翻地覆。和平与发展真的成了时代的主题吗？

那么，冷战后还有海上战争吗？还需要不断发展新的军用舰船吗？海权还存在吗？海军还有用吗？当人们试图对新的世界秩序进行种种猜想的时候，这些都是可以设问的问题。

1990年8月2日凌晨2时，伊拉克突然大举入侵科威特，宣布科威特是其第19个省。不到一小时，美军参谋长联席会议主席鲍威尔就向驻波斯湾的中东特遣舰队下达了进入战斗戒备状态的命令。当晚，美国海军在印度洋巡弋的"独立号"航空母舰战斗群紧急驶

在"沙漠风暴"行动开始时，一枚 BGM-109 战斧巡航导弹从"密苏里号"战舰向伊拉克射击。海湾战争是战舰在战斗中担任攻击性角色的最后一场战争（截至 2020 年）

往波斯湾。随后，美国、英国、法国、意大利、西班牙、加拿大、德国、荷兰、丹麦、比利时、澳大利亚、挪威、阿根廷和沙特阿拉伯等 18 个国家组成多国部队，调兵遣将，从海上和空中全面封锁了伊拉克。

1991 年 1 月 17 日，海湾战争爆发。美国海军位于红海和地中海的 9 艘水面舰艇和潜艇参加了首轮战斧巡航导弹的突击，以发射

52 枚巡航导弹 51 枚命中目标的战绩震撼了世界。伊拉克开始试图抵抗，但其发射的飞毛腿导弹频频被美国的爱国者导弹拦截。在海上，美国为首的多国部队海军迅速夺取制海权，仅美国海军就动用了 6 个航母战斗群，各类舰艇共 165 艘，以及 455 架舰载飞机和海军陆战队的 240 架飞机，共击沉伊拉克舰艇 57 艘，重创 16 艘，伊拉克海军基本损失殆尽。这场战争共用了 42 天，多国部队参战总兵力达 81 万人，舰艇 250 余艘、飞机 4300 架、坦克 6000 辆、装甲车 5600 辆，在伊科交战地区共倾泻 141921 吨炸弹，日耗资达 l0 亿美元，多国部队出动兵力之众、耗资之巨，使这场战争被称为第 2.5 次世界大战。

飞毛腿与爱国者导弹在空中准确碰撞，两枚巡航导弹制造了一个弹孔，多国部队所向披靡，伊拉克军队一败涂地……全世界数十亿人围坐在电视屏幕前观看了这一蔚为壮观的现代战争场面。人们忽然醒悟，现代战争原来是这样演绎的——战争没有远离，只不过换了形式。

于是，一个名词日益走红，它叫做信息化；一个军事术语开始时髦，它叫做新军事革命。在机械化时代，战争的交战双方战术技术竞争重点是兵力的集中和火力的优势；而步入信息化时代，战争制胜关键在于武器装备的信息化程度，在于掌握信息优势，在于"制信息权"。

船与舰的革命就这样进入了一个新时代。

美国海军是世界信息化海军的领头羊，也是美军信息化的领军者。海湾战争后，当世界各国军队都在思考如何改进飞机、军舰、火炮、导弹、运载工具等硬件的时候，美国海军提出了基于信息的"网络中心战"新概念，率先进入了软件的比拼，"网络中心战"迅

在 2010 年的海上安全行动演习中，"亚伯拉罕·林肯号"航母上的一名军官通过电脑监测其航母编队的防御系统

即成为美国国防部指导和推动军队信息化建设的共同理论。美军运用计算机编制"网络"，将陆、海、空、天、电五维作战要素连在一起，无以匹敌地占据了信息化战争的制高点。

进入 21 世纪，美国海军新的发展构想再次引领世界海军的新军事革命。一批新的高技术装备和新概念武器再次展示着传统海权的威力：美国未来的新型核动力航母在装满燃料的情况下能连续航行 20 年；新型濒海战斗舰能根据反潜战、反水面战、水雷战和协助特种作战等不同任务需要组装、搭配不同的武器模块系统，"指哪打哪"；新型 E-2D 预警机配备全新雷达，具有进行 360° 全

E-2D 舰载空中预警机

方位覆盖、全天候追踪及环境觉察等能力，能够为作战提供超强
预警探测；新型弹道导弹核潜艇和攻击型核潜艇超级静默，具有
强大的威慑和多种作战能力……美海军新的"313艘舰艇计划"旨
在建设一支具备全球抵达、持久存在能力，具备战略与战术影响
力的海军。也就是说，美国告诉世界，他的世界海权"老大"地
位不可改变！

　　当今时代，无论是英国、法国、德国、日本等老牌海洋强国，
还是中国、俄罗斯、印度、巴西等新兴工业化国家，或者是东盟一
类发展中国家，无一例外都在调整各自的海军战略和海军发展思

路、实现海军"转型",意图在世界海军信息化浪潮中掀起带有自己特色的朵朵浪花。尽管发展新型海军军备要花很多钱,但谁都认为"值得",因为有什么样的"矛",就得有什么样的"盾",这是永恒真理!这或许也是现代国际社会共同面临的"海权无奈"吧。

21世纪,海洋在世界各国的发展中占据越来越重要的地位,保卫国家海洋权益作为现代海权的主题恐怕还要延续下去,50年?100年?还是200年?笔者不敢肯定。但只要有权益之争,海军就必须存在,传统的海权争夺就不会终结,这是可以斩钉截铁地肯定的。

但是,21世纪的海权与20世纪又有所不同。

2001年,美国发生"9·11"恐怖袭击事件。随着"双子塔"摩天大楼和千百条鲜活生命的顷刻间消失,美国建国二百多年所深深地引以为自豪的东西——"两洋"安全屏障——似乎顷刻间荡然无存。美国人不得不以全新视角认识这个已经变化了的世界:恐怖主义威胁的跨国性,海盗对国际航运安全的危害性,海啸、热带风暴等气候灾害对海上航行和沿海国家的侵害,都非一个国家的力量能够应对。于是,非传统海上安全合作声名鹊起,传统海权一方面为海洋大国所坚守,另一方面也显示着充满时代特征的变化趋势。

2006年年底,时任美国海军作战部部长的迈克尔·马伦上将提出了一个创意十足的"千舰海军计划"。所谓"千舰海军",当然不是说美国要建立有1000艘战舰的海军,也不是由1000艘多国海军舰艇组成共同舰队,而是一个形象的称谓,即建立一个规模庞大的海军合作体系,形成一个广泛的全球海上联盟。这个联盟如能实现,或许还不止1000艘舰艇呢!但有一点是明确的,"千舰海军"的领导者将是美国海军。

"千舰海军计划"直接推动了美国海军《21世纪海上力量合作

一艘美国海岸警卫队的直升机准备降落在"黄蜂号"两栖攻击舰的甲板上（2012）

战略》的形成，这是美国及美国海军第一份以"合作"命名的战略文件。美国的确展开了合作"攻势"，包括推动中国海军参与"千舰海军计划"，大踏步与印度、巴基斯坦等南亚国家开展军事合作，扩大与东南亚国家的军事准入合作，当然，也包括推动世界各国海军在打击海盗、国际人道主义海上救援救灾等非传统安全领域的合作。如果美国海军的主要功能真的转变为合作了，那么美国拥有"版权"的"海权"也就真的彻底变化了。然而，看一看当今亚太地区每年100多次的海上联合军事演习及其针对性，看一看美国大宗的军售及其指向性，看一看美国如何通过救灾行动进入以往敌视美国的印度尼西亚和缅甸，就知道美国海军的合作不过是适应新形势的战略手段。如同一枚硬币，一面是海军合作，另一面仍旧是我行我素的海权。

这里还必须说一说中国海军。

1985年以来，中国海军走出了国门，走向了世界，截至2010年，中国海军舰艇编队共42批76艘次先后出访了五大洲的60个国家。2003年以来，中国海军与外国海军进行了40多次联合军事演习和演练。2008年以来，中国海军已经派出6批舰艇编队赴亚丁湾、索马里海域执行护航任务，实现了海外执行任务的常态化。2010年，中国海军医院船和平方舟号首次远航访问非洲四国，向发展中国家提供医疗服务。中国海军的信息化建设实现了跨越式发展，第三代导弹驱逐舰、护卫舰、潜艇、作战飞机进入序列。

正在崛起的中国及其海军引起了世界的瞩目，有两种声音，毁誉参半。毋庸讳言，伴随国家的崛起和中国海军的阔步前进，"中国威胁论""中国海军威胁论"此伏彼起，对中国海权的指责不绝于耳。今天的中国要不要海权？在当今世界经济全球化程度不断发展、海洋地位作用日益提高的大背景下，在中国改革开放进一步深入、对外贸易急剧增长、海外利益日渐增加的大背景下，在霸权主义、冷战思维仍旧盛行的情况下，中国自然需要海权，需要建设和运用一支强大的海军，对此不应该有任何异议，问题在于中国要什么样的海权。今天的中国，发展海权作为中国国家战略重大选项以支持中国崛起是肯定的，但不可能走世界海权发展的老路，不可能重新追随马汉式的海权理念，不可能去争夺海洋霸权。

2009年4月23日是中国人民解放军海军建军60周年纪念日，

29 个国家的海军领导人、14 个国家的 21 艘军舰聚集青岛，参加盛大的庆典活动及海上阅兵式。中国国家主席胡锦涛提出"和谐海洋"的新概念。他说："海洋是孕育人类文明的摇篮，是人类生存发展的重要空间。推动建设和谐海洋，是建设持久和平、共同繁荣的和谐世界的重要组成部分，是世界各国人民的美好愿望和共同追求。"

这就是 21 世纪中国的世界观、海洋观、海权观，这就是 21 世纪中国面对这片浩瀚蓝水的最高理想，这也是一种战略抉择。

说到这里，本书也应该结束了。信息化时代还有很长的路要走，还有很多未知需要揭秘。就把这许多的未知留给阅读本书的青年们去探寻吧，他们一定比笔者认识和诠释得更好。

后记

　　本书选择船舰的发展历史，目的在于揭示一个中国人尚且比较陌生的海权理论。而把一个深奥的理论写得通俗易懂，不是一件容易事。

　　感谢我的恩师罗荣渠，我在"文革"时期他最艰难的年代做了他的学生，他的治学之道使我受益终身，他的现代化理论是我写这本书的灵魂。感谢董正华老师，他在罗先生仙逝后继续了现代化研究并卓有成就，与我素昧平生却决然推荐我写这本历史普及读物。感谢这本书的责任编辑闵艳芸女士，由于工作忙，我几次想推掉这个任务，是她的坚持让我感动，最终成就了这一册小书。

　　本书是写给青年们看的，想尽一个老兵的责任，让青年们爱海、爱海军，懂得海权在大国崛起中所起的作用。书中以船舰的技术发展特征断代，只是从发展大势角度去描述，并不见得十分科学，也不见得十分精确。此次再版，责编闵艳芸女士做了大量工作，笔者也认真进行了修改和订正，但恐仍难免有错漏，现代军事"发烧友"们对军舰知识都很内行，希望在阅读本书后继续对其中的不当之处予以指正。

　　最后，还要提及我的两个助手吕贤臣和梁巍，他们在成书过程中做了大量工作，吕贤臣写了第四、第五章的部分内容，感谢他们的帮助。

张炜

参考书目

1. 罗荣渠：《现代化新论：世界与中国的现代化进程（增订本）》，商务印书馆 2004 年版。
2. 马克垚：《世界文明史》上，北京大学出版社 2004 年版。
3. 马克垚主编：《世界历史·上古部分》，北京大学出版社 1991 年版。
4. 马克垚主编：《世界历史·中古部分》，北京大学出版社 1994 年版。
5. 郑家馨、何芳川：《世界历史·近代亚非拉部分》，北京大学出版社 1990 年版。
6. 席龙飞：《中国造船史》，湖北教育出版社 2000 年版。
7. 丁一平等编著：《世界海军史》，海潮出版社 2000 年版。
8. 唐志拔：《海船发展史话》，哈尔滨工程大学出版社 2008 年版。
9. 孙光圻：《中国古代航海史》，海洋出版社 1989 年版。
10. 章巽：《中国航海科技史》，海洋出版社 1991 年版。
11. 张铁牛、高晓星：《中国古代海军史》，八一出版社 1993 年版。
12. 姜鸣：《中国近代海军史事日志》，生活·读书·新知三联书店 1994 年版。
13. 孙克复、关捷：《甲午中日海战史》，黑龙江人民出版社 1981 年版。
14. 田汝康：《中国帆船贸易与对外关系史论集》，浙江人民出版社 1987 年版。
15. 王晓秋：《近代中日启示录》，北京出版社 1987 年版。
16. 吴杰章、苏小东、程志发：《中国近代海军史》，解放军出版社 1989 年版。
17. 乔立良等：《人·船·大洋》，海洋出版社 1989 年版。
18. 宋宜昌：《火与剑的海洋》，海洋出版社 1982 年版。
19. 艾周昌、程纯：《早期殖民主义侵略史》，人民出版社 1982 年版。
20. 李永采：《世界海战史》，华夏出版社 1996 年版。
21. 北京郑和下西洋研究会：《郑和下西洋研究》，中国国际文化交流杂志社 2007 年 7 月号。
22. 程广中：《地缘战略论》，国防大学出版社 1999 年版。
23. 张炜、许华：《海权与兴衰》，海洋出版社 1991 年版。
24. 章示平：《中国海权》，人民日报出版社 1998 年版。
25. 王生荣：《海洋大国与海权争夺》，海潮出版社 2000 年版。
26. 钮先钟：《第二次世界大战的回顾与省思》，广西师范大学出版社 2003 年版。
27. 日本历史学研究会：《太平洋战争史》，商务印书馆 1963 年版。
28. 赵振愚：《太平洋战争海战史 1941—1945》，海潮出版社 1997 年版。
29. 董正华：《世界现代化进程十五讲》，北京大学出版社 2009 年版。
30. 刘华秋主编：《军备控制与裁军手册》，国防工业出版社 2000 年版。
31. 杨金森：《海洋强国兴衰史略》，海洋出版社 2007 年版。

32. 国家海洋局海洋发展战略研究所课题组:《中国海洋发展报告》,海洋出版社 2007 年版。

33. (清)张廷玉:《明史》。

34. 《明成祖实录》。

35. 《清实录》(雍正朝)。

36. 《清史稿》,中华书局 1986 年版。

37. (清)李鸿章:《李文忠公全书·朋僚函稿》。

38. (清)李鸿章:《李文忠公全书·奏稿》。

39. 顾廷龙、叶亚廉主编:《李鸿章全集·电稿一》,上海人民出版社 1986 年版。

40. 张侠、杨志本、罗澍伟等编:《清末海军史料》,海洋出版社 1982 年版。

41. 广东省社会科学院历史研究所编:《孙中山全集》第 1 卷,中华书局 1986 年版。

42. 马克思:《资本论》第一卷,人民出版社 1975 年版。

43. 马克思、恩格斯:《马克思恩格斯选集》,人民出版社 1974 年版。

44. 马克思、恩格斯:《马克思恩格斯全集》第 20 卷,人民出版社 1974 年版。

45. [古希腊]修昔底德:《伯罗奔尼撒战争史》,谢德风译,商务印书馆 1960 年版。

46. [德]特奥多尔·蒙森:《罗马史》第一卷,李稼年译,商务印书馆 1994 年版。

47. [美]A.T.马汉:《海权对历史的影响 1660—1783》,安常容、成忠勤译,解放军出版社 1998 年版。

48. [美]A.T.马汉:《海军战略》,蔡鸿干、田常吉译,商务印书馆 1996 年版。

49. [美]罗伯特·西格:《马汉》,刘学成等译,解放军出版社 1989 年版。

50. [苏]尼·伊·帕甫连科:《彼得大帝传》,斯庸译,生活·读书·新知三联书店 1982 年版。

51. [美]唐纳德·W. 米切尔:《俄国与苏联海上力量史》,朱协译,商务印书馆 1983 年版。

52. [美]内森·米勒:《美国海军史》,卢如春译,海洋出版社 1985 年版。

53. [美]斯蒂芬·豪沃思:《美国海军史 1775—1991》,世界知识出版社 1997 年版。

54. [英]杰弗里·蒂尔:《海上战略与核时代》,张可大、熊梦华译,海军军事学术研究所 1991 年版。

55. [美]小约翰·莱曼:《制海权》,方宝定等译,海军军事学术研究所 1991 年。

56. [美]T.S.伯恩斯:《大洋深处的秘密战争》,王新民、辛华译,海洋出版社 1985 年版。

57. [美]保罗·肯尼迪:《大国的兴衰》,王保存等译,中国经济出版社 1989 年版。

58. [美]布热津斯基:《大棋局:美国的首要地位及其地缘战略》,中国国际问题研究所译,上海人民出版社 1998 年版。

59. [苏]谢·格·戈尔什科夫:《国家海上威力》,房方译,海洋出版社 1985 年版。

60. [苏]谢·格·戈尔什科夫:《战争年代与和平时期的海军》,生活·读书·新知三联书店 1974 年版。

61. [英]J.R.希尔:《英国海军》,王恒涛、梁志海译,海洋出版社 1987 年版。

62. [日]外山三郎:《日本海军史》,龚建国、方希和等译,解放军出版社 1988 年版。

63. [英]J.F.C.富勒:《西洋世界军事史》,钮先钟译,中国人民解放军战士出版社 1981 年版。

64. [美]E.T.波特主编:《世界海军史》,李杰等译,解放军出版社 1992 年版。

65. [美]斯塔夫里阿诺斯:《全球通史:从史前史到 21 世纪》,董书慧、王昶译,北京大学出版社 2005 年版。

66. 《联合国海洋法公约》,海洋出版社 1983 年版。

海洋变局 5000 年

67. ［美］E.B.波特：《海上实力》，马炳忠等译，海洋出版社 1990 年版。
68. ［奥］斯蒂芬·茨威格：《麦哲伦的功绩》，俞启骧、王醒译，海洋出版社 1983 年版。
69. ［美］美国国防部编：《海湾战争（上卷）》，军事科学院外军部译，军事科学出版社 1992 年版。
70. ［美］美国海军军法署、美国海军学院编：《美国海上行动法指挥官手册》，于世敬等译，中国人民解放军海军军事学术研究所 1993 年版。

出版后记

2003 年 4、5 月间，正是北大出版社"人文社会科学是什么丛书"热销阶段，一位著名的大学社社长问我，现在你最想做的书是什么？当时，我毫不犹豫地回答道："历史系列丛书。"这位社长眼睛一亮，然后又接着问我，"你能告诉我为什么吗？"我几乎不假思索地说："历史大部分是人物，是事件，可以说历史就是故事（内在地说，历史就是人生），所以历史系列丛书具有天然的大众性。另一方面，同个人要进步、要发展一定要吸取自己走过的路的经验教训，同时要借鉴他人的经验教训一样，我们的民族要进步，国家要发展一定要反省自己的历史，一定要睁眼看世界；消除我们封闭的民族心理和缺乏自省的国民性，有赖于读史。"记得当时他赞同地点了点头。

北大出版社年轻的一代领导者，摒弃急功近利的短期行为，以出版家的眼光和文化担当意识，于 2005 年决定成立综合室，于学术著作、教材出版之外，确定学术普及的出版新路向，以期在新时期文化建设中尽北大出版人的一点力量。这样，我的这个想法有了实现的可能性。但是新的问题又来了。其时，社长任命我为综合室的主任，制定综合室的市场战略、十年规划、规章制度，带队伍，日常管理、催稿、看稿、复审等等事务，使我无暇去实现这个选题设想。综合室的编辑都是非常敬业、积极上进的。闵艳芸是其中的一位，作为新编辑，她可能会有这样或那样的一些不成熟的地方，但是我欣赏她的出版理念和勇于开拓的精神。于是，我把"历史系列丛书"的执行任务交给她，她从选定编委会主任、组织编委会议到与作者沟通、编辑书稿，做了大量的工作，可以说没有她的辛勤工作，这套选题计划不可能如期实现。

钱乘旦老师是外国史领域的著名专家，让我惊异的是他对出版业又是那样的内行，他为我们选择了一批如他一样有着文化情怀及历史责任感的优秀学者作为编委，并与编委一起确定了具体选题及作者，同时他还依照出版规律对编委和作者提出要求。钱老师不愧是整个编委会的灵魂。

各位编委及作者在教学、科研、组织和参加会议等大量的工作之外，又挤时间指导和写作这套旨在提高国民素质的小书，并且在短短的一年中就推出了首批图书，效率之高令我惊异，尤令我感动。

编辑出版"轻松阅读·外国史丛书"是愉快、激动的心路历程。我想这是一批理想主义者自我实现的一次实践，相信丛书带给国民的是清凉的甘泉，会滋润这个古老民族的久已干涸的心田……

杨书澜

2008 年 12 月 7 日于学思斋

　　　　　　　　　　　　海洋变局 5000 年